职业教育"城市轨道交通专业"一体化课程改革创新示范教材

全国城市轨道交通信号工技能大赛指导用书

# 轨道交通道岔控制
# 电路及其故障处理

王德铭　编　著

西安电子科技大学出版社

## 内 容 简 介

本书共有四篇，第一篇(第一章至第四章)介绍了道岔控制设备及电路原理，内容包括提速道岔控制设备概述、直流道岔控制电路工作原理、提速道岔控制电路工作原理、多机牵引及双动道岔控制电路；第二篇(第五章)讲述了直流道岔控制电路故障处理，主要内容为 ZD6 直流道岔电路故障处理；第三篇(第六章至第十章)介绍了交流道岔控制电路故障处理，内容包括表示电路故障处理、交流道岔启动及电机电路故障处理、交流道岔控制电路故障处理流程、交流道岔控制电路故障范围压缩分析、电子模块道岔控制电路及其故障处理；第四篇(第十一章和第十二章)介绍了道岔故障处理辅助知识，内容包括道岔电流监测曲线图、道岔故障处理相关知识补遗。另外，本书对信号监测系统中的道岔电流曲线图也做了直观解读，并举例说明了如何借助电流曲线进行故障分析。

本书是针对高职高专职业技术院校轨道交通信号类专业实践教学的需求编写的，既具有实践教学的指导性，又具有实际维护工作的参考性，可作为此类专业的教材使用。本书也适用于铁路信号工及城市轨道交通信号维护员，还可作为城市轨道交通信号工技能大赛的指导用书。

## 图书在版编目(CIP)数据

轨道交通道岔控制电路及其故障处理 / 王德铭编著. —西安：西安电子科技大学出版社，2022.2

ISBN 978–7–5606–6218–3

Ⅰ. ①轨… Ⅱ. ①王… Ⅲ. ①城市铁路—轨道交通—道岔—控制电路—故障修复 Ⅳ. ①U239.5 ②U284.72

中国版本图书馆 CIP 数据核字(2021)第 243501 号

策划编辑 秦志峰
责任编辑 王晓莉 秦志峰
出版发行 西安电子科技大学出版社(西安市太白南路 2 号)
电 话 (029)88202421 88201467 邮 编 710071
网 址 www.xduph.com 电子邮箱 xdupfxb001@163.com
经 销 新华书店
印刷单位 陕西博文印务有限责任公司
版 次 2022 年 2 月第 1 版 2022 年 2 月第 1 次印刷
开 本 787 毫米×1092 毫米 1/16 印张 12.5
字 数 289 千字
印 数 1～2000 册
定 价 36.00 元
ISBN 978–7–5606–6218–3 / U

XDUP 6520001–1

***如有印装问题可调换***

# 前　言

　　道岔是轨道交通线路上用于实现运行列车安全转线的重要信号设备装置，其解锁、锁闭及转换是进路建立过程的关键，其及时性直接影响到车站作业效率，其动作的准确性、可靠性直接关系到列车的行车安全；更重要的是，它必须保证能不间断地可靠工作。在轨道交通信号设备的维护、维修工作中，道岔是最为重要的对象之一。可以想见，当道岔设备出现故障时，能否快速、准确地加以处理直接关系到运输生产的效率。因此，对道岔故障的处理能力是信号维护人员技术水平高低的最主要体现，也因此，道岔故障处理在职业院校轨道交通信号专业的实践性教学中，是重点学习项目之一。

　　随着轨道交通运输行业领域新技术的不断应用，为尽可能快地实现对设备的状态修，信号微机监测系统已投入使用，但使用中的设备出现故障总是难免的，因此，信号设备的故障处理能力对信号工来说仍然是不可或缺的一项专门技能。事实上，无论是铁路运输还是城市轨道交通部门，对信号工故障处理能力的培训从来没有放松过，而且要求越来越高。如何快速提高相关人员的这一能力，一直是企业与开设此专业的职业院校不断尝试和努力的方向。比如，近年来轨道交通各级部门或组织开展的各类技术能力大赛就是为实现此目的。

　　虽然市面上介绍道岔故障处理的教材或参考书很多，一些企业也编写过大量的培训资料，但大多讨论得不够深入，也不够系统、全面，或者没有独到的技术、技巧呈现，指导性不强。本书是为满足高职高专职业技术院校轨道交通信号类专业实践教学的需求专门编写的，具有实践教学的指导性，又具有实际维护工作的参考性，可作为此类专业的教材使用。本书也适用于铁路信号工及城市轨道交通信号维护员，还可作为全国城市轨道交通信号工技能大赛的最佳指导用书。

　　首先，本书介绍了各种不同道岔的控制设备及电路工作原理，内容涵盖了单动道岔、双动道岔、多机牵引道岔，包括其组成形式、控制手段及各防护措的实现方法等知识；重点讲解了各类型道岔的控制电路原理及相关附属设备，如组合侧面端子、继电器接点、分线盘、电缆盒等单元设备的电气接点、用途及其编号方法，可方便对照电路图正确找到对应的实物位置或正确的接线端子。其次，本书详细讲述了道岔控制电路故障范围的压缩方法与手段，并对其做了详尽的分析思路解析，尤其对道岔控制电路各部分故障的处理方法提出了独特的、富有技巧性的分析思路，可为快速处理电路故障提供最佳技术支持。最后，本书总结并归纳了故障处理的基本流程、原则及注意事项。此外，本书对信号监测系统中的道岔电流曲线图也做了直观解读，并举例说明如何借助电流曲线进行故障分析。可以说本书内容几乎涵盖了所有类型的道岔及其不同的构成形式，可以作为一个手册随时查阅。同时，本书在知识的表述上也全面独到，比如将道岔控制电路在形式上做了科学的重构、叠加与归类，对各类故障情况的分析提供了直观的图示解释，这样便于记忆与理解，更主要的是能直观地帮助读者认清电路实质和快速分析电路故障位置。本书对于参加各类信号工维护技能大赛的学生及指导教师来说，是一本非常实用的参考书。另外，本书也兼顾了现场实际工作的需要以及现场故障处理的实情，给出了故障处理的思路，并对信号监测系统中的道岔电流曲线图作了直观解读，旨在帮助信号维护人员在实际故障处理中能借助道岔电流曲线对故障进行分析。

希望本书对有志成为一名优秀信号工的读者有所帮助，同时也希望本书对专业技能教育工作者的实践指导工作有所帮助。

本书由江苏省徐州技师学院轨道交通学院王德铭老师编写。在本书的编写过程中，徐州地铁公司的张耀工程师给予了无私帮助与技术支持，宁波地铁运营分公司的陈冲与胡泽涛同志及徐州技师学院的王翰林与潘侯存同学对书中数据参数的实际验证做了大量工作，在此一并向他们表示衷心的感谢！

由于编者能力有限，书中难免有疏漏与不足之处，恳请广大读者批评、指正。

2021 年 8 月 16 日

于徐州

# 目 录

## 第一篇 道岔控制设备及电路原理

## 第二篇　直流道岔控制电路故障处理

## 第三篇　交流道岔控制电路故障处理

## 第四篇　道岔故障处理辅助知识

# 第一篇　道岔控制设备及电路原理

　　本篇主要介绍提速道岔(交流道岔)控制设备的组成和道岔控制电路的原理，主要包括组合及相关继电器和转辙机的电气设备构成等。此外，还简要讲述各设备单元的电气接点、用途及其编号方法，以方便读者对照电路图能正确找到对应的实物的位置或接线端子。

　　由于提速道岔的控制设备基本包含了 ZD6 直流道岔的控制设备，而且读者大多对 ZD6 直流道岔的设备组成已经有了相当的了解，因此，本书不再对 ZD6 直流道岔的设备组成做单独介绍。

　　交流道岔控制电路按照道岔牵引点的数量分为单机控制电路和多机控制电路，它们所应用的设备也有所差别。这里，我们首先通过单动道岔单机控制电路来学习电路控制原理，对多机牵引的道岔(包括双动道岔)控制电路的设备构成对照地进行简单描述，并对多机牵引不同于单机牵引下的其他控制电路工作情形进行分析与解读。这部分内容主要是为后面学习道岔控制电路故障的处理做知识准备。

　　由于道岔控制电路各部分的名称或称呼并不完全统一，为便于讲述、理解或不产生歧见，下面我们先做一些约定以便统一认识。

　　(1) 道岔控制电路：实现控制道岔转换、给出位置表示、提供报警信息等功能的所有电路的统称。

　　(2) 启动继电器电路：1DQJ(包括 1DQJF)励磁电路和 2DQJ 的转极电路，以及 1DQJ 自闭电路(其中包含 BHJ 励磁电路)。直流道岔的自闭电路是与电机动作电路重叠的，故归为电机动作电路。

　　(3) 电机动作电路：为道岔转辙机中的电机供电，使电机转动的电路部分。也将其称为"启动电路"(意思是指控制电路中除去表示电路之外的所有其他电路)，但这样称呼指代不明确，所以本书中尽量不做这样的表述。如果存在这样的表述，就是指除表示电路之外的其他电路部分的统称。

　　(4) 表示电路：使 DBJ 和 FBJ 励磁吸起的相关电路。

　　(5) BHJ 励磁电路：DBQ 及 BHJ 吸起电路，不包含电源电路部分。

　　(6) 电源支路：在直流道岔控制电路中指 $DZ_{220}$——1DQJ12，$ZF_{220}$——2DQJ121；在交流道岔控制电路中指 A 相——1DQJ12，B 相——1DQJF12，C 相——1DQJF22。

　　其他名称表达的含义："X1、X2、X3、X4、X5"主要指室内外设备联系的电缆线；"1线、2线、3线、4线、5线"其范围主要指从电源开始到转辙机内的电机端子止，如"表示1线"指"BB4——电机1号端"；"F1、F2、F3、…"指分线盘上接"X1、X2、X3、…"的端子号，如 F3 表示分线盘上接 X3 的端子号；"HZ1、HZ2、HZ3、…"指道岔终端电缆盒内的"1号、2号、3号、…"端子。

# 第一章　提速道岔控制设备概述

　　所谓提速道岔，顾名思义，是指用于高速铁路车站上的道岔，它是为了满足提速的需要而研制并生产的直向过岔最高速度为 160 km/h 的提速道岔。

　　1997 年 4 月 1 日实行铁路新运行图以前，我国铁路线路允许的最高时速为 120 km，所以正线上的道岔直向过岔最高时速亦是 120 km。提速道岔主要有整铸辙叉式和可动心轨式两种形式。铺设上道的多是可动心轨式提速道岔，其全长为 43.2 m，尖轨长 13.88 m(非提速道岔为 11.3 m)，侧向过岔速度为 50 km/h。

　　提速道岔与非提速道岔的主要区别在于锁闭方式和锁闭装置不同。非提速道岔采用的是内锁闭方式，也就是说，在转辙机内部实现对道岔的锁闭。根据相关规定，在时速为 120 km 及以上的区段，必须采用外锁闭方式的提速道岔。外锁闭装置有燕尾式和钩式两种。

　　由于提速道岔不同于传统的 ZD6 系列的直流道岔，它通常采用的是三相交流电的转辙机，所以本书所说的提速道岔是指用三相交流转辙机牵引的道岔。交流电机控制电机转向比较方便，没有直流电机的换向装置，相对来说转辙机的故障率比较低，更主要的是其功率大，牵引力强。正因如此，目前在很多的城市轨道交通中都在广泛使用交流道岔。

## 1.1　交流道岔控制电路的基本要求

　　因为道岔是轨道交通信号设备中最为重要的设备之一，也是影响行车安全的关键性设备，所以在轨道交通行业里对它提出了很多安全性的技术要求，而且所有的技术要求必须要在其控制电路中得以实现。因此，学习道岔控制电路必须要知道其相关技术规范。

### 1.1.1　总则

　　首先，道岔控制电路必须满足"故障—安全"的原则。

　　道岔是轨道线路上列车实现转线的重要设备装置，其解锁、锁闭及转换是进路建立过程中的关键，其及时性直接影响作业效率，其动作的准确性、可靠性则直接关系到列车的行车安全。

　　道岔控制电路分为启动电路和表示电路两部分。启动电路是指启动继电器动作及电动转辙机的工作电路；表示电路是指把道岔位置反映到信号楼内的电路。

　　在道岔不允许转换的时候，如果错误转换就可能产生严重后果。已经建立并锁闭好的进路，其中的道岔是不允许再转换的，否则列车就会进入异线，若异线上有列车或车列，就会产生冲突；如果列车前方背向道岔误动，就会出现挤岔甚至造成脱轨的严重事故。如果列车在道岔上运行时道岔中途转换，就会使列车颠覆。所以，道岔控制电路不仅在正常操作的情况下不能产生误动，而且在故障的情况下也不能错误动作。总之，不论在什么情况下道岔控制电路都必须保证安全，且发生故障时一定要能使道岔导向安全。

道岔表示电路的功能是正确反映道岔的实际位置。正确反映道岔位置也是行车安全的需要。如果出现表示电路所给出的道岔位置与实际位置不符，就可能导致列车进入异线，造成不良后果；如果道岔尖轨与基本轨之间或心轨与翼轨之间没有达到规定的密贴要求，表示电路却给出位置表示信息，那么当列车通过道岔时就有可能产生危及行车安全的后果。可见，道岔表示电路也必须满足"故障—安全"的原则。

交流道岔的转辙机内电机所需要的电源是三相交流 380 V，相比直流道岔来说，交流道岔需要增加三相交流 380 V 电源屏及断相保护装置。

## 1.1.2 适用范围

交流道岔控制电路适用于由电动或电液转辙机控制的单点、多点牵引道岔和高速大号多点牵引道岔。目前，铁路及城市轨道交通所使用的交流转辙机道岔主要有 S700K、ZYJ-7 及 ZDJ-9 型。它们的室内控制电路、控制方式都相同，且都采用 5 线制道岔控制电路，转辙机内部的线路也基本相同，只是接线方式或接线端子、电气设备略有差别。

## 1.1.3 技术要求

交流道岔控制电路的技术要求为：

(1) 交流道岔控制电路的输出命令和输入表示与直流道岔控制电路一致，交流道岔控制电路接收的联锁系统发出的命令有定位操纵、反位操纵、解锁状态；输出表示状态有定位表示、反位表示或无表示(挤岔)。

(2) 道岔启动后，如果电路故障使道岔没有启动成功，如自动开闭器接触不良等造成道岔未转动，则启动电路应能自动被切断，以免由于邻线行车震动等原因使自动开闭器接触不良的故障自动消除，造成道岔自行中途转换的危险情况。

(3) 道岔开始转换时，三相交流电源任意一相断电，室外电机不得启动；道岔在转换过程中，三相交流电源任意一相断电时，电机应立即停止转动。

(4) 道岔转换完毕到位正常密贴后，应自动切断启动电路，使电机停转。

(5) 当多机牵引的道岔尖轨或心轨其中一个电机不启动时，需要切断牵引该尖轨或心轨的所有转辙机电机的电源，使道岔停止转换。

(6) 多机牵引的道岔尖轨和心轨需要各设置一个加铅封的非自复式故障按钮，当其中一个牵引点的控制电路故障时，按下此按钮，可由其他牵引点带动道岔转换。

(7) 反映道岔位置和道岔解锁状态的继电器以吸起位置为有效状态，并以其前接点反映道岔位置和解锁状态。道岔表示继电器需要检查牵引道岔转辙机和密贴检查器是否均在规定位置。

(8) 在一处故障和一次错误办理同时发生的情况下，道岔控制电路能防止产生危及行车安全的后果。

(9) 联锁道岔应能单独操纵，也能在建立进路时被选动，且单独操纵应优先于进路选动。当进路锁闭、区段锁闭、人工锁闭时，道岔不能转换。

(10) 联锁道岔一经启动就应转换到底(即便列车或调车车列随后驶入该道岔区段，也应保证道岔能继续转到底)。若因故不能转换到底时，可手动操纵使道岔回转到原位，即要保证道岔无论转到什么位置，都可随时手动操纵使之向回转。

(11) 道岔启动时，应先切断位置表示；转换完毕后，应自动切断动作电路。转辙机需要在规定的时间内完成转换，当 30 s 内仍未转换到底时，应停止转换。

(12) 双动道岔需要满足第一动道岔动作完成后，第二动道岔再动作的要求。

(13) 应将尖轨、心轨作为同一组道岔进行控制。如果是多机牵引则采用转辙机顺序启动，以错开电机启动电流的峰值。多点牵引时还需要考虑尖轨动作的平稳与同步。

### 1.1.4　道岔转换的两种实现方式

虽然交流道岔的转换控制方式同 6502 继电器联锁一样，也有进路式操纵和单独操纵两种，但由于交流道岔通常都是在计算机联锁系统下使用的，因此具体的实现形式不同。如 6502 继电器联锁在建立进路时是通过选岔电路使 DCJ 或 FCJ 吸起的，而交流道岔在计算机联锁系统下虽然也有 FCJ 或 DCJ，但不是靠继电器的选岔电路来实现励磁的，而是计算机联锁系统通过联锁运算软件运算，当结果满足转换条件后，送出驱动电源使 FCJ 或 DCJ 吸起的。

另外，6502 继电器联锁设备和交流道岔单独操纵道岔的实现方式也不一样，虽然都需要人工进行操作，但对 6502 继电器联锁设备而言，在单独操纵道岔时需要同时按压双按钮，使相关按钮继电器吸起之后再使道岔控制电路中的启动继电器工作；而在计算机联锁系统中，单独操纵道岔是在行车室内"人机对话机(或操控机)"的站场界面上，用鼠标分别点击"道岔名称号"或岔尖位置区域，再点击相应的功能按钮，如"道岔定位""道岔反位"或"总定位""总反位"按钮(不同的联锁设备具体需要点击的对象名称可能不同，但功能一样)，最终是由联锁系统驱动 DCJ(或 FCJ)、YCJ 吸起来实现的。

也就是说，对于工作在计算机联锁系统下的交流道岔，无论是进路建立还是单独操纵，对道岔控制电路的控制方式一样，都是由联锁系统通过驱动 DCJ(或 FCJ)、YCJ 吸起来实现的。

## 1.2　单动道岔控制设备及其组成

由于道岔所处的线路情况及道岔号的大小不同，考虑到牵引力的问题，在实现道岔转换时有时需要采用多台转辙机来牵引一组道岔。在高速列车的线路上，为保证列车的安全及平稳，道岔的岔心通常设计为可动的，像道岔尖轨一样，可实现定、反位置的转换，这样在控制一组道岔尖轨转换的同时还必须对岔心轨进行牵引转换。

所谓单机牵引，是指一个道岔转换位置时(心轨不可动)只用一台转辙机牵引。单动道岔多机牵引的设备及其电路控制原理都是在单机牵引的基础之上组合而成的，只是考虑到多机牵引各部分需要协调与配合，增加了实现顺序启动及动作保护措施的电路，其控制电路也相应地增加了一些继电器设备。双动道岔的控制是在单动道岔的基础之上，为能实现"第一动"完成后"第二动"才能工作的技术条件，增加了控制其动作时序的控制电路及相应的继电器，所以单动道岔的控制技术是我们要学习的基础内容。

下面先学习单动道岔的控制电路设备及其构成。

### 1.2.1　单动道岔单机牵引控制电路的构成

#### 1. 控制电路的主要设备

单动道岔控制电路的主要设备名称及其型号如表 1-1 所示。

**表 1-1　单动道岔控制电路的主要设备**

| 序号 | 代号 | 型号标称 | 设 备 名 称 | 所在组合 |
|---|---|---|---|---|
| 1 | DCJ | JPXC-1000 | 定位操纵继电器 | JDD(TDZ) (JCZ) |
| 2 | FCJ | JPXC-1000 | 反位操纵继电器 | |
| 3 | SJ(SFJ) /YCJ | JPXC-1000 | 锁闭(锁闭防护)/允许操作继电器 (注：不同的联锁系统所用名称不同，但其功能是相同的) | |
| 4 | 1DQJ | JWJXC-H125/80 | 第一道岔启动继电器 | JDF(TDF) (JCF) |
| 5 | 2DQJ | JYJXC-160/260 | 第二道岔启动继电器 | |
| 6 | 1DQJF | JWJXC-480 | 第一道岔启动复示继电器 | |
| 7 | BHJ | JWXC-1700 | 保护继电器 | |
| 8 | DBJ | JPXC-1000 | 定位表示继电器 | |
| 9 | FBJ | JPXC-1000 | 反位表示继电器 | |
| 10 | DBQ | BDQ | 断相保护器 | |
| 11 | BB | BD1-7 | 表示变压器 | |
| 12 | TJ | — | 限时继电器 | — |
| 13 | $R$ | — | 电阻 | — |

注：

(1) 不同的联锁设备对组合的命名符号也略有差别，但通常都分为"主组合"和"辅助组合"。另外，用于实现"道岔锁闭时道岔不能转换"技术条件的继电器，其名称在不同联锁系统中也有差别，但它们在电路中的作用是一致的。

(2) 如果所用保护器不带限时装置，为保证道岔因受阻在设定的时间内(通常为 13 s)不能转换到底时能及时切断电机电路，需要另设一台时间限时继电器(TJ)。

#### 2. 相关安全型继电器的规格及型号

交流道岔控制电路中，所涉及的安全型继电器类型及规格如表 1-2 所示。

表 1-2　交流道岔控制电路中相关继电器类型及规格

| 图形符号 | 继电器名称 | 型号标称 | 所用元件(名称符号) | 接点组数 | 电源片连接 | |
|---|---|---|---|---|---|---|
| | | | | | 使用 | 连接 |
| 1─○─4 | 无极继电器 | JWXC-1700 | BHJ | 8QH | 1, 4 | 2, 3 |
| 1─○─4 | 无极加强接点继电器 | JWJXC-480 | 1DQJF | 2QH 2QHJ | 1, 4 | 2, 3 |
| 4─○─3 / 2─○─1 | 无极缓放继电器 | JWJXC-H125/80 | 1DQJ | 2QH 2QHJ | 1, 2/3, 4 | — |
| 4─○─3 / 2─○─1 | 有极加强接点继电器 | JYJXC-160/260 | 2DQJ | 2DF 2DFJ | 1, 2/3, 4 | — |
| 4─○─1 | 偏极继电器 | JPXC-1000 | DBJ　FBJ DCJ　FCJ SFJ | 8QH | 1, 4 | 2, 3 |

### 3. 继电器接点及其插座的编号

虽然安全型继电器的类型比较多，但设备连接所使用的插座端子及其排列、编号方式是通用的，即都是依照普通型继电器的接点组编号，如图 1-1 中(b)图所示(注意：此编号是位于继电器座背面配线侧的)。编号的规律是由下往上、左单右双。除下面线圈端子外，与继电器接点组编号一致，每三个一组，中间的为中接点，编号为“1”，前(或上)接点编号为“2”，后(或下)接点编号为“3”，之后再于其前加“接点组号”。如“61”表示“第6组中接点”，“33”表示“第三组后接点”，其他编号的意义相似。

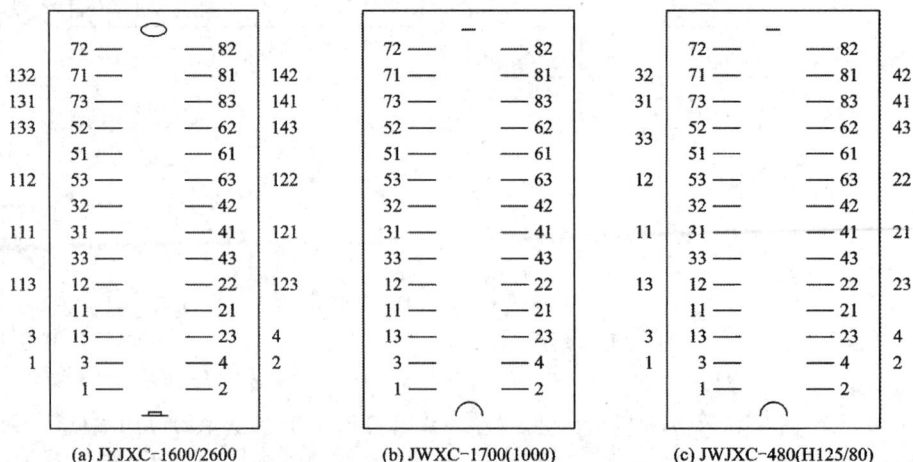

图 1-1　继电器接点(座)编号方式示意图
(a) JYJXC-1600/2600　(b) JWXC-1700(1000)　(c) JWJXC-480(H125/80)

由于带有加强接点的继电器接点所占的空间大，即一个加强接点占用了普通继电器的两组接点的位置，所以要对加强接点组的编号与座板上的原编号加以分辨。各类继电器接点端子编号参见图 1-1。

### 4. 室内控制设备举例

图 1-2 所示是单动道岔单机控制设备(ZDJ-9)元件在组合中的放置情况。

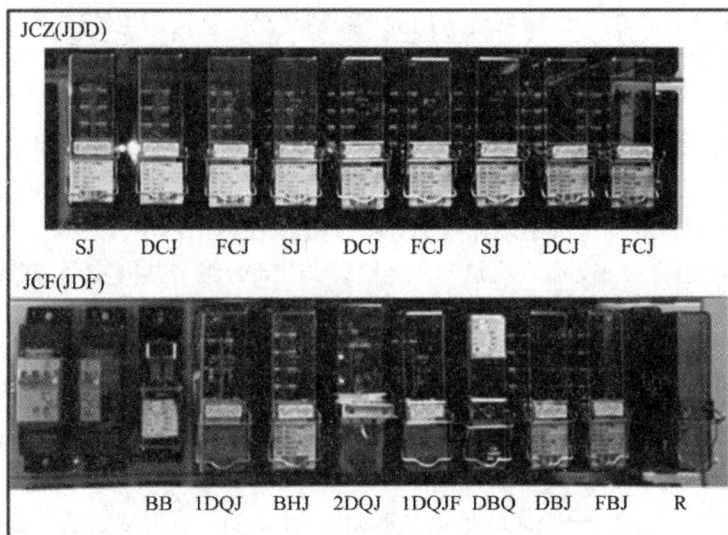

图 1-2 ZDJ9 单动道岔设备在组合中放置情况

因为 JCZ(交流道岔主组合)是三个单动道岔合用的,所以有三组,即 SJ、DCJ 和 FCJ。这里的断相保护器采用的是新型号,其自身具备限时切断的保护作用(若其不具备限时功能时,在辅助组合中需要增加一个限时继电器 TJ)。

## 1.2.2 单动道岔双机牵引控制电路设备

单动道岔双机牵引控制电路设备在交流道岔主组合(JDD)中除原有的 SFJ、DCJ 和 FCJ 外,增加了总定位表示继电器(ZDBJ)和总反位表示继电器(ZFBJ),以检验两个牵引点的位置都与道岔实际位置一致时给出道岔的定位或反位表示。另外,保留了两个辅助组合(JDF1 和 JDF2),用于分别放置对应两个牵引点的继电器设备;同时组合内的设备与单动道岔单机牵引中的设备相同,只是另外增设了 ZBHJ(总保护继电器,其类型同 BHJ 的 JWXC-1700)和 QDJ(切断继电器,其类型同 1DQJF 的 JWJXC-480),以保证两个牵引转辙机的安全工作。

注:根据情况,ZBHJ 和 QDJ 可分别放在 JDF1 和 JDF2 组合中,也可只放在某一个辅助组合中。具体位置可依据"组合继电器排列图"确定,且不同类型的信号联锁系统组合名称及继电器放置位置也略有不同。

比如,目前在地铁上使用的卡斯柯计算机联锁系统所使用的五线制交流道岔电路(按牵引点数量主要分为以下两种:双机单动道岔控制电路、双机双动道岔控制电路)的 1QDJ 和 1ZBHJ 或 2QDJ 和 2ZBHJ 两个继电器放在了 QB 中。

对每一台转辙机的动作电路和表示电路来讲(与单机控制电路基本相同),每个转辙机与室内的联系线路是独立的(5 线制的就分别有 5 根电缆线),只是在室内控制电路中让它们按一定的技术要求建立某种条件关系。

### 1.2.3 双机单动道岔组合设备举例

#### 1. 地铁中的卡斯柯系统

目前在地铁上使用的卡斯柯系统所用的5线制交流道岔控制电路按牵引点数量主要分为双机单动道岔控制电路和双机双动道岔控制电路两种。

其所用继电器组合主要分为以下4类：

(1) QB组合——切断保护组合，实现切断保护电路功能。在多机牵引的道岔中，当其中任一台转辙机不启动时，用于切断该道岔的控制电路。其组合中包含1QDJ和1ZBHJ两个继电器，在双机双动道岔中增加了2QDJ和2ZBHJ两个继电器。

(2) JSDZ(A)组合——交流双机道岔主组合，与JSDF组合共同实现道岔的启动、动作及给出道岔总表示。包含SJF(1)、1DQJ(1)、2DQJ(1)、DCJ、FCJ、ZDBJ、ZFBJ共7个继电器，在双机双动道岔中增加了SJF(2)、1DQJ(2)、2DQJ(2)三个继电器。

(3) JSDF(尖1)组合——交流双机道岔辅助组合(尖1)，实现双机道岔第一牵引点道岔的启动、动作及给出表示。包含一个BB1(表示变压器)及1DQJ、BHJ、2DQJ、1DQJF、DBQ、TJ、DBJ、FBJ和SJ共9个继电器。

(4) JSDF(尖2)组合——交流双机道岔辅助组合(尖2)，实现双机道岔第二牵引点道岔的启动、动作及给出表示。JSDF组合包含一个BB1表示变压器，及1DQJ、BHJ、2DQJ、1DQJF、DBQ、TJ、DBJ、FBJ和SJ共9个继电器，这9个继电器与JSDF(尖1)组合中的9个继电器功能及型号均相同，只是用于不同的转辙机的电路控制中。

卡斯柯系统组合设备布置如表1-3所示(以双机单动道岔为例，所用道岔为S700K型。双动道岔时，QD组合可合用)。

**表1-3 卡斯柯系统双机单动道岔组合设备布置举例**

| 组合类型 | 断路器 | | | 继电器 | | | | | | | | | | |
|---|---|---|---|---|---|---|---|---|---|---|---|---|---|---|
| QD | — | | | 1QDJ | 1ZBHJ | — | — | — | — | — | — | — | — | — |
| JSDZ | — | | | SJF(1) | 1DQJ(1) | 2DQJ(1) | DCJ | FCJ | ZDBJ | ZFBJ | — | — | — | — |
| JSDF(尖1) | DL1<br>RD$_1$ RD$_3$ RD$_2$<br>5A | | DL2<br>RD$_4$<br>0.5A | BB1 | 1DQJ | BHJ | 2DQJ | 1DQJF | DBQ | TJ | DBJ | FBJ | SJ | *R* |
| JSDF(尖2) | DL1<br>RD$_1$ RD$_3$ RD$_2$<br>5A | | DL2<br>RD$_4$<br>0.5A | BB1 | 1DQJ | BHJ | 2DQJ | 1DQJF | DBQ | TJ | DBJ | FBJ | — | *R* |

表中：DL1和DL2分别为单个转辙机的AC 380V动作电源和AC 220V表示电源的断路器；TJ为时间继电器(因其采用的DBQ不带有记时间功能，以及现在新型的断相保护器可带计时功能，所以TJ就不用设置)。

#### 2. 其他类型举例

表1-4和表1-5分别给出某ZYJ-7和ZDJ-9型单动道岔双机牵引控制电路的设备布置举例。

### 表 1-4　ZYJ-7 单动道岔双机牵引控制电路的设备布置举例

| 继电器正面位置列表 | | | | | | | | | | |
|---|---|---|---|---|---|---|---|---|---|---|
| TDD | 301 | 302 | 303 | 304 | 305 | 306 | 307 | 308 | 309 | 310 | 311 |
| | SFJ | DCJ | FCJ | ZBHJ | QDJ | 总DBJ | 总FBJ | — | — | — | — |
| TDF1 | 201 | 202 | 203 | 204 | 205 | 206 | 207 | 208 | 209 | 210 | 211 |
| | BB | 1DQJ | BHJ | 2DQJ | 1DQJF | DBQ | — | DBJ | FBJ | R | — |
| TDF2 | 101 | 102 | 103 | 104 | 105 | 106 | 107 | 108 | 109 | 110 | 111 |
| | BB | 1DQJ | BHJ | 2DQJ | 1DQJF | DBQ | — | DBJ | FBJ | R | — |

### 表 1-5　ZDJ-9 单动道岔双机牵引控制电路的设备布置举例

| 继电器正面位置列表 | | | | | | | | | | |
|---|---|---|---|---|---|---|---|---|---|---|
| TDF0 | 501 | 502 | 503 | 504 | 505 | 506 | 507 | 508 | 509 | 510 | 511 |
| | BB | 1DQJ | BHJ | 2DQJ | 1DQJF | DBQ | DBJ | FBJ | QDJ | ZBHJ | R |
| TDF2 | 401 | 402 | 403 | 404 | 405 | 406 | 407 | 408 | 409 | 410 | 411 |
| | BB | 1DQJ | BHJ | 2DQJ | 1DQJF | DBQ | DBJ | FBJ | 总DBJ | 总FBJ | R |
| CT | 301 | 302 | 303 | 304 | 305 | 306 | 307 | 308 | 309 | 310 | 311 |
| | DCJ | FCJ | SFJ | — | — | — | — | — | — | — | R |

尽管不同的地点或车站在设置组合时，组合名称或继电器放置位置不完全一样，但其所使用的继电器是相同的，或者说它们的控制电路原理是不变的。图1-3是某车站上 ZDJ-9 单动道岔双机牵引时的实物图(与表1-5对应)。

图 1-3　ZDJ-9 单动道岔双机牵引设备组合实物

一组道岔无论用几台转辙机完成牵引，只要有一个牵引点即需要设置一个辅助组合，也就是说每个转辙机的控制是相对独立的，而主组合中的 SFJ、DCJ、FCJ 及其总 DBJ 和总 FBJ 是不变的，当然也包括切断继电器(QDJ)和总保护继电器(ZBHJ)，但一组道岔只需要一个。

# 1.3　多机牵引保护及双动道岔动作时序控制

这里只对多机牵引的道岔控制设备及其技术要求和控制思路做概括性的介绍,下一章中将做详细讲解。

## 1.3.1　多机牵引的动作保护

一组道岔在由多台转辙机负责牵引时(包括心轨处),为防止出现其中任一台转辙机不能动作造成道岔不能正常转换的情况,在道岔控制电路中的尖轨和心轨处各设置了 ZBHJ 和 QDJ。当出现负责牵引同一个对象(尖轨或心轨)中的一组转辙机里任一台转辙机不能动作时,将由 ZBHJ 和 QDJ 实现切断所有点的电机动作电路,从而达到保护作用。完成这一功能的电路称切断保护电路。

### 1. 切断保护电路正常工作时序

(1) 联锁系统发出道岔动作指令后,各牵引点的 1DQJ↑→BHJ↑。当所有点的 BHJ 吸起之后,ZBHJ↑。

(2) 在从第一个开始动作的牵引点 BHJ 吸起到 ZBHJ 吸起的时间里,QDJ 通过线圈上跨接的 RC 储能电路放电,使之保持在吸起状态。

(3) QDJ 通过 ZBHJ 的前接点继续保持吸起,并用其构成各牵引点 1DQJ 的自闭电路,确保道岔转换完成。

### 2. 切断保护电路故障工作时序

(1) 联锁系统发出道岔动作指令后,当其中任一个牵引点的转辙机不能启动时,其 BHJ 不能吸起,此时 ZBHJ 因无法得到 KF(由 BHJ 前接点送出的)而无法吸起。

(2) QDJ 在缓放时间结束后落下,切断其所有牵引点(牵引同一对象的全部转辙机)1DQJ 的自闭电路使之复原落下,从而切断全部电机电路停止转动。

(3) 维护人员在确认有故障的情况下,按下故障按钮,使 QDJ 重新吸起。室外人员共同配合由其他牵引点的转辙机牵引,使其转换到需要位置。

切断保护电路的具体工作原理在后面的电路原理部分将做详细分析。

## 1.3.2　双动道岔动作时序控制

双动道岔的控制设备是在单动道岔多机牵引的基础之上组合而成的。由于双动道岔交流控制电路需要满足"第一动道岔动作完成后,第二动道岔才能动作"的技术要求,为此在每一动道岔组中各又增加了一个 DKJ(动作开始继电器)和一个 DWJ(动作完成继电器),用两组道岔组中的 DKJ 和 DWJ 相互配合构成传递动作电路,以实现这一技术要求。

双动道岔控制电路的具体工作原理,在后面的电路原理部分再做具体介绍。其顺序启动基本控制手段如下:

(1) 为确保双动道岔启动时"第一动"先动作，"第二动"的 1DQJ 励磁电路中的 DCJ 和 FCJ 的前接点并没有直接与 KF 电源相接，而是串接了"第一动"的 2DQJ 的接点。这样，在"第一动"的 DKJ 吸起之前，用"第一动"的 2DQJ 接点切断"第二动"的 1DQJ 励磁电路。

(2) 在"第一动"道岔启动电路中接入"第二动"道岔的 DKJ 和 DWJ 的后接点；同理，"第二动"道岔启动电路中接入"第一动"道岔的 DKJ 和 DWJ 的后接点。这样，当"第一动"准备动作时，尖轨第一机的 1DQJ 先吸起，同时相应的"第一动"DKJ 吸起切断了"第二动"的启动电路，使之不能转换。

(3) 当"第一动"的全部转辙机开始转换时，1ZBHJ(尖轨的)和 2ZBHJ(心轨的)都吸起，也使 DWJ 吸起，以切断 DKJ 电路。当"第一动"转换到位后，1ZBHJ(尖轨的)和 2ZBHJ(心轨的)都落下，也使 DWJ 复原落下，此时"第一动"才算转换完成。"第一动"转换完成后，依据 1ZBHJ↓和 2ZBHJ↓条件给"第二动"道岔的启动提供条件，使之开始转换。

# 1.4　组合设备相关端子编号

这里简单介绍一下与道岔控制电路相关的组合设备及其端子的编号，以便故障处理时能准确找到需要测量的端子点。

## 1.4.1　组合侧面端子的编号

在继电器组合架的每个组合的两侧都设有两块 18 柱端子板(有的两块并排放在组合的最右侧，有的是左右两侧各设一个)，主要用来作为本组合与其他组合或其他设备之间的过渡连接，即组合的外连接口。

图 1-4 所示为组合侧面端子板的实物图。每个端子板有三列，每列 18 个端子，其编号的方式是：从右至左依次编为 01、02、03、04、05、06 列，每列端子号从上到下依次编为 1、2、3、…、18。在本组合内，每个端子的编号由"列号+端子号"构成，如"05-06"意思是指第五列的第六号端子。

对侧面端子的使用，有些端子的用途是定型的，如"06-01"和"06-2"固定接 KZ 电源；"06-03"和"06-4"固定接 KF 电源，用于向本组合内的继电器提供控制电源。

现在很多新建地铁站的继电器设备组合架大都采用柜式的，且配线的端子采用按压式的端子组，具有外观整齐、连线方便等多个优点。虽然它们与传统的端子板外观不同，但其接点的编号原则则相同。图 1-5 为按压式组合侧面端子板实物图。

图 1-4　组合侧面端子板实物图

图 1-5　按压式组合侧面端子板实物图

## 1.4.2　组合侧面电源熔断器端子及其使用

在 JDF 组合侧面设有电源熔断器端子(组合正面视图的左边)，如图 1-6 所示。一组是 $RD_1$(3 个，分别对应 A、B、C 三相电源)，另一组是 $RD_2$(加在表示电源 DJZ 上)。其在组合上的连接端子分配图如图 1-7 所示(组合后面视图)。

图 1-6　组合侧面电源熔断器端子实物图

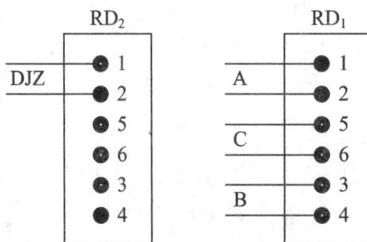

图 1-7　组合侧面熔断器端子分配图

### 1.4.3　表示变压器(BB)及电阻盒引线端子分配

由于设备中的表示变压器和电阻 R1(表示电源防护电阻)与 R2(1DQJ 自闭线圈用电阻)所组成的电阻盒都是采用继电器座插接方式与电路连接的,即引出线是通过继电器接点组端子实现的,所以在跑通电路时,为能正确找到接线端子,必须清楚接线端子的分配情况。其接线端子的接点分配情况如图 1-8 所示(其为举例车站的设备,具体的端子分配情况视其施工图而定)。

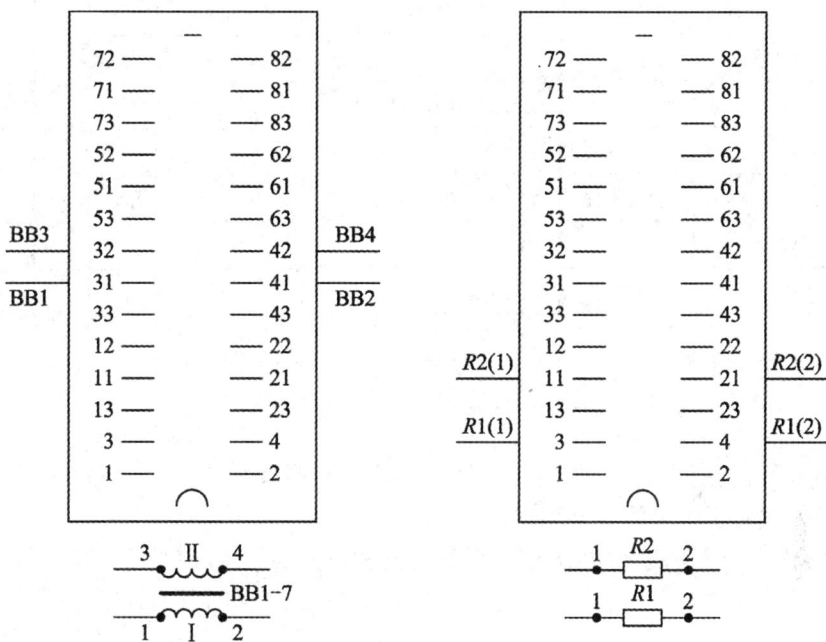

图 1-8　表示变压器与电阻盒接线端子的接点分配情况

### 1.4.4　分线盘端子编号

分线盘通常设在信号继电器室内,占用一个或两个组合架的位置,它是室内引线送到室外的分界接口。其对内与组合通过软线连接,对外通过电缆送出。分线盘上各端子的编号方式为(面对分线盘正面):按层由下至上分别编为 F1、F2、…,每一层上的端子板编号自左向右依次编为 01、02、…、12、13。其端子板常用 18 端子(或 18 柱接线)板,或 6 端子板(老式的 6502 电气集中设备中,ZD6 道岔电缆接线用的是 6 柱端子柱板)。

如表 1-6 和表 1-7 所示分别是两种端子板的分线盘配线表。例如,从表 1-7 中可知,36 号道岔尖 1 转辙机的 X1 是从分线盘某层第一块端子板的"1"号端子去终端盒的,且知 X1 来自于组合架的 1 排 1 架第 5 层侧面端子的 05-1。

**表 1-6　18 端子板的分线盘配线表**　　　　　**表 1-7　6 端子板的分线盘配线表**

| 01 | | 02 | | 04 |
|---|---|---|---|---|
| 室外电缆 | | 室外电缆 | | 室外电缆 |
| 组 合 端 子 | | 组 合 端 子 | | 组 合 端 子 |
| 1 | 1/3-X1 | 1 | 5/7-X3 | 1 | 17/19-X3 |
| | 21-505-15 | | 33-705-17 | | 31-705-17 |
| 2 | 1/3-X2 | 2 | 5/7-X4 | 2 | 17/19-X4 |
| | 21-505-16 | | 33-705-18 | | 31-705-18 |
| 3 | 1/3-X3 | 3 | 9/11-X1 | 3 | 21-X1 |
| | 21-505-17 | | 32-805-15 | | 32-405-15 |
| 4 | 1/3-X4 | 4 | 9/11-X2 | 4 | 21-X1 |
| | 21-505-18 | | 32-805-16 | | 32-405-16 |
| 5 | 5/7-X1 | 5 | 9/11-X3 | 5 | 21-X1 |
| | 33-705-15 | | 32-805-17 | | 32-405-17 |
| 6 | 5/7-X2 | 6 | 9/11-X4 | 6 | 21-X1 |
| | 33-705-16 | | 32-805-18 | | 32-405-18 |

| 01 | | | |
|---|---|---|---|
| 去室外电缆 | | | |
| 组 合 端 子 | | | |
| 36 J1-X1 | 1 | 2 | 36 J1-X2 |
| 11-505-1 | | | 11-505-2 |
| 36 J1-X3 | 3 | 4 | 36 J1-X4 |
| 11-505-3 | | | 11-505-4 |
| 36 J1-X1 | 5 | 6 | — |
| 11-505-5 | | | — |
| — | — | — | — |
| — | 15 | 16 | — |
| — | 17 | 18 | — |

　　分线盘端子的完整名称编号由"层号+板号+端子号"构成，如"F3-09-5"即指第 3 层分线盘第 9 块端子板上的 5 号端子。

　　图 1-9(a)和图 1-9(b)分别为 18 端子板的正面和背面实物图，前面板为来自组合的引线，背面为去室外的电缆。端子的编号(背面)以右 1 左 2 的方式自上而下依次编号。

(a) 正面(来自组合的引线)

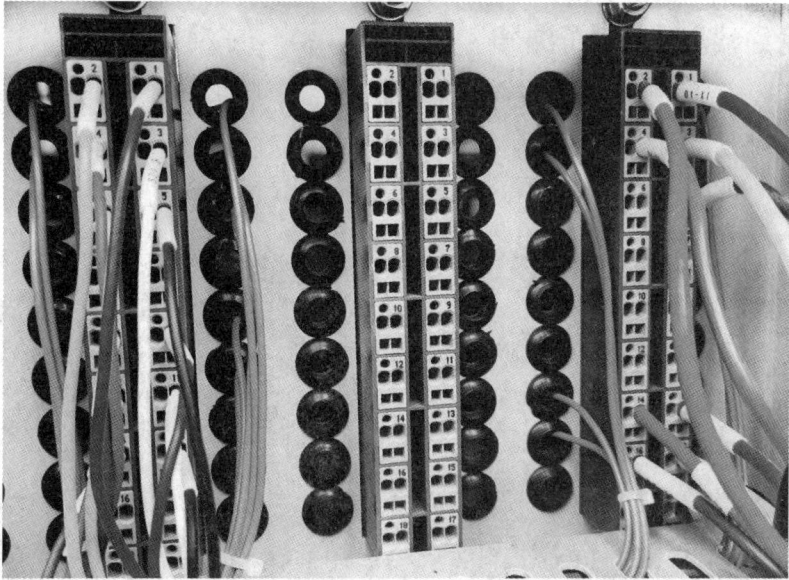

(b) 背面(去室外的电缆)

图 1-9　18端子板实物图

图 1-10 为 6 端子板实物图。端子的编号按自上至下顺序编号，且左为进线、右为出线(左右接点块内部是连通的)。

图 1-10　6端子板实物图

## 1.5　终端盒及其与转辙机的电气接线

终端盒是室内出来的控制电缆芯线与转辙机内部连接的中转设备，即道岔的 5 根控制线在室内分线盘中通过 5 根电缆芯线接入到终端盒内，再由终端盒接入到转辙机内部的接线坐端子上。

## 1.5.1 道岔终端盒及其端子编号

图 1-11 为用于交流道岔的 HZ24 两种终端盒(S700K)实物图。左图的终端盒端子编号方式为：以基础柱位为基准 12 点方向，从 1 点开始按顺时针依次编号为 1、2、3、…。右图的终端盒(S700K 道岔所用的一种)端子编号方式为：面向道岔，自左向右依次编号。

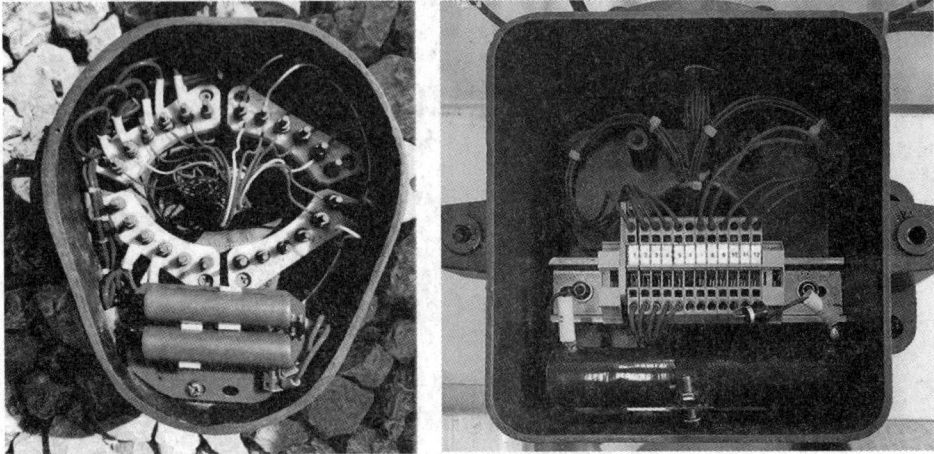

图 1-11　终端盒(S700K)实物图

图 1-12 为某 ZDJ9 道岔所用终端盒实物图，其端子编号方式为：图示位置按自左向右顺序依次编号。

无论采用什么样式的终端盒，其接线端子的使用分配大体相同，通常编号为 1、2、3、4、5 的端子号与道岔控制电路的 5 根外线相对应，即 X1、X2、X3、X4、X5 分别与电缆盒的 1、2、3、4、5 端子相连。它们主要在电阻及二极管的连接端子分配上有点差别，可在电路图上通过所标注的端子名称区分。

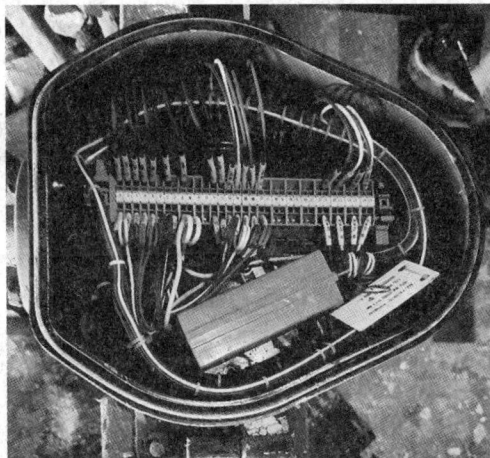

图 1-12　某 ZDJ9 道岔所用终端盒实物图

在电路图纸中为了区别于终端盒接线端子与其他设备的编号，通常在其编号前加"HZ"以区分，如"HZ4"指的就是电缆盒中的第 4 号端子，依此类推。

## 1.5.2 转辙机内部连接端子编号及其与终端盒的连接

目前常用的交流道岔为 ZYJ7、ZDJ9 及 S700K，其转辙机与终端盒的连接方式及其端子的命名方式略有不同，下面进行简单介绍。

### 1. S700K 转辙机内部接线用的万可端子的编号

图 1-13 为 S700K 转辙机内部接线用的万可端子实物图，其总的端子编号(图示位置)按自左向右依次编号，但在配线图上将名称分为 A、B、C 三个区，如"A3"表示 A 区的 3 号端子，其他依此类推。

图 1-13　S700K 转辙机内部接线用的万可端子实物图

以上所用万可端子其内部于纵向是连通的。

### 2. S700K 转辙机与终端盒的连接

图 1-14 为 S700K 转辙机内部端子与终端盒的配线图。转辙机内部的连接方式可参照其道岔控制电路图。图 1-15 为 S700K 转辙机内部配线图(图中二极管国标用 VD 表示，开关国标用 S 表示，本书中轨道交通图分别用 Z、K 表示)。

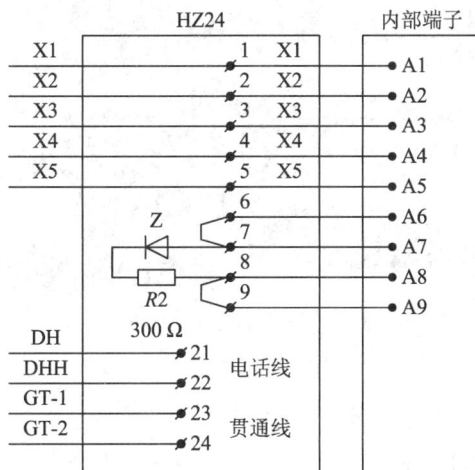

图 1-14　S700K 转辙机内部端子与终端盒的配线图

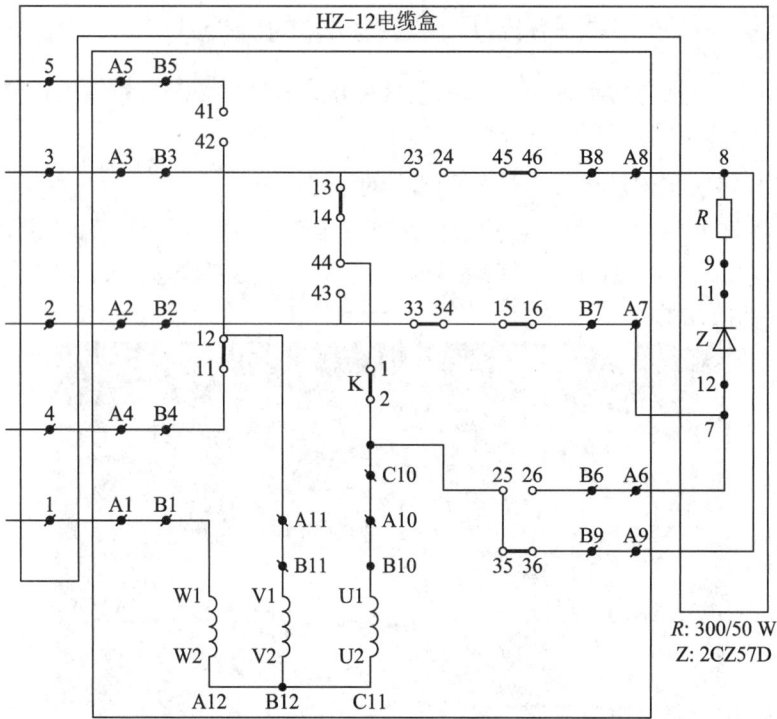

图 1-15　S700K 转辙机内部配线图

### 3. ZDJ9 转辙机内部接线用万可端子的编号

图 1-16 为 ZDJ9 转辙机内部接线用万可端子实物图，其总的端子编号(图示位置)按自左向右顺序依次编号。图中下端是靠近终端盒的一侧，为进线连接端子。

图 1-16　ZDJ9 转辙机内部接线用万可端子实物图

### 4. ZDJ9 转辙机与终端盒的连接

图 1-17 为 ZDJ9 转辙机内部 CJQ 端子与终端盒的配线图。转辙机内部的连接方式可参照其道岔控制电路图。图 1-18 为 ZDJ9 转辙机内部接线图。

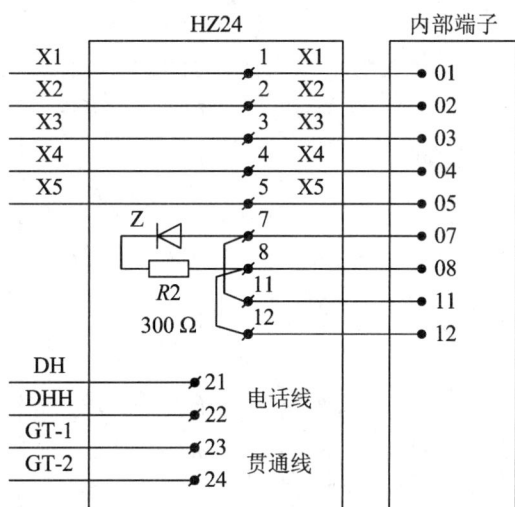

图 1-17　ZDJ9 转辙机内部 CJQ 端子与终端盒的配线图

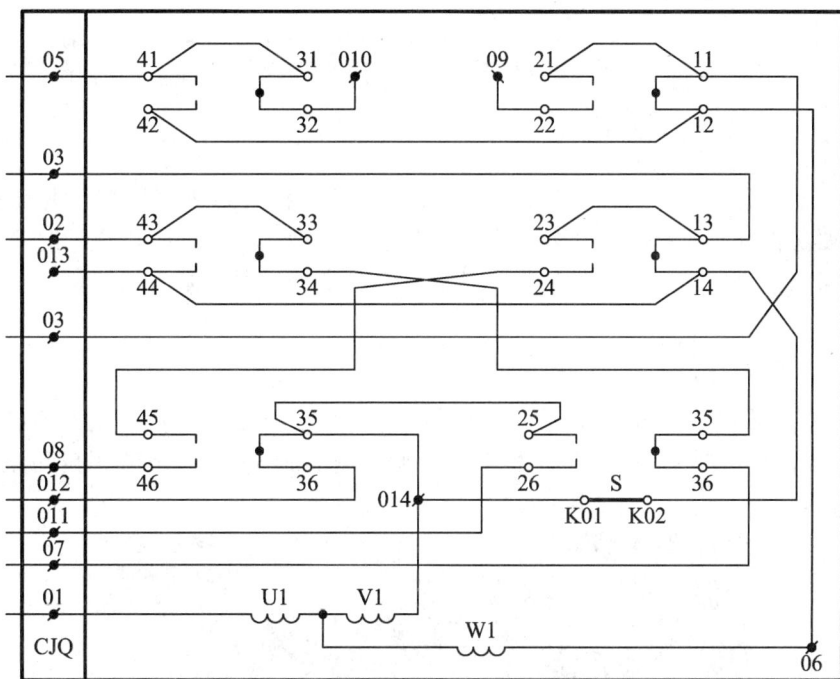

图 1-18　ZDJ9 转辙机内部接线图

### 5. ZYJ7 转辙机与终端电缆盒的连接

目前 ZYJ7 转辙机内部没有另设(CJQ)接线端子，所有引线都直接与终端盒相连。如图 1-19 所示为转辙机内部接线示意图(为表达方便，电缆盒被抽象了，读者在具体跑电路时要稍加体会)。终端电缆盒中的 1、2、3、4、5 端子分别与 X1、X2、X3、X4、X5 线对应连接。

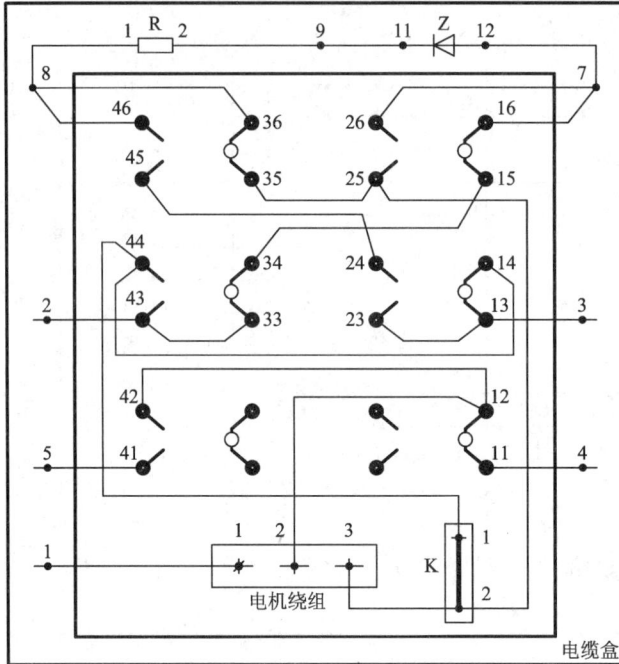

图 1-19　ZYJ7 转辙机内部接线示意图

### 1.5.3　自动开闭器接点组编号

对转辙机来说，自动开闭器接点组(S700K 转辙机称其为速动开关组)是道岔控制电路中的主要部件，它是接通电机定转和反转的主要控制条件，同时，它们的接通状态也是控制电路用于判定道岔位置的依据。下面就三种交流道岔的开关组接点编号方式做一简单介绍。

#### 1. ZYJ7 与 ZDJ9 接点开关组编号

ZYJ7 与 ZDJ9 交流道岔的自动开闭器接点组都采用的是类似 ZD6 道岔的自动开闭器结构。接点组分动接点组(2 排)和静接点组(4 排)。图 1-20 为 ZDJ9 转辙机自动开闭器实物结构图(ZYJ7 的排列方式与之相同)。

图 1-20　ZDJ9 转辙机自动开闭器实物结构图

其接点编号方式是：(站在电缆盒一侧，面向道岔)对两组动接点而言，右边的为第 1 排，左边的为第 2 排；对静接点组而言，自右向左分别是"第 1 排、第 2 排、第 3 排、第

4 排",每一排上的静接点编号由近及远(人站的一侧为近,图中位置即为由下向上)依次为"1、2、3、…、6"。每个静接点的编号由"排号+接点号"两组数字构成,如"11"和"46"分别表示自动开闭器的第 1 排第 1 个接点和第 4 排第 6 个接点,依此类推。

### 2. S700K 转辙机速动开关组接点编号

图 1-21 为 S700K 转辙机速动开关组实物结构图,接点组也分为 4 排(或组)。站在电缆盒一侧,其 4 排接点的分组方式如图 1-21 所示,每 3 对为一组(顺时针分配)。每组的接点端子编号按从左向右顺序依次编号,其端子编号名称与 ZDJ9 相同,也是用排号加接点号表达。

图 1-21 S700K 转辙机速动开关组实物结构图

# 第二章　　直流道岔控制电路工作原理

为了帮助读者以后能轻松学习提速道岔(交流道岔)的原理和理解道岔控制电路的基本工作思想，这里先以直流转辙机单动道岔为例介绍其控制电路的工作原理。本章所讲述的控制电路图通常是以 6502 继电器联锁下的控制电路为例的。计算机联锁系统下的控制电路只是在 1DQJ 励磁电路中个别接入引线不同，其他完全一样，这对理解电路原理没有影响。

道岔的控制设备(或电路)按完成的功能不同，可分以下三个部分：

(1) 室内控制(启动继电器)电路：用于接受、执行联锁系统对道岔转换的指令。

(2) 电机动作(道岔转换)电路：负责向转辙机的电机提供电源，控制其正反转。

(3) 表示继电器电路：负责检查道岔的位置，并能对道岔的位置错误给出报警。

直流道岔控制电路在对道岔实行转换的过程中按照时序关系可分三个过程(或称三级控制过程)，其相应的三级电路互相配合，完成对道岔转换的控制。其三级电路及其功能描述如下：

(1) 第一级控制电路：1DQJ3-4 线圈励磁电路，检查联锁条件，确定接收控制命令。

(2) 第二级控制电路：2DQJ 的转级电路，确定道岔的转换方向(向定位转还是向反位转)。

(3) 第三级控制电路：1DQJ1-2 线圈自闭电路，接通电动机动作电路并随时检查其是否正常。

## 2.1　启动继电器电路

启动继电器电路包括 1DQJ 砺磁电路、自闭电路和 2DQJ 转极电路。考虑到有些实训场的联锁设备仍然是 6502 继电器联锁，所以这里在讲述启动继电器电路原理时，将其与计算机联锁系统下的电路相比较进行介绍。不过由于它们两者的电机动作电路及表示电路是完全相同的，所以在讲述其他电路原理时就不再区分了。

### 2.1.1　启动继电器电路工作逻辑

当需要转换道岔时，控制电路首先接通 1DQJ 的砺磁电路，使之吸起(同时表示电路被切断)。1DQJ 吸起后用其前接点接通 2DQJ 的转极电路使之转极；2DQJ 转极后通过电机电路接通 1DQJ 自闭电路；等到道岔转换完成毕后，通过自动开闭器切断 1DQJ 自闭电路(电机电路同时也被切断，电机停转)，经过缓放时间后复原落下，又重新接通表示电路。

## 2.1.2　6502继电器联锁中的启动继电器电路

### 1. 控制道岔转换的两种方式

(1) 进路式操纵：以进路的方式使各组道岔按进路的要求将道岔转换至所需的位置。在进路式控制道岔转换时，联锁系统的选岔电路首先使 DCJ 或 FCJ 励磁吸起，之后接通 1DQJ 的励磁电路，接着使 2DQJ 转极。DCJ 吸起，控制道岔转向定位；FCJ 吸起，控制道岔转向反位。

(2) 单独操纵：在维修、试验道岔，或为开放引导信号排列引导进路等情况下，就需要对道岔进行单独操纵。单独操纵道岔使用了双按钮的方式，即在控制台上要同时按下两个按钮。

6502 在每个咽喉处都设置了道岔总定位(ZDA)和道岔总反位(ZFA)两个按钮。如向反位单独操纵道岔时，当按下 ZFA 后，ZFJ(总反位继电器)吸起，使条件电源 KF-ZFJ 有电，再按下被操纵的道岔按钮 CA 时使 CAJ(单独操纵按钮继电器)吸起，两者配合从而接通 1DQJ 励磁电路，最终使道岔转向反位。同理，在 CAJ 吸起和条件电源 KF-ZDJ 有电时，可以使道岔转换至定位。

无论是道岔的进路式操纵还是单独操纵，都必须满足道岔启动电路的要求。

### 2. 启动继电器电路

图 2-1 所示为 ZD6 转辙机在 6502 继电器联锁中的启动继电器电路图。

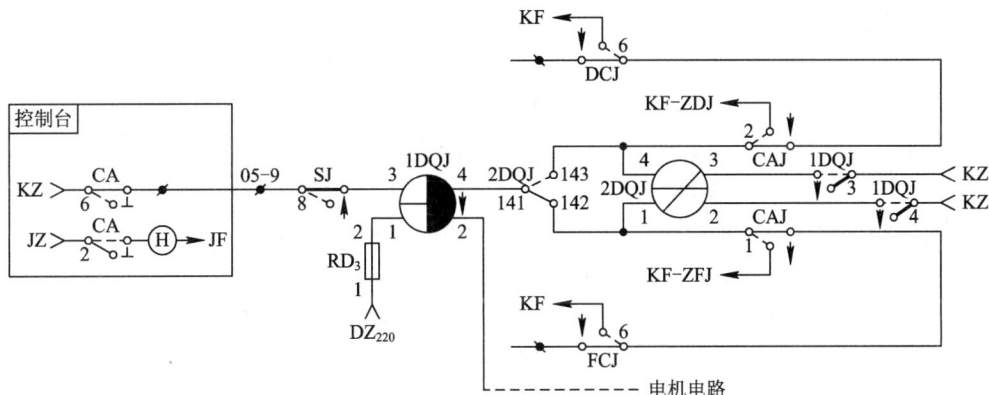

图 2-1　ZD6 转辙机在 6502 继电器联锁中的启动继电器电路

平时 1DQJ 在落下状态。其 3-4 线圈支路是励磁电路，1-2 线圈通过其自身 11-12 前接点与电机动作电路串联，构成自闭电路。正由于 1DQJ 电路的这种构成特点，决定了道岔的转换由它的吸起开始，到还原而结束，即它的后接点断开时间就等于道岔的转换时间。

道岔转换开始，即 1DQJ 励磁吸起后，通过其 41-42 接点(定位转反位时)或 31-32 接点(反位转定位时)为 2DQJ 接通 KZ 电源，使 2DQJ 转极。而 2DQJ 转极后又切断了 1DQJ 励磁电路，为保证 1DQJ 可靠自闭，1DQJ 选择了缓放型继电器。

2DQJ 是极性保持继电器，它平时的状态与道岔所处的位置相对应。道岔在定位时 2DQJ 处在前接点闭合状态(吸起位)；道岔在反位时 2DQJ 处在后接点闭合状态(落下位)。道岔向反位转换时，励磁电流反向流过 1-2 线圈使之打落；道岔向定位转换时，励磁电流正向流过 3-4 线圈使之吸起。

### 3. 进路式 1DQJ 励磁电路与 2DQJ 转极电路

所谓进路式，是指道岔的转换在排列进路时控制道岔转换的形式。在进路式下 1DQJ 的励磁是由 DCJ(或 FCJ)前接点条件决定的。2DQJ 转极时的负电源与 1DQJ 励磁的负电源为同一个电源。

(1) 道岔由定位向反位转换时 1DQJ 励磁电路与 2DQJ 转极电路。

假设道岔原来在定位，联锁系统欲将该道岔选至反位时，FCJ(反位操纵继电器)需励磁吸起。控制电路在检查进路处于解锁状态(SJ↑)之后，用反位操纵继电器 FCJ 的第 6 组前接点接通 1DQJ3-4 线圈的励磁电路。1DQJ 的励磁电路为(图 2-2 中粗实线所示)：

KZ—CA61-63—SJ81-82—1DQJ3-4—2DQJ141-142—CAJ11-13—FCJ61-62—KF

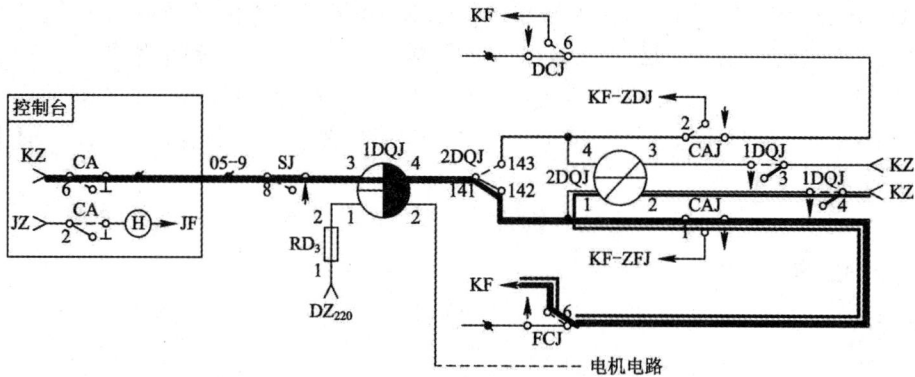

图 2-2　进路式反转道岔时 1DQJ 励磁电路与 2DQJ 转极电路

1DQJ 励磁吸起后，用其前接点接通 2DQJ 的转极打落电路，2DQJ 转极后，其第 4 组接点又切断了 1DQJ 的励磁电路。2DQJ 的转极电路为(图 2-2 中双线所示)：

KZ—1DQJ41-42—2DQJ2-1—CAJ11-13—FCJ61-62—KF

这时流过 2DQJ 线圈的电流是反向的，所以 2DQJ 反位打落。

(2) 道岔由反位向定位转换时 1DQJ 励磁电路与 2DQJ 转极电路。

如果原道岔在反位，需要向定位转换时，联锁系统需将 FCJ(反位操纵继电器)励磁吸起。控制电路在检查进路处于解锁状态(SJ↑)之后，由 FCJ 的第 6 组前接点接通 1DQJ3-4 线圈的励磁电路。1DQJ 的励磁电路如图 2-3 中粗实线所示。

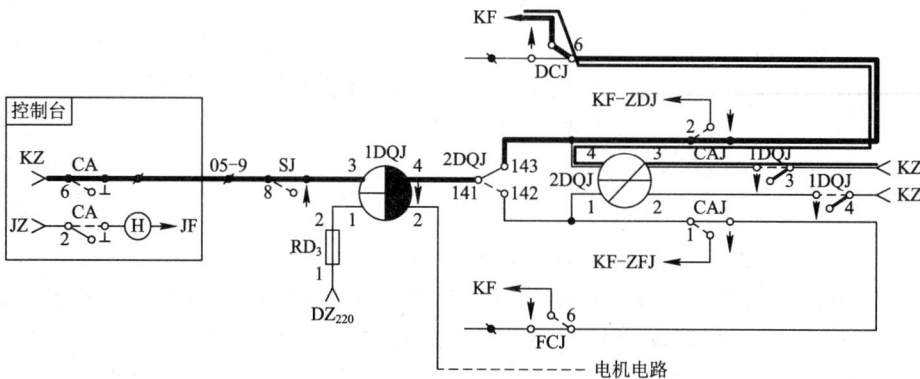

图 2-3　进路式定转道岔时 1DQJ 励磁电路与 2DQJ 转极电路

1DQJ 励磁吸起后，用其前接点接通 2DQJ 的转极吸起电路，其转极后用第 4 组接点又切断 1DQJ 的励磁电路。2DQJ 的转极电路如图 2-3 中双细线所示。

#### 4. 单操式 1DQJ 励磁电路与 2DQJ 转极电路

所谓单操式，是指在控制台上办理"单独操纵"后实现其位置转换的形式。在单操式下 1DQJ 的励磁是由 CAJ 前接点条件及 KF-ZDJ (或 KF-ZFJ)条件电源决定的。2DQJ 转极时的负电源也是条件电源。

(1) 道岔由定位向反位转换时 1DQJ 励磁电路与 2DQJ 转极电路。

设道岔原来在定位，当向反位单操时，在同时按下 ZFA 和此道岔的 CA 按钮后，ZFJ 和 CAJ 吸起。当满足道岔转换条件时，接通 1DQJ 励磁电路。1DQJ 的励磁电路为(图 2-4 中粗实线示)：

KZ—CA61-63—SJ81-82—1DQJ3-4—2DQJ141-142—CAJ11-12—KF-ZFJ

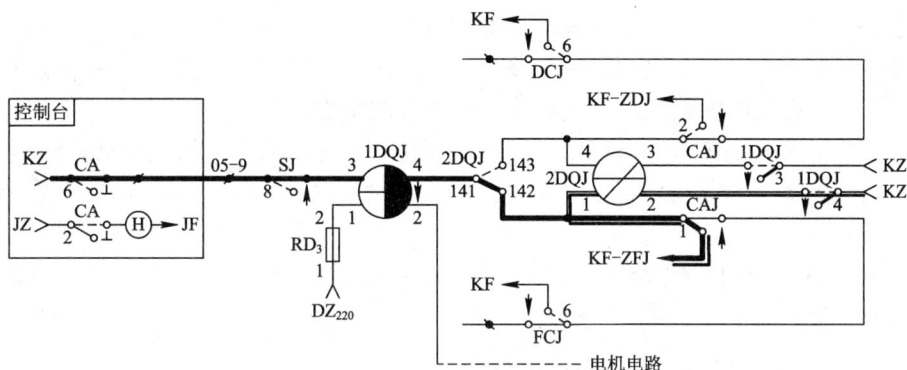

图 2-4　单操反转道岔时 1DQJ 励磁电路与 2DQJ 转极电路

1DQJ 励磁吸起后，用其第 4 组前接点接通 2DQJ 的转极打落电路，2DQJ 转极后用其第 4 组接点又切断 1DQJ 的励磁电路。此时 2DQJ 的转极电路是(图 2-4 中双细线示)：

KZ—1DQJ41-42—2DQJ2-1—CAJ11-12—KF-ZFJ

(2) 道岔由反位向定位转换时 1DQJ 励磁电路与 2DQJ 转极电路。

如果原道岔在反位，欲要向定位转换时，在同时按下 ZDA 和此道岔的 CA 两按钮后，ZFJ 和 CAJ 吸起，条件电源 KF-ZDJ 加电。当满足道岔转换条件时，接通 1DQJ 励磁电路。1DQJ 的励磁电路如图 2-5 中粗实线所示。

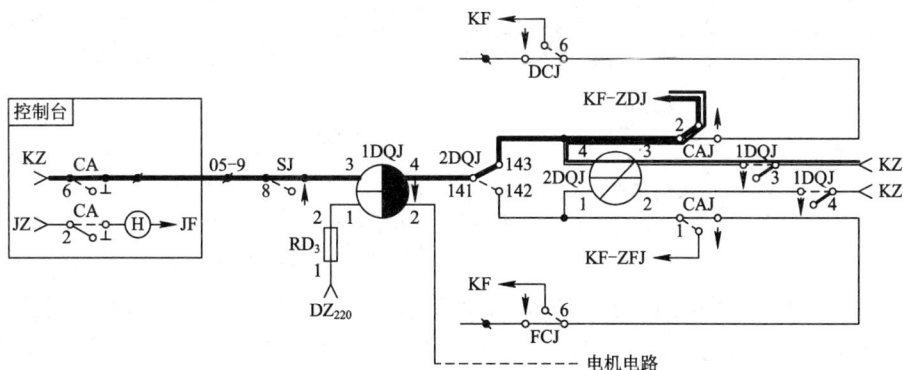

图 2-5　单操定转道岔时 1DQJ 励磁电路与 2DQJ 转极电路

1DQJ 励磁吸起后，用其第 3 组前接点接通 2DQJ 的转极吸起电路，2DQJ 转极后用其第 4 组接点又切断 1DQJ 的励磁电路。2DQJ 的转极电路如图 2-5 中双细线所示。

## 2.1.3 计算机联锁中的启动继电器电路

### 1. 道岔转换的两种驱动方式

(1) 进路式驱动：当计算机联锁系统接收到建立进路命令，并进行联锁条件检查之后，便驱动道岔控制电路中的 DCJ 或 FCJ 以及 YCJ(允许操纵继电器)吸起，从而接通 1DQJ 励磁电路，使启动电路完成道岔转换工作。

(2) 单独操纵式驱动：在计算机联锁系统需要单独操纵道岔转换时，操作人员在人机对话界面的站场图上点击要转换的"道岔名称"，再点击"道岔总反位"(或"道岔总定位")功能按钮即可(不同联锁类型其操作方式可能略有不同)。先后点击按钮的间隔时间不能超过系统的要求，否则系统会给出"操作错误"的文字报警信息。当进行了单独转换道岔操作后，计算机联锁系统便进行联锁条件检查，然后驱动道岔控制电路中的 DCJ 或 FCJ 以及 YCJ(允许操纵继电器)吸起，使启动电路完成道岔转换工作。

由此可见，对于计算机联锁系统，无论是进路式还是单独操纵道岔转换，都是由联锁系统输出驱动电源，使 FCJ↑(或 DCJ↑)及 YCJ↑完成的。这对于道岔控制电路而言，两种控制方式没有差别。

也由此，在计算机联锁系统与 6502 继电器联锁道岔控制电路中的 1DQJ 励磁电路与 2DQJ 转极电路局部略有不同。

### 2. 计算机联锁系统的启动继电器电路

在计算机联锁系统中，启动继电器电路如图 2-6 所示。该电路与 6502 继电器联锁道岔控制电路相比，它在 KF 支路的条件没有了条件电源，而是在 1DQJ 励磁电路的 KZ 支路上用 YCJ 代替了 SJ 继电器条件，也取消了道岔按钮条件，同时增加接入了本道岔区段的 DGJ 前接点条件。这是由于它不同于 6502 继电器联锁可以由 SJ 的吸起条件来间接检查区段的空闲。

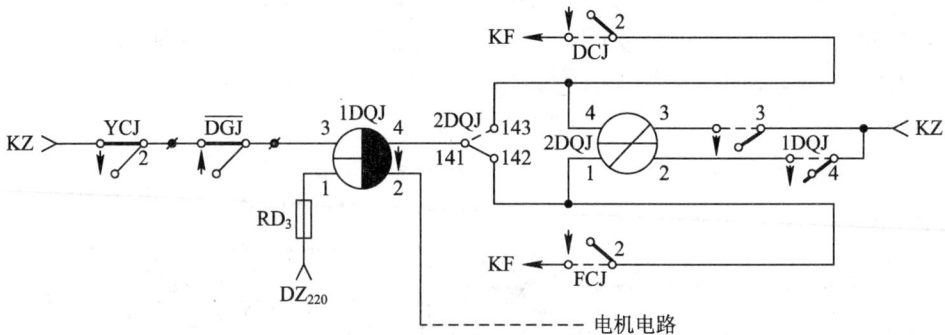

图 2-6　计算机联锁系统中启动继电器电路

图中 YCJ 为预先操纵继电器，在有的计算机联锁系统中使用 YSJ(预先锁闭继电器)或 SFJ(锁闭防护继电器)，它们只是称呼的不同，作用却是一样的。它平时落下，当需要转换道岔时，联锁系统在完成联锁条件检查后，与 DCJ 或 FCJ 一同被驱动吸起。

### 3. 1DQJ 励磁电路与 2DQJ 转极电路

(1) 道岔由定位向反位转换时 1DQJ 励磁电路与 2DQJ 转极打落电路。

如图 2-7 所示为道岔由定位向反位转换时 1DQJ 励磁电路与 2DQJ 转极打落电路。

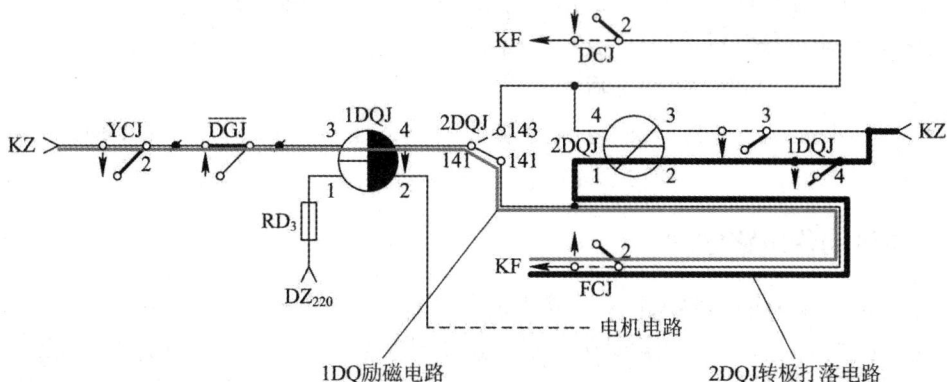

图 2-7 道岔定转反时 1DQJ 励磁电路与 2DQJ 转极打落电路

(2) 道岔由反位向定位转换时 1DQJ 励磁电路与 2DQJ 转极吸起电路。

如图 2-8 所示为道岔由反位向定位转换时 1DQJ 励磁电路与 2DQJ 转极吸起电路。

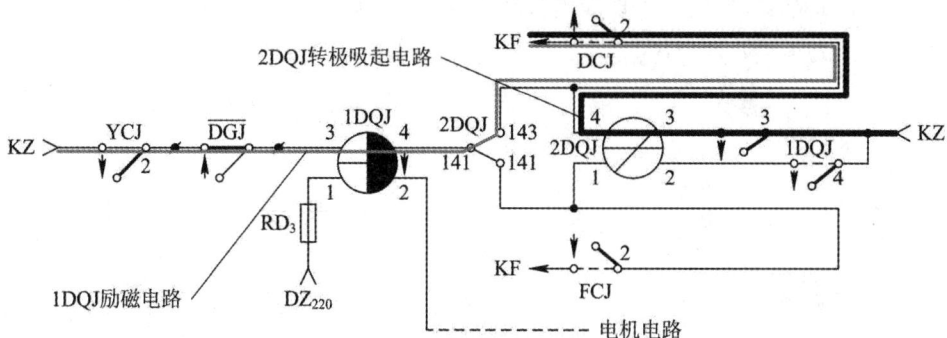

图 2-8 道岔反转定时 1DQJ 励磁电路与 2DQJ 转极吸起电路

在计算机联锁系统中，联锁对 DCJ(FCJ) 及 YCJ 的驱动时间是短暂的，若在它们吸起后启动电路因故无法正常工作时，DCJ(FCJ) 及 YCJ 很快就还原落下了。因此在利用电压法处理启动继电器电路故障时，要在测量电压的同时对道岔进行单独操纵，否则线路中无电压。

## 2.2 道岔电机动作电路

道岔电机动作电路是指电机接通电路及其与转辙机自动开闭器配合完成道岔转换的控制电路，可简称为道岔动作电路。直流四线制(ZD6)转辙机道岔控制电路外线分别用"X1、X2、X3、X4"表示，其中 X1、X3 线接通定位表示继电器(DBJ)电路(简称定表电路)；X2、X3 线接通反位表示继电器(FBJ)电路(简称反表电路)；X1、X4 线接通电机电路以带动道岔转换到定位；X2、X4 线接通电机带动道岔转换到反位。假设电机转动带动道岔转向定位为正转，则电机转动带动道岔转向反位的转动方向就称为"反转"。

ZD6 转辙机控制电路中的 4 条外线，它们的分工分别是：

X1：定位表示电路线、定位启动电路线(简称定表线、定启线)；

X2：反位表示电路线、反位启动电路线(简称反表线、反启线)；

X3：表示电路公共回线(简称表示回线)；

X4：启动电路公共回线(简称启动回线)。

注：为方便记忆，可用口诀"1 定 2 反 3 表示，启动任务是线 4"来辅助记忆各控制线的功能或作用。

## 2.2.1　电机动作电路结构

如图 2-9 所示为 ZD6 道岔控制电路中所包含的电机动作电路图。

电机动作电路主要由室内启动继电器接点控制电路和室外电动转辙机内部电路两大部分构成。室内与室外共有 4 根电缆芯线进行连接，分别称"1 线(X1)""2 线(X2)""3 线(X3)"和"4 线(X4)"，它们经过分线盘、电缆盒和插接器与转辙机内部连通，其中 1、2 线与表示电路共用。转辙机内部接点条件多为自动开闭器的接点，通过它的动作控制道岔定、反位转换以及接通或断开电机电路或表示电路。另外有一组"遮断开关"(遮断器)接点条件，其作用是当信号人员检修道岔时用于切断电机动作电路，以防止造成人身伤害。

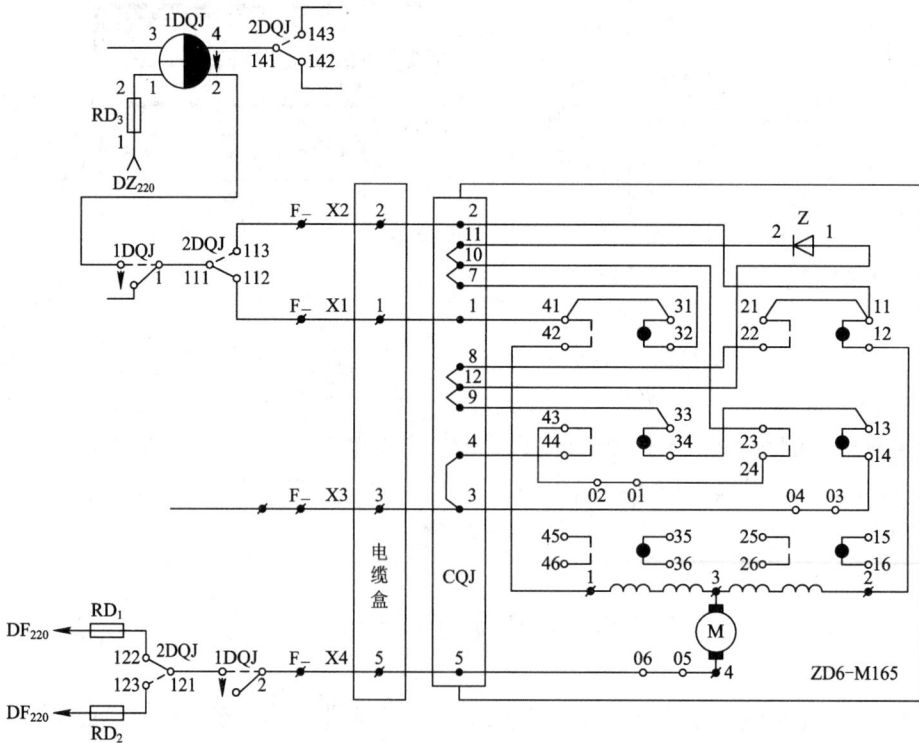

图 2-9　ZD6 四线制道岔电机动作电路图

**1. 电路结构特点**

(1) 电机动作电路也是 1DQJ 的自闭电路。1DQJ11-12 接点既是其自身的自闭接点，同时也是接通电机动作电源的条件。也因此该接点是一组加强型接点，以确保在通断大电流时不至于烧毁接点。

(2) 在接通电机动作电路之前，除 1DQJ 吸起之外，2DQJ 必须先完成转极动作。其目的一方面是为道岔的回转做好准备，另一方面可及时切断道岔当下位置的表示电路，同时也为道岔转换完成后接通下一位置表示电路做准备。假如道岔因故不能转换到底，电机停转后，因表示电路无法及时接通而会给出挤岔报警。

(3) 电机动作电路的供电方式采用了双断措施，即在电路中的 DZ 和 DF 的两电源端分别加入了相同的两组 2DQJ 接点条件，且于电源的两极都加装了过流保护器，以防止出现混线故障时造成道岔的错误动作或损坏电源设备。

(4) 电机动作电路的结构决定了从 1DQJ 的吸起开始到其还原落下作为道岔转换的时间，即 1DQJ 前接点断开的时间长度。在信号微机监测系统中就是用 1DQJ 前接点断开的时间作为道岔转换时间来计时的。

### 2. 控制电机正、反转原理

我们知道控制道岔定位和反位转换是依靠电机的正、反转带动尖轨移动实现的，因此，道岔控制电路必须能够实现对电机的正、反转控制。那么在 ZD6 道岔转辙机中是如何实现控制的呢？

首先，在直流电机内部，设置了两组定子绕组，以分别控制电机正转和反转；其次，在外电路上实现改变给两个线圈送电的选择。

图 2-10 所示为 ZD6 电机内部绕组的连接方式示意图(定子引出线和炭刷引出线分别用红色和黄色表示)。图中的 1-3 线圈和 2-3 线圈是直流电机中两组定子绕组，若直流电流由线圈 1 端流入，产生的磁场方向使转子正转的话，则当直流电流由线圈 2 端流入时，产生的磁场方向就会使转子反转。这就是直流电机控制道岔定、反位转换的原理。

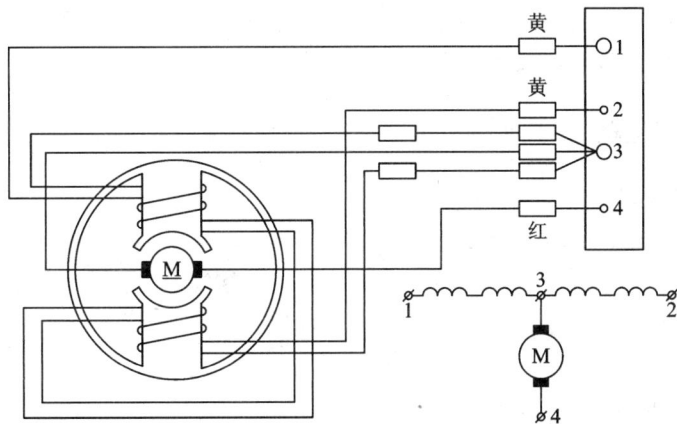

图 2-10　ZD6 电机内部绕组的连接方式示意图

另外，电机的两个绕组分开使用，是为了保证当道岔转换过程中若一组绕组因故不能使道岔转换到底时，可及时利用另一组线圈使道岔能可靠回转，不至于让道岔停留在四开位。

## 2.2.2　道岔转换的三个阶段

道岔在转换过程中，依据转辙机的动作特点，或其机械状态的变化情况，或者说是联锁系统对道岔转换的技术要求，可将其分为三个阶段。这里以开闭器"1""3"闭合为定位，道岔由"定"→"反"转换过程为例表述如下：

(1) 解锁：自动开闭器的第 2 排动接点离开第 3 排静接点，转与第 4 排静接点闭合的过程。这一过程于转辙机内部也切断了定位表示电路，以及提前接通了向定位转换的动作电路(防止道岔不能转换到底时，能经过操作向回转)。

(2) 转换：动作轩带动转换轨向反位移动的阶段。

(3) 锁闭：当道岔转换到位后，自动开闭器的第 1 排动接点转换为与第 2 排静接点闭合的过程。此过程切断了电机电路，使道岔停止动作，同时也切断了 1DQJ 自闭电路，使之还原而落下，接通反位表示电路。

图 2-11 所示为道岔由定位到反位转换过程中，不同阶段自动开闭器的位置状态示意图。

(a) 开始状态　　　　　　　　(b) 解锁状态　　　　　　　　(c) 完成状态

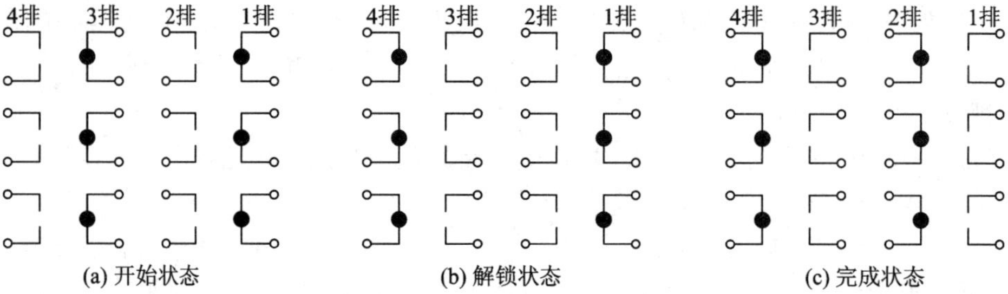

图 2-11　道岔由定位到反位转换过程中自动开闭器的位置状态示意图

当道岔由反位向定位转换过程中，自动开闭器的第 1 排动接点先转向与第 1 排静接点闭合(提前接通向反位转换的动作电路)；转到反位后，自动开闭器的第 2 排动接转向与第 3 排静接点闭合，电路还原，接通定位表示电路。其过程自动开闭器的接通状态与图 2-11 的表达相反，即由(c)→(b)→(a)的过程。

## 2.2.3　电机动作电路工作分析

### 1. 电路构成及原理

设道岔自动开闭器第 1、3 排闭合状态为道岔的定位状态，其动作电路的简图如图2-12 所示。电路图中的接点状态是道岔为定位时的接通状态，此时自动开闭器 41-42 断开，2DQJ 为前接点闭合。由图可见，自动开闭器 41-42 为反位向定位转换的接通条件(称为定位启动接点)，11-12 为定位向反位转换的接通条件(称为反位启动接点)。

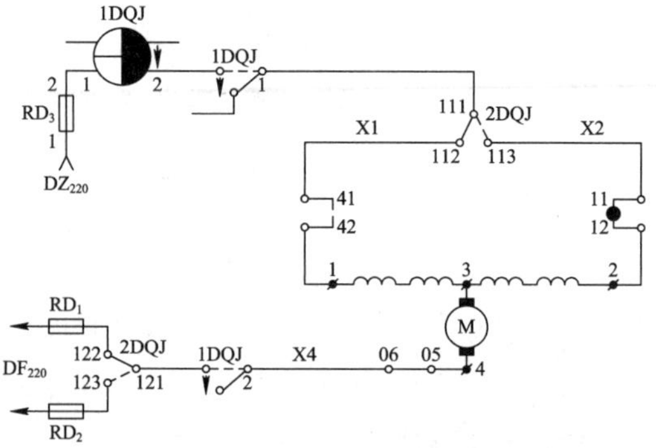

当道岔由定位需要向反位转换时，2DQJ 转极为打落状态(111-113 接通)，电

图 2-12　道岔动作电路的简图

机经自动开闭器 11-12 接点接通直流电源，使电机定子线圈 2-3 及转子线圈中有直流电流，电机反转，从而带动道岔移向反位；当道岔由反位需要向定位转换时，2DQJ 转极为吸起状态(111-112 接通)，电机经自动开闭器 41-42 接点接通直流电源，使电机定子线圈 1-3 及转子线圈中有直流电流，电机正转，从而带动道岔移向定位。

从道岔动作电路简图可知，由于电机中的电流经过了 1DQJ 的 1-2 线圈，使 1DQJ 的自闭，即使在 2DQJ 转极后切断了 1DQJ 的 1-2 线圈励磁电路，可在电机接通后，其自闭电路也接通，可见只要电机电路不断开，它就会一直保持在吸起状态。就是说，只要电机电路不断开，1DQJ 就一直吸起；1DQJ 一直吸起，电机因此也不会停转。假如，电机与传动齿轮采用硬性连接，那么当道岔转换过程中受阻不能转换到底时，电机就会被强行卡死而停转，其线圈中的电流变大，从而烧毁电机。因此，电机与传动齿轮的连接采用了摩擦连接器，避免了这种情况的发生。

**2. 道岔转换时的电机电路(1DQJ 自闭电路)**

1) 反位转换电路

设道岔原来在定位，欲将道岔转至反位，其电机的供电电路(或 1DQJ 自闭电路)为(图 2-13 中粗实线所示)：

$DZ_{220}$—$RD_3$(1-2)—1DQJ1-2—1DQJ12-11—2DQJ111-113—外线 X2—电缆盒 2—CJQ2—自动开闭器 11-12—电动机定子线圈 2-3—电动机的转子 3-4—遮断器 05-06—CJQ5—电缆盒 5—外线 X4—1DQJ21-22—2DQJ121-123—$RD_2$—$DF_{220}$。(此前 1DQJ 已吸起，2DQJ 转极为落下)

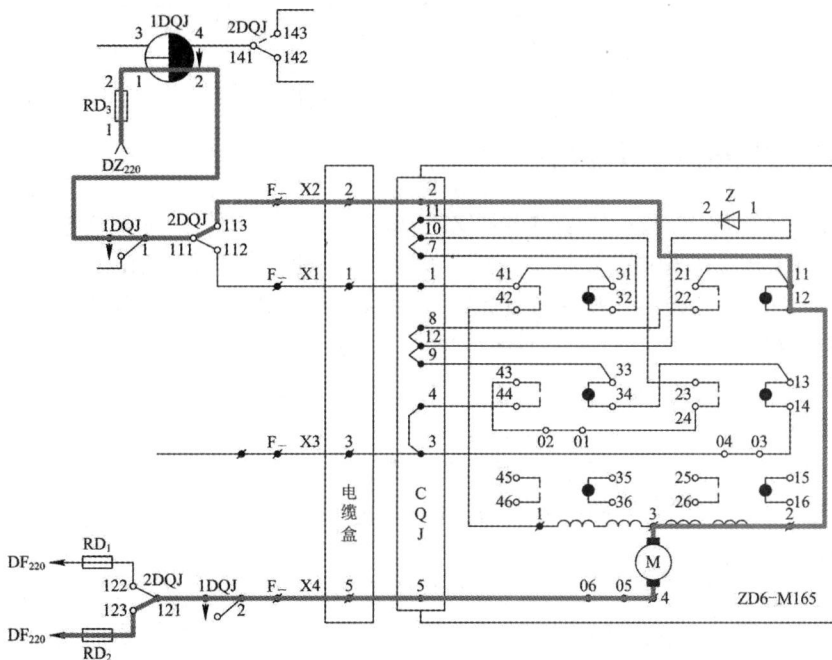

图 2-13 道岔向反位转换时电机接通电路(1DQJ 自闭电路)

2) 定位转换电路

设道岔原来在反位，欲将道岔转至定位，其电机的供电电路(或 1DQJ 自闭电路)为(图 2-14 中粗实线所示)：

DZ$_{220}$—RD$_3$(1-2)—1DQJ1-2—1DQJ12-11—2DQJ111-112—外线 X1—电缆盒 1—CJQ1—自动开闭器 41-42—电动机定子线圈 1-3—电动机的转子 3-4—遮断器 05-06—CJQ5—电缆盒 5—外线 X4—1DQJ21-22—2DQJ121-122—RD$_1$—DF$_{220}$。(此前 1DQJ 已吸起，2DQJ 转极为吸起)。

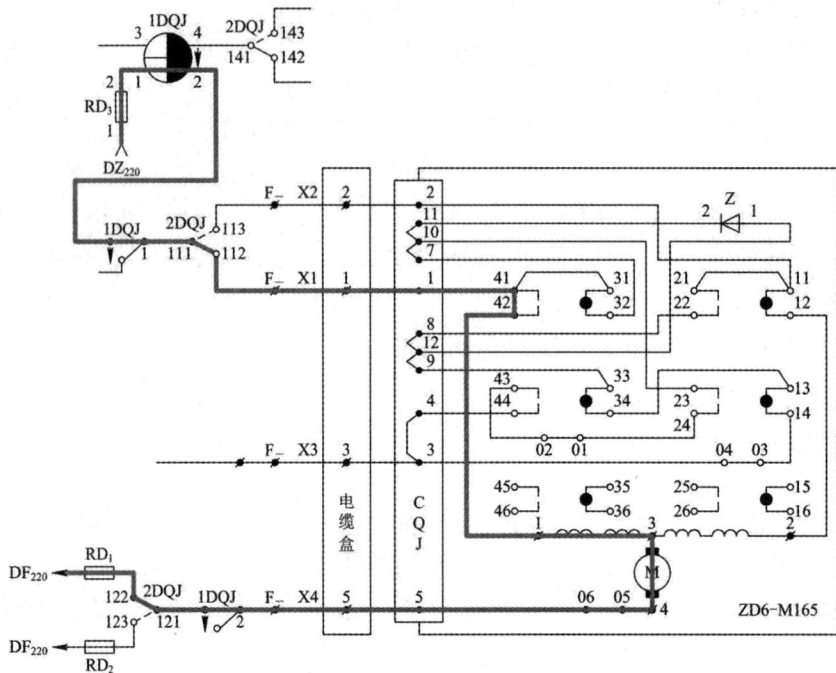

图 2-14　道岔向定位转换时电机接通电路(1DQJ 自闭电路)

## 2.2.4　道岔转换电路工作层次

在前面两节内容中，我们详细讲述了 ZD6 道岔控制电路的启动继电器电路及电机动作电路的结构、工作原理和道岔定位与反位转换时的导通路径，下面对道岔转换电路(也称启动电路)做逻辑关系(即控制逻辑过程)总结。这里主要以计算机联锁系统为例来表述。

道岔在转换过程中，从逻辑层面进行分类，可分为以下四个层次：

(1) 道岔转换命令的输出。

当计算机联锁系统建立进路或操作人员在控制表示机的站场界面上办理对道岔的单独操纵转换时，计算机联锁系统在检查相关联锁条件之后，驱动电路工作，使 FCJ(或 DCJ) 和 YCJ 吸起，接通 1DQJ3-4 的励磁电路，使 1DQJ 吸起。

(2) 2DQJ 转极。

1DQJ 吸起后首先切断表示电路，并同时接通 2DQJ 转极电路使之转极(向反位转时打落，向定位转时吸起)；然后接通道岔通动作电路(同时也是 1DQJ 自闭电路)，直到道岔转换完成；最后 1DQJ 缓放后落下，接通表示电路。

(3) 道岔转换。

电机电路接通后道岔开始转换。转换过程分三个阶段进行(这是道岔转换电路的技术要求所规定的)：解锁→转换→锁闭。

(4) 启动继电器电路复原，接通表示电路。

道岔转换到位并实现锁闭后，首先自动开闭器切断电机电路及 1DQJ 自闭电路，1DQJ 缓放后落下复原(2DQJ 保留在开始状态)；然后控制电路接通表示电路，使相应的表示继电器吸起。联锁系统通过采集表示继电器的状态给出道岔位置表示信息。

### 2.2.5 道岔启动电路动作流程

下面用道岔启动电路动作流程框图表述道岔转换的工作过程(这里以计算机联锁的道岔控制电路为例)。

#### 1. 定位向反位转换时电路动作流程

图 2-15 所示为 DZ6 直流转辙机控制道岔由定位向反位转换时的电路动作流程框图。

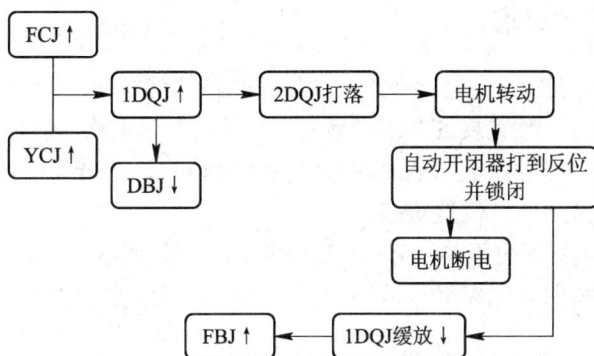

图 2-15 道岔反位转换时启动电路动作流程框图

#### 2. 反位向定位转换时电路动作流程

图 2-16 所示为 DZ6 直流转辙机控制道岔由反位转向定位时的电路动作流程框图。

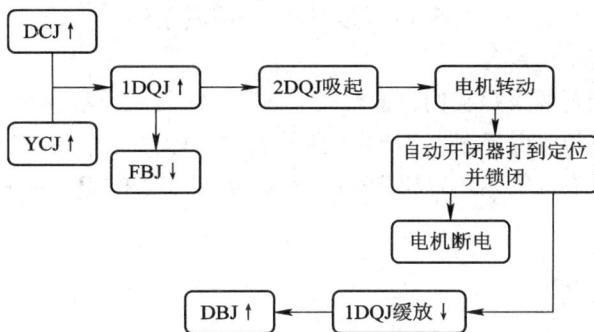

图 2-16 道岔定位转换时电路动作流程框图

## 2.3 道岔表示电路

道岔表示电路分为道岔在定位时接通 DBJ 励磁的电路(简称定位表示电路)和道岔在反位时接通 FBJ 励磁的电路(简称反位表示电路)。转辙机内部的自动开闭器接点的接通状态与道岔的位置相对应,因此表示电路借助自动开闭器的接点可接通 DBJ 或 FBJ 的励磁电路,达到对道岔位置进行监控的目的。另外,计算机联锁系统在进行联锁运算时,也是通过采集表示继电器(DBJ、FBJ)的状态作为联锁数据加入计算变量的,因此道岔表示电路必须是安全电路。因为道岔表示电路能否正常工作将直接关系到行车安全,故必须满足"故障—安全"要求。

在 6502 控制台上每个咽喉区的上方,对应于每一组道岔都设有绿色和黄色两个位置表示灯,绿灯点亮代表道岔在定位,黄灯点亮代表道岔在反位。如果是计算机联锁系统,在显示屏上通常用绿色指示灯表示道岔的定位状态,黄色指示灯表示道岔的反位状态,用指示灯的红闪表示失表状态,用红灯指示道岔在四开位(或称挤岔状态)。当然不同的联锁系统其道岔位置的表示状态、方式有所差别。

### 2.3.1　表示电路技术要求

由于 DBJ 和 FBJ 表示继电器状态是后续相关电路的重要联锁条件,因此道岔表示电路能否按要求正常工作是一项重要的技术指标之一。道岔表示电路应满足的技术要求如下:

(1) 要用表示继电器的吸起状态对应道岔的实际位置,不能用一个继电器的两个状态(吸起和落下)表达道岔的两种位置状态。

(2) 当室外联系电路发生混线,或混入其他电源时,必须保证表示继电器不会错误吸起。

(3) 当道岔发生挤岔、电路断线或断电等故障时,表示继电器必须能可靠落下,并给出报警信号。

(4) 道岔在转换期间必须切断表示电路(不能给出位置表示);在规定的时间内如果不能及时接通表示电路,要给出挤岔报警信号。

根据以上技术要求,道岔表示电路分别设置了两个表示继电器:一个定位表示继电器(DBJ)和一个反位表示继电器(FBJ)。在 ZD6 道岔内部设置了两组(分别对应定位和反位)用于检测是否被挤岔的装置——"移位接触器",并将其条件接入表示电路中,当道岔因故被挤后能及时切断表示电路。

实际中道岔的位置并不是我们一直习惯上认为的定位或反位两种状态,而是还有一种既不在定位也不在反位的第三种状态(叫"四开位"或称"挤岔"状态)。因此,道岔位置状态作为联锁数据可表达为:DBJ↑和 FBJ↓表示定位;DBJ↓和 FBJ↑表示反位;DBJ↓和 FBJ↓表示四开位。

### 2.3.2　表示电路原理

ZD6 转辙机道岔表示电路与交流道岔表示电路相比,有较大的差别,原理也不相同。在 ZD6 转辙机中,表示电路采用道岔表示继电器线圈与整流二极管串联的方式构成(这与交流道岔控制电路中的并联结构不同)。

图 2-17 所示为直流道岔表示电路原理图。表示继电器采用偏极型继电器,以区分电流方向及电源的极性。

表示电路回路中的电源为交流 110 V,它是通过变压比为 2∶1 的变压器将 220 V 交流电变为 110 V 隔离输出(防止混电)的。电路通过 2DQJ 的状态来确定应该接通哪个表示继电器电路，同时用道岔在不同位置时的自动开闭器接点接通或断开表示电路来确定道岔位置。表示电路的工作原理表述如下：

(1) 当正弦交流电源为正半周时(假设变压器二次侧 3 正 4 负)，与表示继电器线圈串联的整流支路因二极管正向导通，故其支路中有电流(图中的①所指)。此电流的流向使 BJ(表示继电器)处于正向接通，从而使之励磁吸起；同时，电源的电流也向电容器 C 充电(图中的②所指)。

(2) 当正弦交流电源为负半周时(变压器二次侧 4 正 3 负)，由于此时整流堆反向而截止，则 BJ 线圈无电流流过，电容也不再被充电(即图中①和②电流为 0)。然而，此时电容器 C 可通过 BJ 线圈放电，其放电电流通过 BJ 线圈时也是正向的(图中③所指)，从而又使 BJ 保持吸起。

(3) 当下一个正半周电流来到后，电容 C 和 BJ 的电能重又得到补充。如此反复，在整个电路接通期间 BJ 就会一直保持在吸起状态。

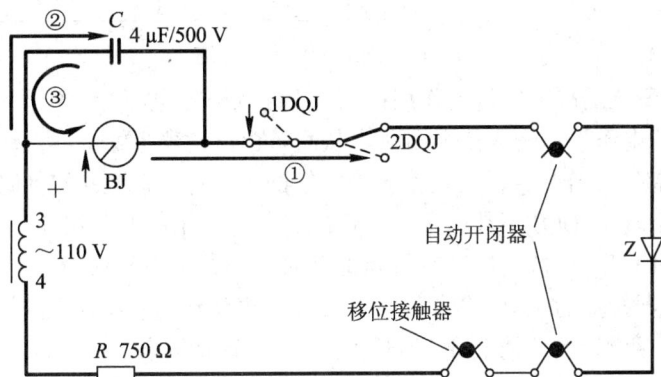

图 2-17　直流道岔表示电路原理图

如果电路开路或者是整流管烧毁，则会使流过 BJ 线圈的电流为 0，BJ 落下；如果整流管击穿或电路短路，则会使流过 BJ 线圈的电流为交流电，BJ 落下；如果整流二极管极性接反，则流过 BJ 线圈电流为反相，BJ 也不能吸起。可见，此表示电路具备"故障— 安全"的能力。

### 2.3.3　ZD6 道岔表示电路

ZD6 道岔表示电路如图 2-18 所示。

电路中各主要元件或接点条件的作用如下：

(1) 电阻 R 的作用：主要用于防止室外负载短路时保护电源不被损坏，同时其阻值的大小会影响加在表示继电器线圈上的电压值。

(2) 2DQJ 接点的作用：在电路中，DBJ 检查 2DQJ 的前接点、FBJ 则检查 2DQJ 的后接点。这样做的目的是为了检查启动电路与表示电路动作的一致性，防止发生道岔实际位置与表示信息不一致的错误。

(3) BJ(表示继电器)采用偏极型继电器的作用：当外线混线时，整流二极管失去作用，偏极型继电器中流过交流电时不会吸起，可防止 DBJ 或 FBJ 错误动作。

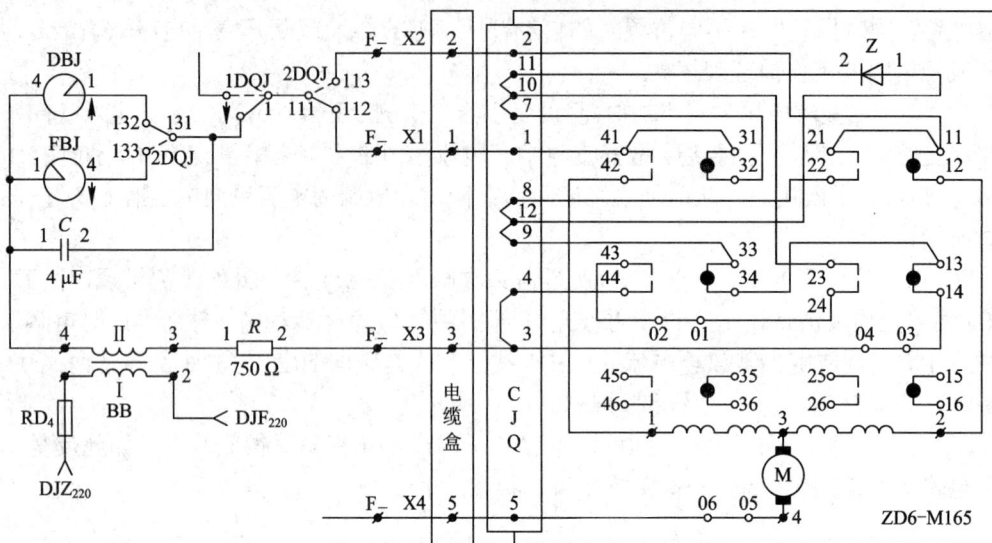

图 2-18　ZD6 道岔表示电路

(4) 采用 BB 变压器隔离电源的作用：当外线混入外界电源时，由于采用了 BB 变压器供电，因此混入的电源不能构成闭合回路，从而防止道岔表示继电器误动。

(5) 1DQJ 后接点的作用：保证道岔转换时切断表示电路。道岔转换时，若道岔尖轨有障碍物使电动机空转，1DQJ 不能落下，会造成表示电路不能及时接通。当 DBJ 或 FBJ 均处于落下状态的时间超时时，1DQJ 后接点能及时发出挤岔报警信号。

(6) 移位接触器接点的作用：在道岔被挤后，外力使设于动作杆上的挤切销断裂，内外动作杆移位，移位接触器的顶销上升，顶开其接点，从而切断表示电路，给出挤岔报警信号。

### 2.3.4　表示继电器励磁电路

首先说明一点，由于 DBJ 或 FBJ 是偏极型的，故其在电路中线圈的连接方向是与整流二极管的方向对应的，无论道岔正装还是反装，都要保证道岔实际位置与 DBJ 或 FBJ 的状态一致，即定位时 DBJ 吸起 FBJ 落下，反位时 FBJ 吸起 DBJ 落下。当出现不一致时，即定位时 FBJ 吸起，反位时 DBJ 吸起了，此时可以将道岔控制电路的 X1 线与 X2 线在电缆盒内调换一下连接端子即可。

下面在讨论表示继电器励磁电路时，是按照道岔开闭器第 1、3 排闭合为定位状态来表述的。

#### 1. DBJ 励磁电路

设道岔定位时自动开闭器第 1、3 排闭合，接通 DBJ 励磁电路的二极管支路。表示继电器的另一条支路是通过 2DQJ131-132 接通电容 C 放电回路。如图 2-19 所示为 ZD6 道岔的励磁电路，其中中粗线为经过整流堆的回路，双线为电容 C 的充放电支路(仅仅指支路的一部分，因其他部分与前者重合)。

(1) DBJ 线圈与二极管相串联回路(BBⅡ: 3 正 4 负)：Ⅱ3—R(1-2)—X3 线—电缆盒 3—CJQ3—移位接触器(04-03)—自动开闭器(14-13)—CJQ(9-12)—Z(1-2)—CJQ11-7—自动开闭器(32-31-41)—X1 线—2DQJ(112-111)—1DQJ(11-13)—2DQJ(131-132)—DBJ(1-4)—Ⅱ4。

(2) 负半周时电容 $C$ 放电回路：C2—2DQJ(131-132)—DBJ(1-4)—C1。

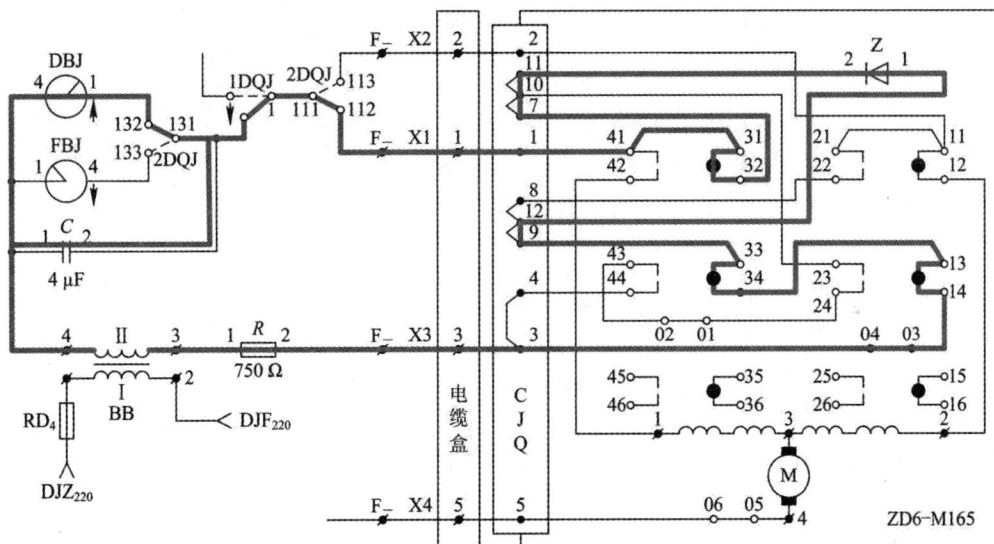

图 2-19　ZD6 道岔的 DBJ 励磁电路

## 2. FBJ 励磁电路

设道岔反位时自动开闭器第 2、4 排闭合。其 FBJ 励磁电路如图 2-20 中粗线及双线所指。

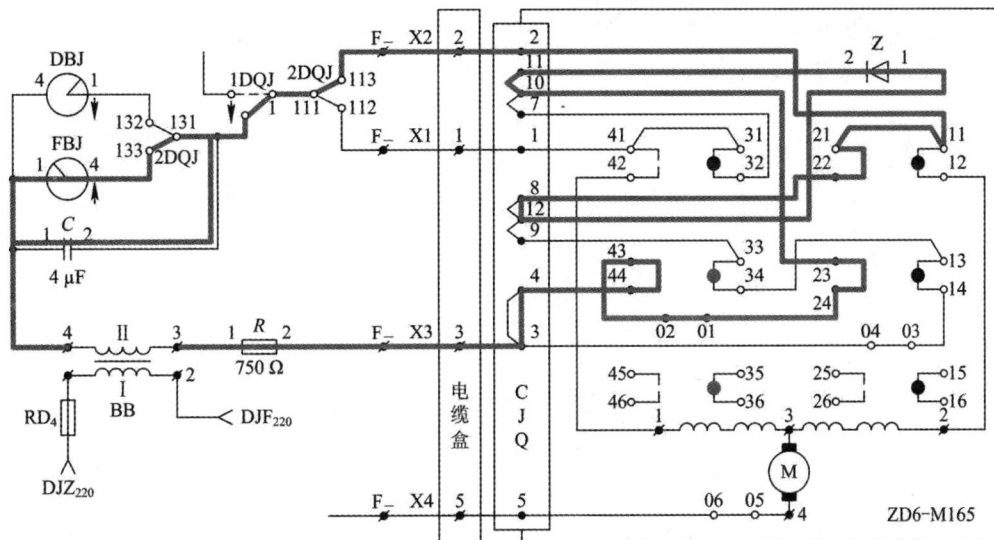

图 2-20　ZD6 道岔的 FBJ 电路

(1) FBJ 线圈与二极管相串联回路(BBⅡ：4 正 3 负)：

Ⅱ4—FBJ(1-4)—2DQJ(133-131)—1DQJ(13-11)—2DQJ(111-113)—X2 线—电缆盒 2—CJQ2—自动开闭器(11-21-22)—CJQ8-12—Z1-2—CJQ11-10—自动开闭器(23-24)—移位接触器(01-02)—自动开闭器(43-44)—CJQ4-3—电缆盒 3—X3 线—R1(2-1)—Ⅱ3。

(2) 负半周时电容 $C$ 放电回路：C1—FBJ(1-4)—2DQJ(133-131)—C2。

ZD6 四线制单动道岔控制电路(启动继电器电路、表示电路及电机动作电路)完整图如图 2-21 所示。

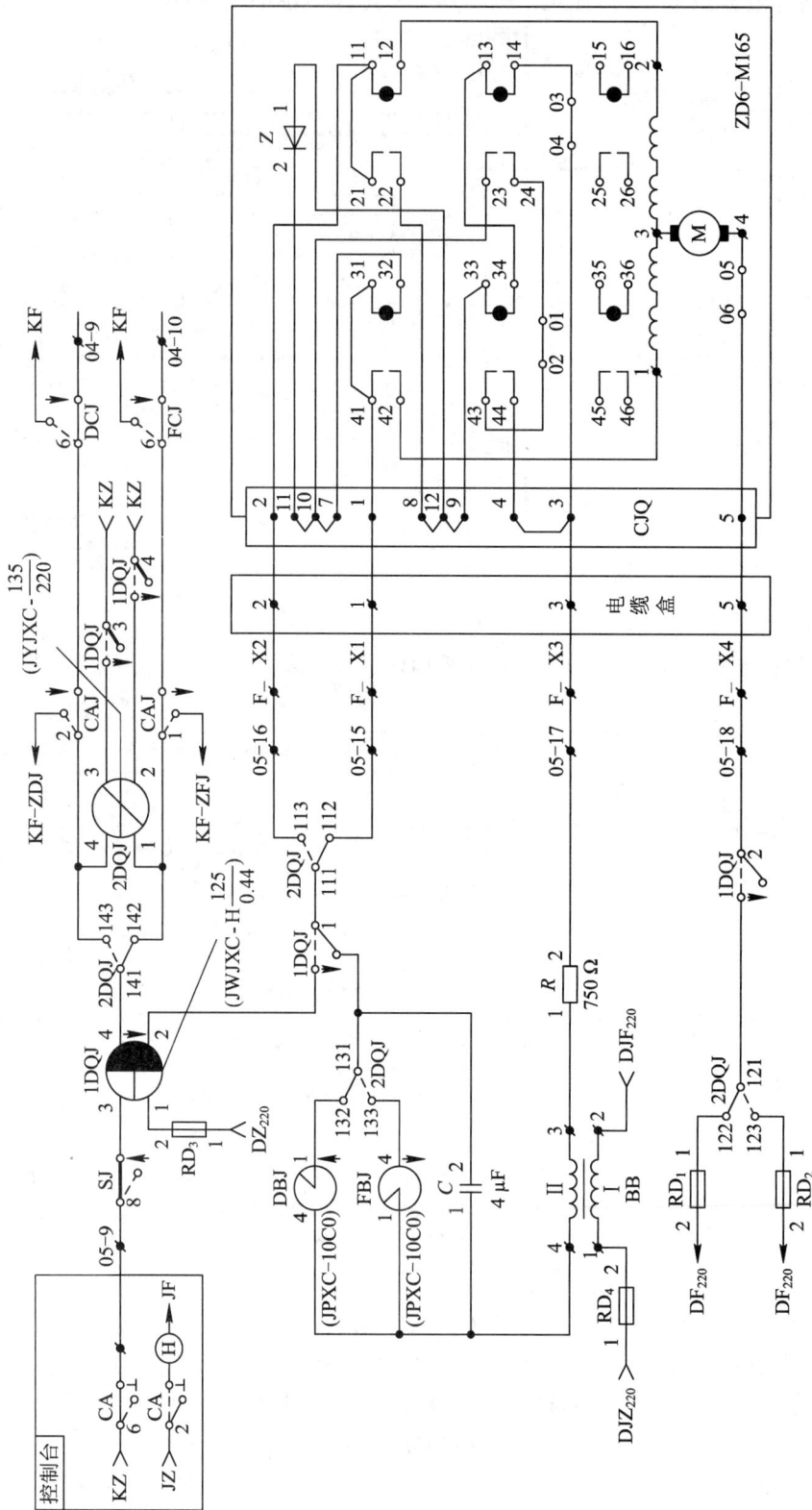

图 2-21　ZD6 四线制单动道岔控制电路图

# 2.4 ZD6 双动道岔四线制控制电路

前面我们详细讲述了单动道岔单机牵引下的四线制 ZD6 直流道岔控制电路,在此基础上,我们将对 ZD6 双动道岔四线制控制电路进行介绍。

ZD6 双动道岔四线制控制电路是在其单动道岔单机控制电路的基础之上建立的,所以若能正确理解单动道岔的控制电路的原理,则对双动道岔的控制电路原理就很容易理解了。

双动道岔的两个道岔位置必须是一致的,即:当其中一个道岔在定位时,另一个道岔也应在定位;当其中一个道岔转换至反位时,另一个道岔也必须转换至反位。在控制双动道岔转换时,两个道岔必须要按规定的顺序先后动作。通常把先动作的道岔称为第一动道岔,后动作的道岔称为第二动道岔,但一般规定距离信号楼近的道岔为第一动道岔,距离信号楼远的道岔为第二动道岔,这样做的目的主要是为了节省室外电缆,避免迂回走线。

## 2.4.1 6502继电器联锁的启动继电器电路

由于双动道岔的位置总是一致的,动作也必然要一致,因此,双动道岔可共用一套道岔控制电路。ZD6 双动道岔四线制控制电路启动继电器电路如图 2-22 所示。它与单动道岔控制电路原理基本相同,只是由于双动道岔控制电路的控制对象是两个道岔,其不同之处在于:

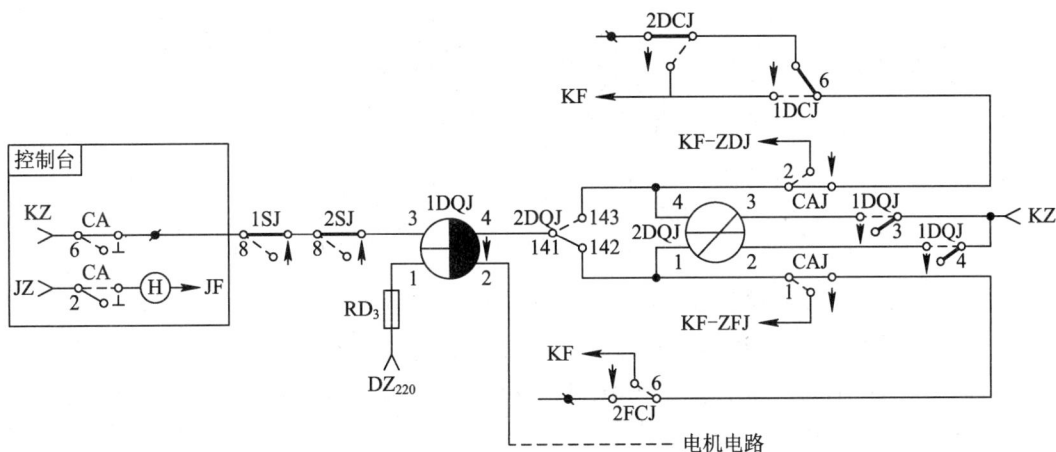

图 2-22 ZD6 双动道岔四线制启动继电器电路

(1) 1DQJ 的 3-4 线圈励磁电路上串接有 1SJ 和 2SJ 两个锁闭继电器的第 8 组前接点。这是因为双动道岔有两个 SJ,左边道岔为 1SJ,右边道岔为 2SJ,而且 1SJ 和 2SJ 分属于不同的道岔区段。当任意一个道岔处于区段锁闭或进路锁闭状态时,1SJ 或 2SJ 落下,1DQJ 的 3-4 线圈励磁电路就被切断,从而保证该双动道岔不得转换。

(2) 在进路式控制道岔转换的电路条件中,将单动道岔的 DCJ 接点换成双动道岔的 1DCJ 和 2DCJ 的第 6 组前接点的并联条件;将单动道岔的 FCJ 接点用双动道岔的 2FCJ

第 6 组接点代替。因为选择双动道岔定位时，左边道岔的 1DCJ 和右边道岔的 2DCJ 分别在平路进路的上、下两条网络电路中，它们不会同时被选出，所以要将两个 DCJ 接点并联起来(即只要其中一个道岔的 DCJ 吸起都可以控制道岔向定位转换)；而在选择双动道岔反位时，1FCJ 和 2CFJ 动作一致，而且 2FCJ 总是最后一个吸起，所以只需用 2FCJ 接点即可。

　　注：带动道岔的处理。因在实际的站场中，为提高站场的作业效率，常设有带动道岔。例如站场中经 17/19 反位建立进路时，为不影响经 23/25 定位建立进路，要将 23/25 带动到定位。但这时 23/25 的 DCJ 并不能通过选路的方式吸起，因此，为使 23/25 道岔可靠转到定位，于是就用 17/19 的 2FCJ 第 7 组接点接通其定位启动电路。

## 2.4.2　计算机联锁的启动继电器电路

　　在计算机联锁系统中，无论是进路式还是单独操纵控制道岔转换，都是由联锁系统去驱动道岔的 DCJ 或 FCJ 吸起实现的。另外双动道岔其动作要求是一致的，并且在进路式控制下不存在像 6502 继电器联锁那样要通过选岔电路使 DCJ 或 FCJ 吸起，而只是通过逻辑运算实现对它们的驱动。因此，计算机联锁中对双动道岔的控制不再需要两个 DCJ 或 FCJ，它的启动继电器电路结构与继电器联锁略有不同。其启动继电器电路如图 2-23 所示。

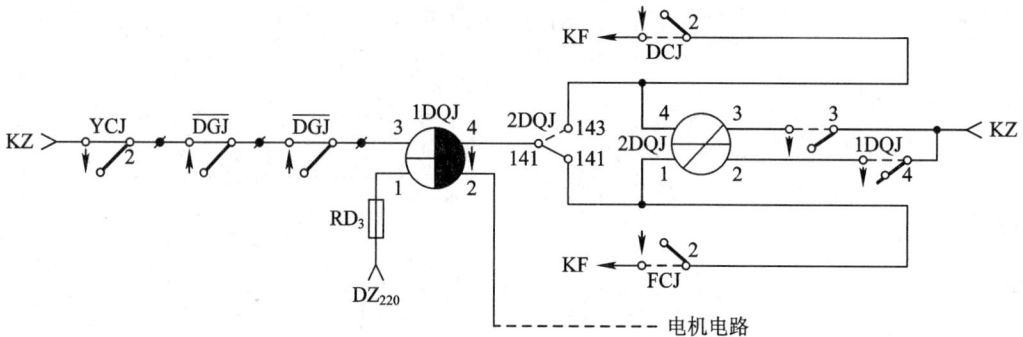

图 2-23　计算机联锁的 ZD6 双动道岔启动继电器电路

　　对于计算机联锁双动道岔控制电路，在 1DQJ 励磁电路的 KZ 电源端处，串联了两个轨道区段的 DGJ 前接点(双动道岔分属于两个不同的道岔区段)。当任意一个道岔处于区段锁闭(或有车占用)时都不能使道岔转换，至于两个道岔是否处于进路锁闭状态，是由联锁系统能否驱动 YCJ 吸起来检查的。

## 2.4.3　控制电路室外部分电路

　　ZD6 双动道岔四线制控制电路的室内部分除启动继电器电路(1DQJ 励磁电路和 2DQJ 转极电路)与单动道岔略有不同之外，其表示继电器电路和 1DQJ 自闭电路与单动道岔完全相同。所以，这里我们只简述 ZD6 双动道岔四线制控制电路的室外部分。其电路如图 2-24 所示。

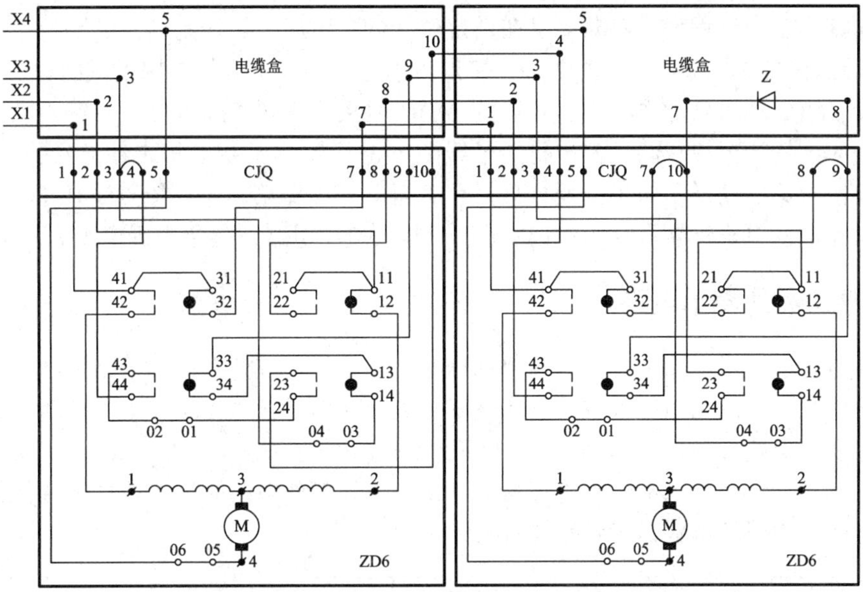

图 2-24　ZD6 双动道岔四线制控制电路室外部分电路

ZD6 双动道岔四线制控制电路为能实现两个道岔须顺序动作的技术要求，在电机电路中采用动作电源 $DZ_{220}$ 实现传递供电。即使第一动道岔先转换，待其转换到位并正常锁闭后，再将 $DZ_{220}$ 电源传给第二动道岔的电机，当第二动道岔也完成转换并正常锁闭后，再切断电机电源，让 1DQJ 还原落下接通表示电路。

在具体电路的处理上，先用第一动道岔自动开闭器启动接点 11-12(或者 41-42)接通电机使之先转换，待之锁闭后，再用本机自动开闭器接点 21-22(或者 31-32)接通条件，将动作电源下传给第二动道岔的转辙机。

图 2-25 为 ZD6 双动道岔电机动作电路简化图，依据此图很容易看出两个道岔先后动作的控制方式。

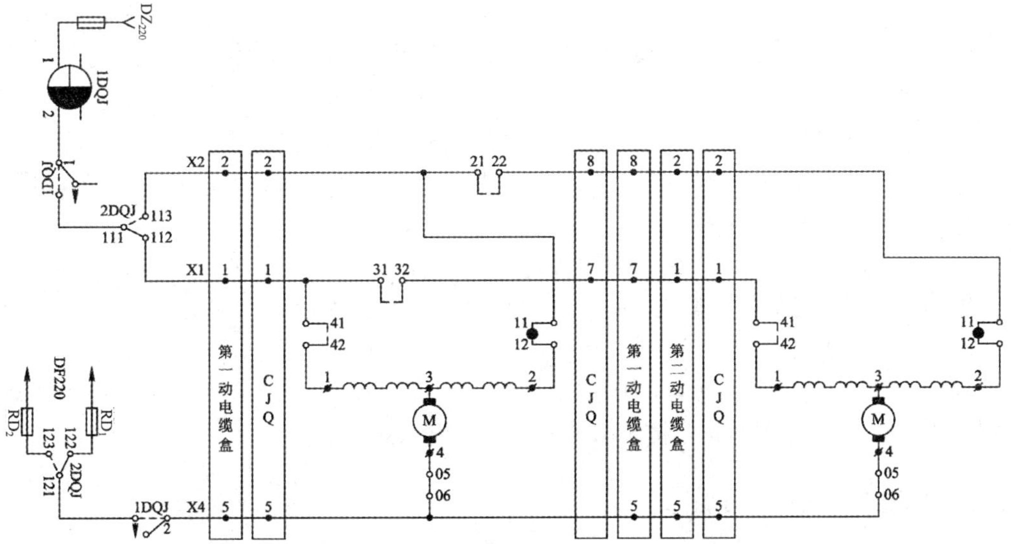

图 2-25　ZD6 双动道岔电机动作电路简化图

电路具体工作过程为:双动道岔在由定位转向反位时,第一动道岔转到反位后,其自动开闭器断开 11-12 接点,接通 21-22 接点,于是在切断本电机电路的同时,又将 $DZ_{220}$ 电源转接至第二动道岔的电机定子线圈的 2 端子上;电源 $DF_{220}$ 经 X4 及第一动与第二动道岔之间的连线送至第二动道岔电机转子线圈 4 端子上,从而接通第二动道岔的电机电路,使之转换;待第二动道岔转换到反位后,用其自动开闭器第一排动接点断开 11-12 接点,于是第二动道岔电机停转,1DQJ 失磁落下,断开启动电路,接通表示电路。

### 2.4.4 双动道岔表示电路

双动道岔的表示电路室内部分与单动道岔完全相同。室外部分的电路是由两个道岔的自动开闭器表示接点相串联组成的。其整流二极管 Z 置于第二动道岔处。在两个道岔位置一致时,表示电路接通,使 DBJ 或 FBJ 励磁吸起。

如图 2-26 所示为 ZD6 双动道岔表示电路的室外部分电路简略图。关于具体的表示电路的通路就不再举例讲解,读者可自行练习。

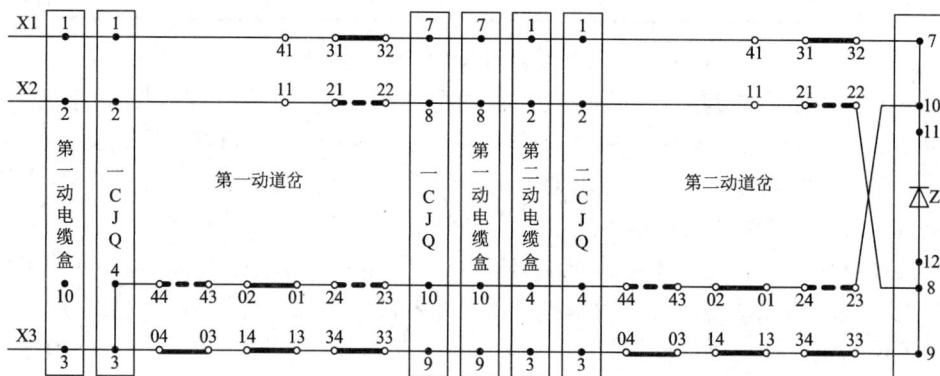

图 2-26  ZD6 双动道岔表示电路的室外部分电路简略图

## 2.5  ZD6 双机牵引道岔控制电路

双机牵引是指一个对象(如尖轨)由两台转辙机共同完成转换任务。通常,在大号道岔重轨下,由于道岔的牵引力要求大,一台转辙机牵引达不到要求,所以考虑用多台转辙机协同完成对道岔的牵引工作。

比如,当线路采用 12 号 60 kg/m AT 型道岔时,若只用一台 ZD6 型电动转辙机牵引,其转换力和密贴力已不能满足要求,行车安全不能得到可靠的保证,因此可用两台 ZD6 型电动转辙机实行两点牵引。

双机牵引时,电路对道岔的转换控制通常采用六线制道岔控制电路(直流双电动转辙机控制电路),下面就简单介绍双机牵引的相关控制电路知识。

### 2.5.1 双机牵引道岔的动作要求

在使用双机牵引时,由于牵引对象是同一个,因此,在技术上要求两台电动转辙机必须并联工作，同步运行，同步动作，且当尖轨与基本轨密贴后，两转辙机同时锁闭道岔才能给出道岔位置的表示信息。

在实行道岔双机牵引的方式中，以 ZD6-E 型电动转辙机作为第一牵引点动力，以 ZD6-J 型电动转辙机作为第二牵引点动力。设置在第一牵引点的转辙机称为主机(简称 A 机)；设置在第二牵引点的转辙机称为副机(简称 B 机)。由于它们的动程不同，故主机和副机不能换位。

## 2.5.2　双机牵引道岔控制电路的室内部分电路

由于双机牵引时要求主机和副机同步工作，所以双机牵引不同于双动道岔两机的先后动作，也就是说它必须要做到道岔启动时，能同时向两台转辙机提供动作电源。因此，四线制已无法实现控制要求，目前多采用六线制单动道岔控制电路。

另外，由于需要用 2DQJ 的接点向两台牵引电机同时分别供电，而一个 2DQJ 只有 4 组接点，并且在原控制电路中都已被使用了，若再想用其接点条件向电机供电，则接点不够用，因此需要再增加一个 2DQJF(2 道岔启动继电器复示继电器)，其型号要与 2DQJ 相同。

ZD6 双机牵引道岔控制电路室内部分电路如图 2-27 所示。

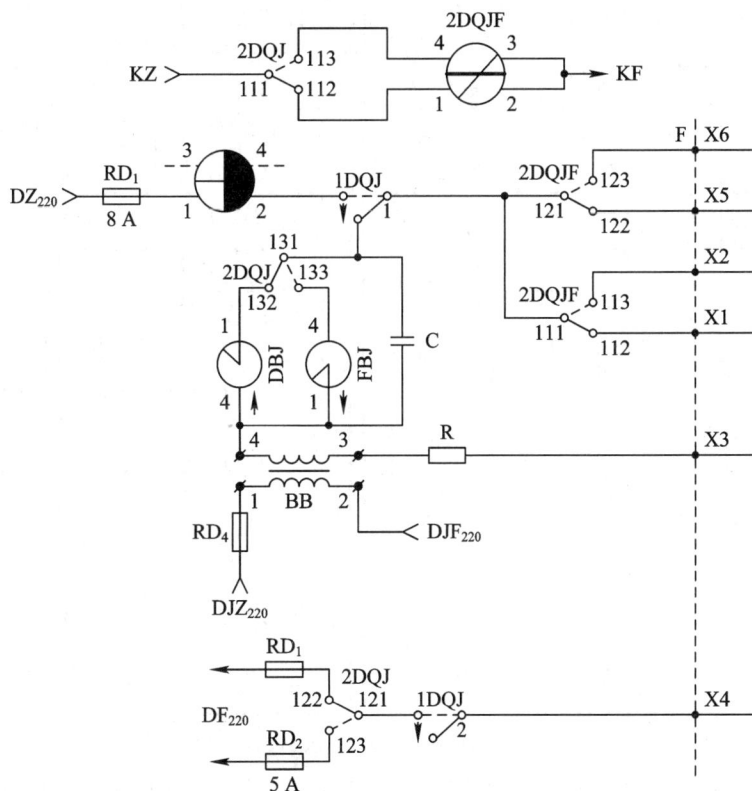

图 2-27　ZD6 双机牵引道岔控制电路室内部分电路

由于 1DQJ 励磁电路和 2DQJ 的转极电路与单机的相同，故图中未画出此部分的电路。控制电路与单机所不同的是多增设了一个 2DQJF 继电器，将 2DQJF 的第 1 组和第 2 组接点并联后从室内经分线盘引向室外的转辙机，并作为主机和副机的启动电路和表示电路的公用线。

其中 X1 和 X5 及 X4 是道岔定位转换启动线；X2 和 X6 及 X4 是道岔反位转换启动线，X4 仍然是电机动作的公共启动回线。X1 和 X3 为定位表示线；X2 和 X3 为反位表示线，X3 同单机一样仍然是表示电路的公共回线。

在道岔需要转换时，1DQJ 励磁之后 2DQJ 转极，在 2DQJ 转极后使 2DQJF 跟着转极；然后用 2DQJF 的第 1、第 2 组并联接点同时向主副机供出动作电源，两机同时启动，从而共同完成对道岔的牵引转换；同单机一样，等到两组转辙机都转换到位并且锁闭后，切断电机电路(同时也是 1DQJ 的自闭电路)，电机停转，动作电路复原，接通表示电路给出位置信息。

### 2.5.3　双机牵引道岔控制电路的室外部分电路

如图 2-28 所示为 ZD6 双机牵引道岔控制电路的室外部分电路(设 1-3 闭合为定位)。从图中可以看出，两者的电机动作电路除 X4 线共用外，X5 线和 X6 线相当于副机的 1、2 线，它们是相对独立的。

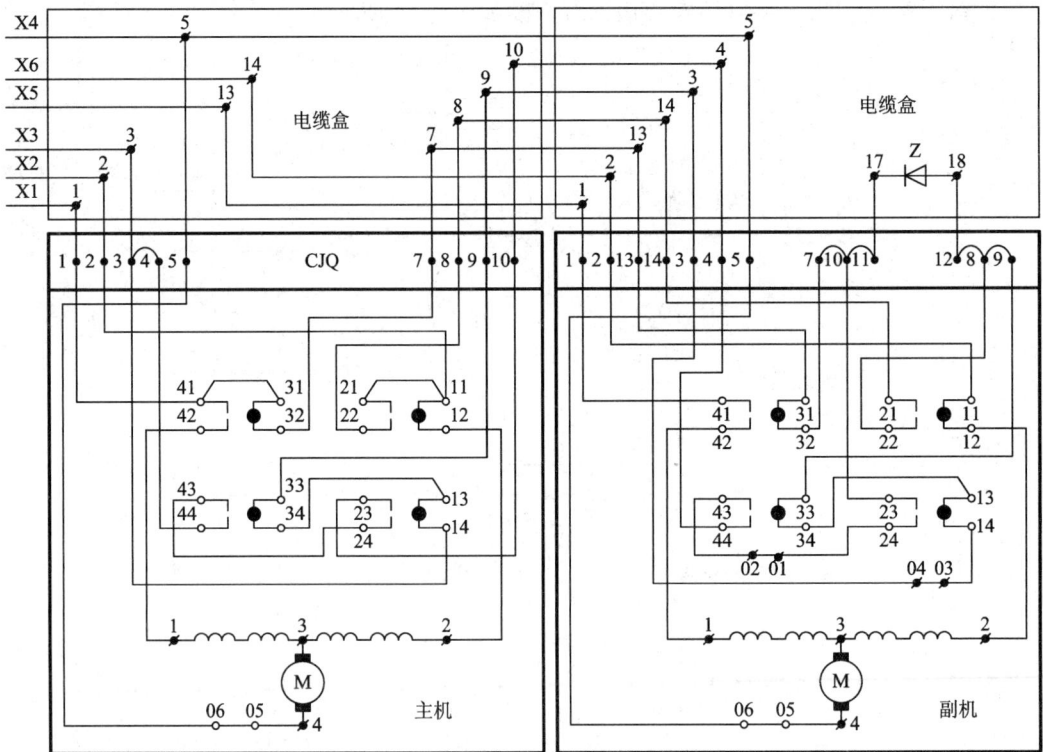

图 2-28　ZD6 双机牵引道岔控制电路室外部分电路

电机的动作电路这里就不再详细叙述了，读者可以自行分别跑一下道岔由定位向反位转换及由反位向定位转换时的电机接通电路，并试着画出电机动作电路的简化图，以加深理解。

### 2.5.4　双机牵引道岔表示电路

ZD6 直流转辙机双机牵引下的表示电路室内部分与单动道岔完全一样(这里不再给出

表示电路的室内部分)，室外部分与双动道岔类似，都是经主机和副机的自动开闭器表示接点串联，以检查两台电动转辙机位置是否同步，再经过设置在副机内的二极管 Z 整流，使DBJ 或 FBJ 吸起，给出道岔位置表示。

　　读者可以对照图 2-28 的电路画出定位和反位表示电路。为更直观地帮助读者理解表示电路和便于故障处理，现给出其室外部分的简化图，如图 2-29(定位表示简化图)和图 2-30(反位表示简化图)所示。这里设 1-3 闭合为道岔定位。

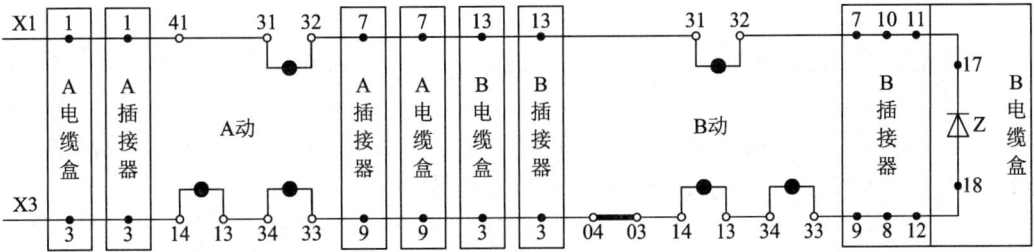

图 2-29　ZD6 双机牵引道岔定位表示电路简化图

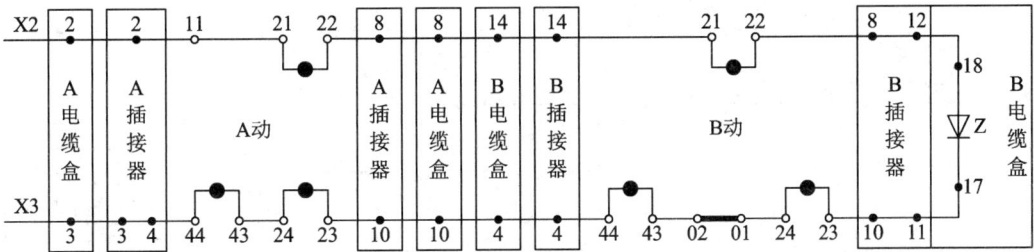

图 2-30　ZD6 双机牵引道岔反位表示电路简化图

# 第三章　提速道岔控制电路工作原理

　　这里先以单动道岔单机牵引为例介绍提速道岔(交流电机道岔)控制电路的工作原理，多机牵引及双动道岔的控制原理将单独一章介绍。

　　道岔的控制电路(包括组成电路的设备)可分为联锁系统的输出驱动电路、启动继电器电路、电机动作(道岔转换)电路和表示继电器电路四大部分。

　　不管是直流道岔还是交流道岔，其控制思想相同。道岔转换时，启动继电器电路(如图3-1所示)通过三级工作模式完成对道岔的转换控制、监督，具体如下：

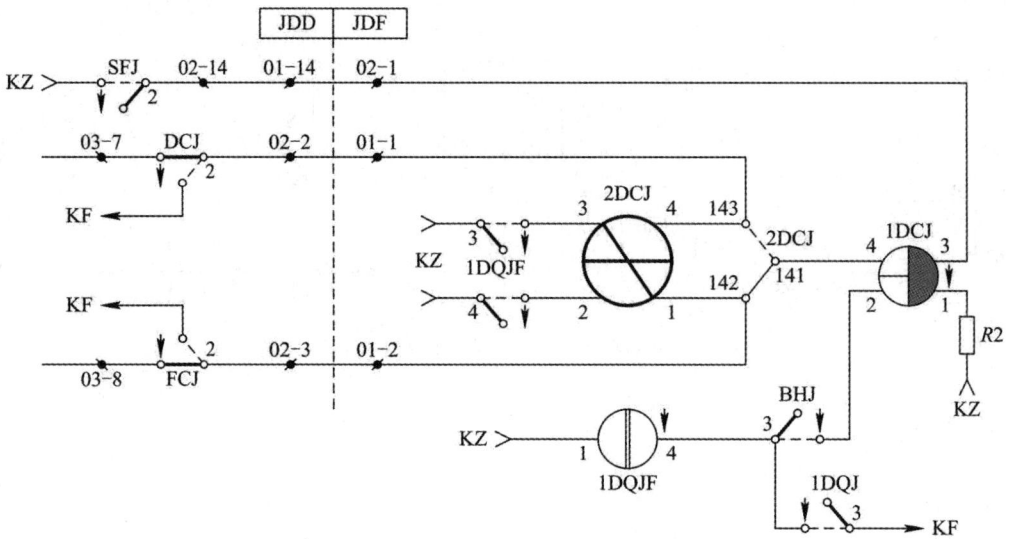

图 3-1　道岔启动继电器电路

　　(1) 第一级控制电路：1DQJ3-4 线圈(1DQJF)励磁电路，接收控制命令，检查相关条件。

　　(2) 第二级控制电路：2DQJ 的转级电路，确定道岔的转换方向(向定位转还是向反位转)。

　　(3) 第三级控制电路：1DQJ1-2 线圈自闭电路，规定道岔转换的开始与结束，以及通过 BHJ 检查电动机动作电路工作情况。

　　无论是建立进路，还是单独操纵岔，道岔的控制转换指令都由计算机联锁系统通过驱动相关操纵继电器(DCJ、FCJ)吸起来实现。继电器吸起之后 1DQJ 的励磁表明道岔转换开始，2DQJ 的转级规定道岔的转向，然后用 1DQJ、2DQJ 接点条件向电机送电。电机能否正常动作通过 BHJ 的吸起进行跟踪、监督(交流道岔)，一旦异常，如电源断相、道岔受阻等，可使 BHJ 落下(切断 1DQJ 自闭电路)并使 1DQJ 还原，从而结束道岔转换。对直流道岔通过电机电路与 1DQJ 自闭电路共用，一旦电源断电，则会使 1DQJ 还原，从而结束道岔转换。为防止道岔受阻不能转换到底，造成电机过流烧毁，转动装置采用摩擦方式连接。

当三相交流电机缺相时，因其不能转动会造成电机线圈中电流增大，一定时间后绕组会因过热而烧毁。或者因为其他原因使道岔不能转换到底时，也可能会因电机长时间低速运转造成过热而损毁。为此为保护电机，在电机电路中接入了 DBQ(断相保护器)及由其控制的 BHJ(保护继电器)。在电机电路正常接通时 BHJ 吸起，从而保持电机电路的接通，直至道岔转换完毕。在缺相时电机不转的情况下，让 BHJ 落下，从而也使 1DQJ 落下，最终切断电机电路；若因故障，电机在 DBQ 规定的时间内(新型 DBQ 设计了限时输出功能)不能带动道岔转换时，会使 BHJ 落下从而及时断电，以保护电机不因长时间低速运转过热烧毁。

另外，为了使行车值班员随时了解道岔的位置状态，联锁系统需要在控制台显示屏上给出道岔的位置表示信息。通常用绿色指示灯表示道岔的定位状态，黄色指示灯表示道岔的反位状态，用红闪的指示灯表示失表状态，用红色指示灯指示道岔在四开位(或称挤岔状态)。系统提供的道岔位置表示信息是联锁设备通过采集 DBJ(定位表示继电器)和 FBJ(反位表示继电器)的状态获取的。当 DBJ↑和 FBJ↓时给出定位表示；当 DBJ↓和 FBJ↑时给出反位表示；当 DBJ↓和 FBJ↓时表示四开位。

## 3.1　启动继电器及断相保护电路

启动继电器电路包括 1DQJ 励磁电路和自闭电路以及 1DQJF 励磁电路和 2DQJ 转极电路。

当需要转换道岔时，联锁设备依据联锁条件将 SFJ(或 SJ 或 YCJ)和 DCJ 或 FCJ 驱动吸起，从而接通 1DQJ 的励磁电路。如图 3-2(a)所示为本书举例所示的驱动继电器电路，如图 3-2(b)所示为某地铁所用西门子联锁设备的道岔驱动继电器电路配线图。

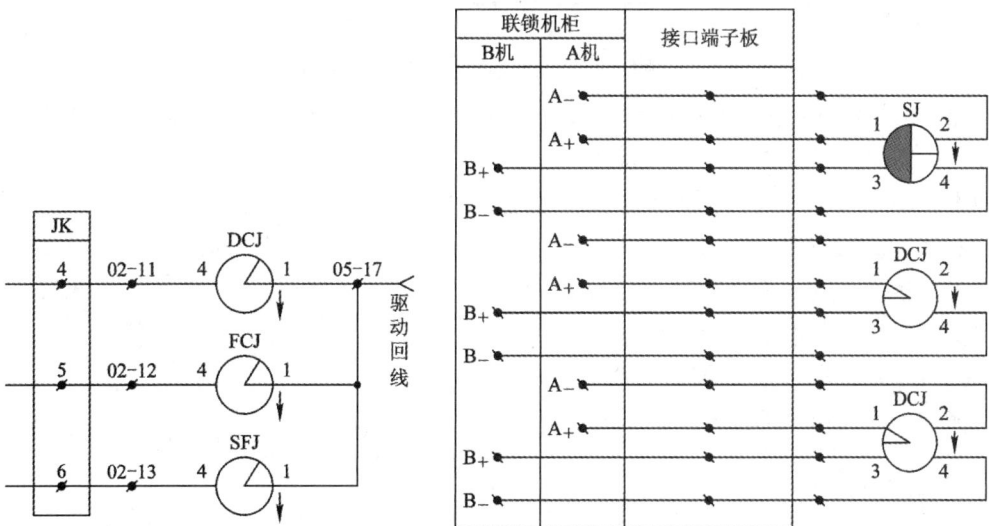

**(a) (举例设备)道岔驱动继电器电路**　　　　**(b) 某地铁所用西门子联锁设备的道岔驱动继电器电路配线图**

图 3-2　驱动继电器电路

在计算机联锁系统中(双机并联驱动下)，组合内的 SJ、DCJ 及 FCJ 的 1 线圈和 2 线圈分别与联锁 A 机的正负电驱动端子相连，3、4 线圈分别与联锁 B 机的正负电驱动端子相连。需要操作道岔时，联锁系统根据接收到的 ATS 道岔操作命令进行联锁关系的逻辑判断，当满足道岔操作条件时，给出 SJ 的驱动条件，使 SJ 吸起，同时给出相应道岔操作的驱动电源，使 DCJ 或者 FCJ 吸起。无论是 1、2 线圈，还是 3、4 线圈，只需其中一个得电，均能使相应继电器吸起。具体的道岔驱动方式在不同的联锁系统略有不同，读者可结合计算机联锁系统知识进行学习、理解。

### 3.1.1 1DQJ、1DQJF 励磁电路

道岔在单独操纵或需要通过本道岔建立进路时，由信号联锁系统驱动 SFJ↑和 FCJ↑(向反位转换时)；向定位转换时驱动 SFJ↑和 DCJ↑。

#### 1. 1DQJ 励磁电路

例如，道岔由定位转向反位时，在 SFJ↑和 FCJ↑后，首先接通 1DQJ 的励磁电路(如图 3-3 中粗线所示)，其接通电路为

$$KZ—SFJ21-22—1DQJ3-4—2DQJ141-142—FCJ21-22—KF$$

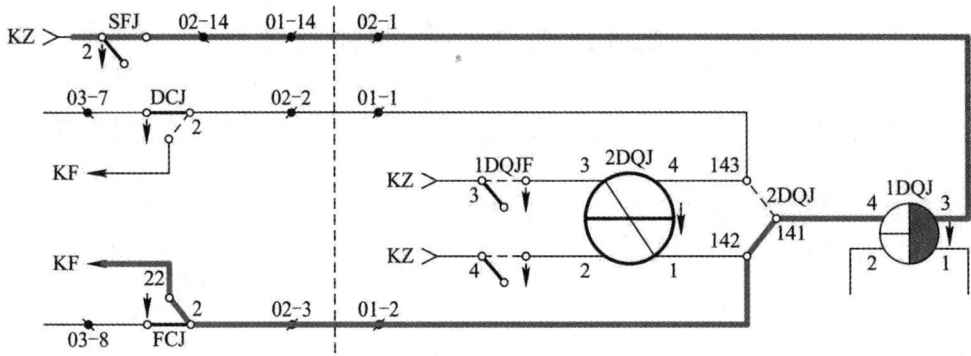

图 3-3　1DQJ 继电器励磁电路

道岔由反位向定位转换时，在 DCJ↑后，电路通过 DCJ 第 2 组前接点向 1DQJ 的线圈 4 端子提供 KF 电源。线圈 3 上的 KZ 电源的来源，其动作与反位转换时的相似。

#### 2. 1DQJF 励磁电路

无论是定转还是反转，在 1DQJ↑后，由其第 1 组前接点接通 1DQJF 的励磁电路(图 3-4 中粗线所示)，其接通电路为

$$KZ—1DQJF1-4—1DQJ32-31—KF$$

### 3.1.2 2DQJ 转极电路

在道岔控制电路中，2DQJ 的状态与道岔位置应对应设置，即：2DQJ 的

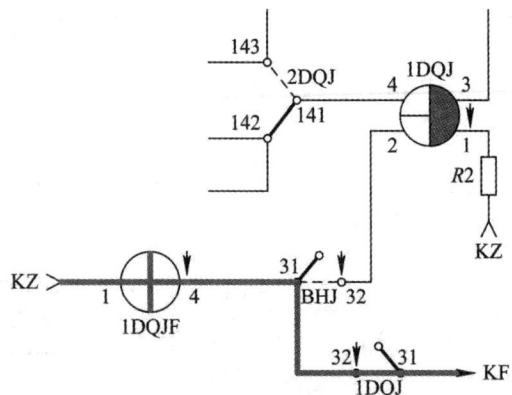

图 3-4　1DQJF 的励磁电路

前接点闭合状态对应道岔的定位(称为定位吸起状态)；2DQJ 的后接点闭合状态对应道岔的反位(称为反位打落状态)。在道岔转换之前，必须先将 2DQJ 转极到与道岔将要转换后的位置一致，之后再接通电机电路使电机动作，等道岔转换完成后，2DQJ 的状态就会保持在与道岔实际位置相一致的状态之上。同时，如果在道岔不能转换的情况下(如电机动作电路断线)，可以通过回转操作，重新使 2DQJ 回到之前的状态，即让道岔的实际位置与 2DQJ 的状态一致。

现在，假设道岔在定位，向反位转换时，在 1DQJ↑使 1DQJF↑后，接通 2DQJ 转极电路使之反位打落(1、2 线线圈中通入反向电流)，其电路为(图 3-5 中粗线所示)

$$KZ—1DQJF31-32—2DQJ2-1—FCJ21-22—KF$$

若原道岔在反位，向定位转换时，在 1DQJ↑使 1DQJF↑后，接通 2DQJ 转极电路使之定位吸起(3、4 线线圈中通入正向电流)。接通电路读者可自行写出。

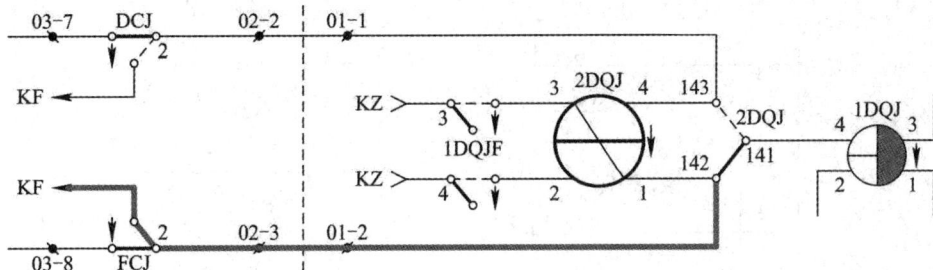

图 3-5　2DQJ 继电器转极电路

### 3.1.3　1DQJ 自闭电路

这里首先要明确一点：1DQJ↑后并不能立刻接通自闭电路，而是要等到电机电路接通后，且电源正常的情况下使 BHJ↑之后才能接通。然而，电机电路的接通条件又需要 1DQJ↑(1DQJF↑)和 2DQJ 转极之后，即这个过程中 1DQJ 必须保持吸起。但由电路的结构可知，在 2DQJ 转极之后，1DQJ 的励磁电路立刻又被切断了。这就是说，1DQJ 在 2DQJ 转极后与电机电路接通(BHJ↑)之前，是处在掉电期间。由此，为保证 1DQJ↑状态能保证到电机接通，故 1DQJ 应选用缓放型继电器。

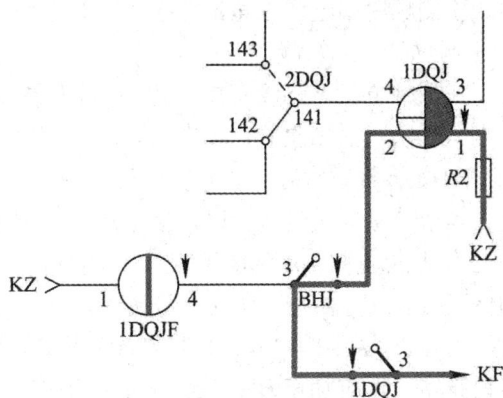

图 3-6　1DQJ 继电器自闭电路

当电机电路接通后 BHJ↑，即可接通 1DQJ 的自闭电路(图 3-6 中粗线所示)，即为

$$KZ—R2—1DQJ1-2—BHJ32-31—1DQJ32-31—KF$$

道岔由反位向定位转换时其自闭电路相同。首先，联锁系统驱动 SFJ↑和 DCJ↑，之后使 1DQJ 和 1DQJF 吸起，2DQJ 转极(定位吸起)，这时 1DQJF 吸起电路和 1DQJ 自闭电路与定位向反位转换时的动作电路相同，且 1DQJ 励磁电路和 2DQJ 转极电路的 KZ 电源支

路也没改变(都是由 SFJ 的前接点接入的)，只是 KF 支路改由 FCJ 的前接点接入。具体的电路不再列出，读者可参照道岔反位转换时的情况进行自学。

### 3.1.4　断相保护电路

断相保护器(DBQ，也称为断相保护电路)是为对电机在电源缺相或长时间不能转换到位时的一种保护控制装置。其电路原理图如图 3-7 所示。新型 DBQ 设计了限时输出功能，示意图未显示限时输出和直流低压报警部分电路。

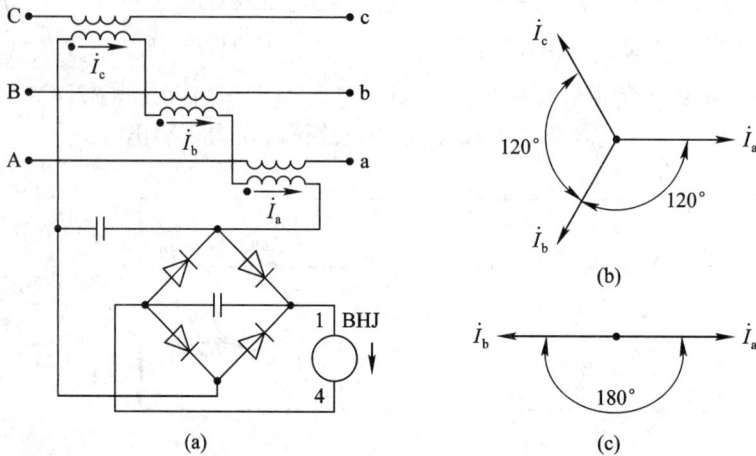

图 3-7　DBQ 及 BHJ 电路原理图

断相保护器是一种快速饱和的电流互感器，采用电流参数平衡控制，主要由三只同名端顺串的对称一致的 $R$ 型铁芯绕制的电流互感器、电容 $C$ 和整流桥组成。三个电流互感器的二次侧顺序串连成三角形连接，并通过整流桥的输入端，整流桥的输出端接入 BHJ 的 1、4 线圈，如图 3-7(a)所示。

在平时电机电路没有接通时，虽然互感器的一次侧有 380 V 交流电压，但因没有电流，故电流互感器的二次侧也无电流，即整流桥无电流输入。同时因为其输出端也无电压，所以 BHJ 处于落下状态。

当道岔接通电机电路时，使电流互感器处在饱和状态之下，则其二次侧电压将是基波和三次谐波为主的尖峰波。在三相电源对称运行时，因为二次侧基波电流分量大小相等且相位互为 120°(因为三个互感器属性相同，是对称的)，所以三者串联后的总电流分量矢量之和为 0($i_a + i_b + i_c = 0$)，如图 3-7(b)所示。基波电流分量矢量和为 0，电压分量和也为 0，就是说正常工作时加在 BHJ 线圈两端的基波分量为 0。但电流互感器的二次侧除基波外，还有高次谐波分量。其中的三次谐波分量相位相同，大小相等，频率为 150 Hz，其分量经桥式整流输出直流电，从而使 BHJ 吸起。

当三相电源任意一相断电时(比如 C 相)，其余两相交流电变成了线电流，两电流互感器的一次侧经电机绕组，相当于串联，流过的电流相同(大小与方向都相同)，但在电流互感器的二次侧的两相电流相位差正好为 180°(大小相等，方向相反)，互相抵消，使电流互感器输出的电流矢量为 0，BHJ 继电器落下，其接点切断 1DQJ 自闭电路，从而停止电机的三相供电。如图 3-7(c)所示。

当三相电源两相断电时，因无中线(即回线)，故电流传感器一次侧无电流，其输出为零，则 BHJ 也失磁落下。

断相保护电路能保证道岔无论是动作前电源断相还是动作后电源断相，都可以使 BHJ 和 1DQJ 可靠落下，切断三相交流电源，从而对电动机起到有效的保护作用。

图 3-8 是 DBQ 的接线图，图 3-9 是新型 DBQ 的原理框图。

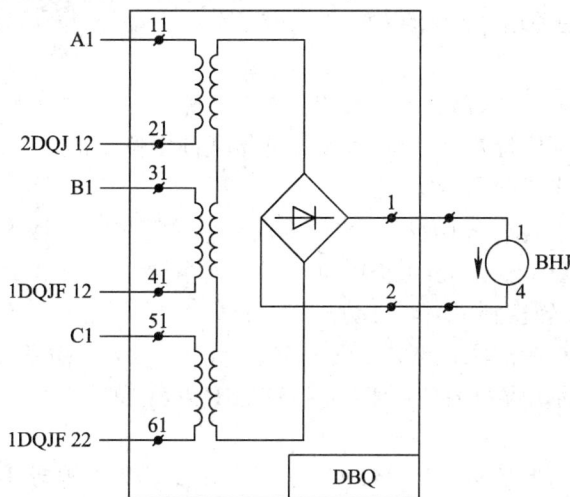

图 3-8 DBQ 的接线图

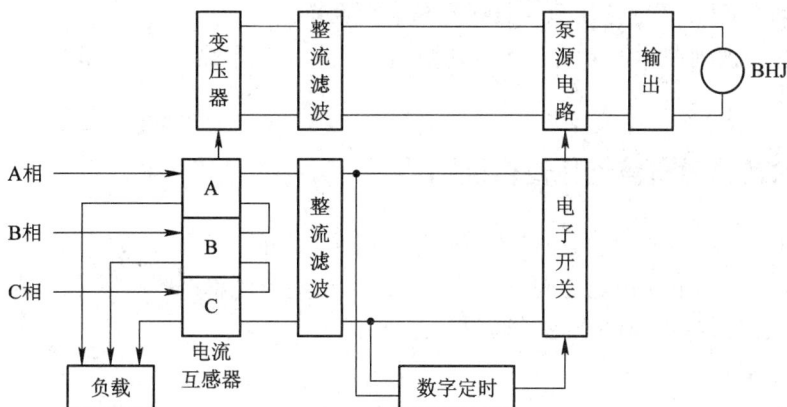

图 3-9 新型 DBQ 的原理框图

## 3.2 道岔电机动作电路

道岔动作电路是指电机接通电源及其与转辙机自动开闭器配合动作的工作过程，还包括为保护电机而附加的 BHJ 动作电路。简单地说就是能使转辙机中的三相交流电机正确正转、反转及停机的控制电路，包括对电机起安全保护作用的电路等。

### 3.2.1 道岔转换的动作逻辑

正常情况下，道岔在定位(或反位)时，向反位(或定位)操纵时的动作逻辑关系有以下四个层次：

(1) SFJ↑及 FCJ↑(或 DCJ↑)→1DQJ↑→1DQJF↑→2DQJ 转极为打落(或吸起)；1DQJ↑后首先切断定位(或反位)的表示电路，同时 2DQJ 转极之后也切断 1DQJ 的励磁电路，然后 1DQJ 通过缓放型继电器保持在吸起状态，直到 BHJ↑后才能自闭。

(2) 1DQJ↑、1DQJF↑和 2DQJ 转极后接通电机电路，使 BHJ↑，1DQJ 自闭。

(3) 电机电路接通后道岔开始转换。道岔转换分三个动作过程(以道岔由定位转至反位为例)，具体描述如下：

① 解锁：自动开闭器的第 2 排动接点离开第 3 静接点，与第 4 排静接点闭合；同时于转辙机内部也切断了定位表示电路，以及提前接通向定位转换的动作电路(防止道岔不能转换到底时，能经过操作向回转)。

② 转换：动作杆带动岔尖向反位转换。期间若道岔经过 13 s 还不能转换到底时，DHQ 使 BHJ↓，从而切断电机电路，以保护电机。

③ 锁闭：当道岔转换到位后，自动开闭器的第 1 排动接点转换，与第 2 排静接点闭合，切断三相交流电机中的两相电源，使 BHJ↓，让 1DQJ 和 1DQJF 还原落下，同时于转辙机内部接通反位表示电路(BHJ↓→1DQJ↓→1DQJF↓→接通反位表示电路→(2DQJ 保持在反位打落状态)FBJ↑)。

**注**：道岔由反位向定位转换的过程中，自动开闭器的第 1 排动接点先转向与第 1 排静接点闭合(提前接通向反位转换的动作电路)；转到反位后，自动开闭器的第 2 排动接转向与第 3 排静接点闭合，电路还原，接通定位表示电路。

(4) 道岔转换到位后，自动开闭器切断电机电路，使电路还原，同时接通表示电路，完成道岔转换。

### 3.2.2 道岔转换时电路动作逻辑框图

道岔定位、反位转换时的动作关系可分别用逻辑框图表达。

图 3-10 所示为道岔由定位向反位转换时的电路动作逻辑框图；图 3-11 所示为道岔由反位向定位转换时的电路动作逻辑框图。

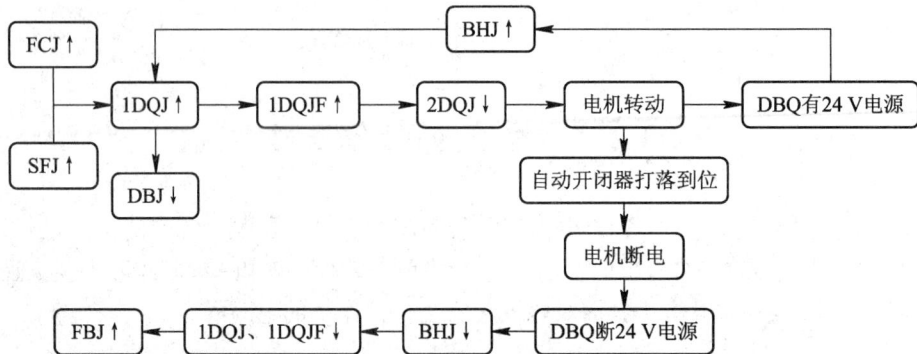

图 3-10　道岔由定位向反位转换时电路动作逻辑框图

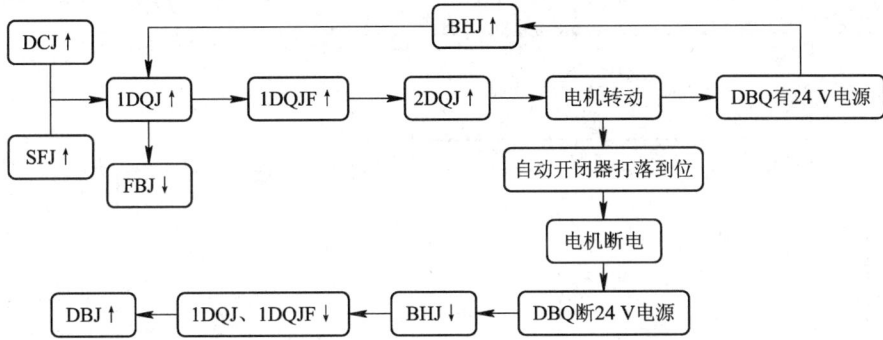

图 3-11　道岔由反位向定位转换时电路动作逻辑框图

### 3.2.3　电机动作电路

ZYJ-7 型道岔转辙机采用的是三相交流(380 V)电机,室内与室外的连接电缆线共有 5 根,故称五线制道岔控制电路。动作电路分为电机正转电路(通常对应道岔的定位转换)和电机反转电路(通常对应道岔的反位转换)。

#### 1. 控制电机正、反转动作原理

控制交流电机正转或反转是通过改变三相交流电的相序来实现的。例如,当电机线圈 1、2、3 对应的相序为 A、B、C 时,电机带动道岔转向定位;当电机线圈 1、2、3 对应的相序改变为 A、C、B 时,电机带动道岔转向反位,如图 3-12 所示。

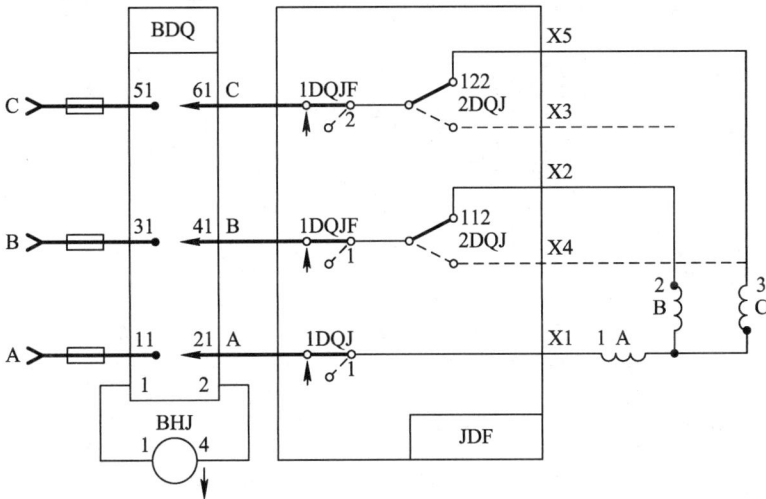

图 3-12　控制电机正转与反转原理

2DQJ 的状态决定电机正转或反转。道岔向定位转换时,2DQJ 接点接通 X1、X2、X5 线,决定道岔转向定位;道岔向反位转换时,接通 X1、X3、X4 线,控制道岔转向反位。即控制电路是通过 X2 线与 X4 线、X3 线与 X5 线对换以改变相序,从而实现道岔转向改变的。

#### 2. 电路的组成结构

ZYJ-7 型道岔控制电路对室外的 5 根连接电缆线相互配合实现对电机的动作控制,以及接通室内表示继电器的励磁电路。其电机动作电路和表示继电器的励磁电路的组成结构如图 3-13 所示。

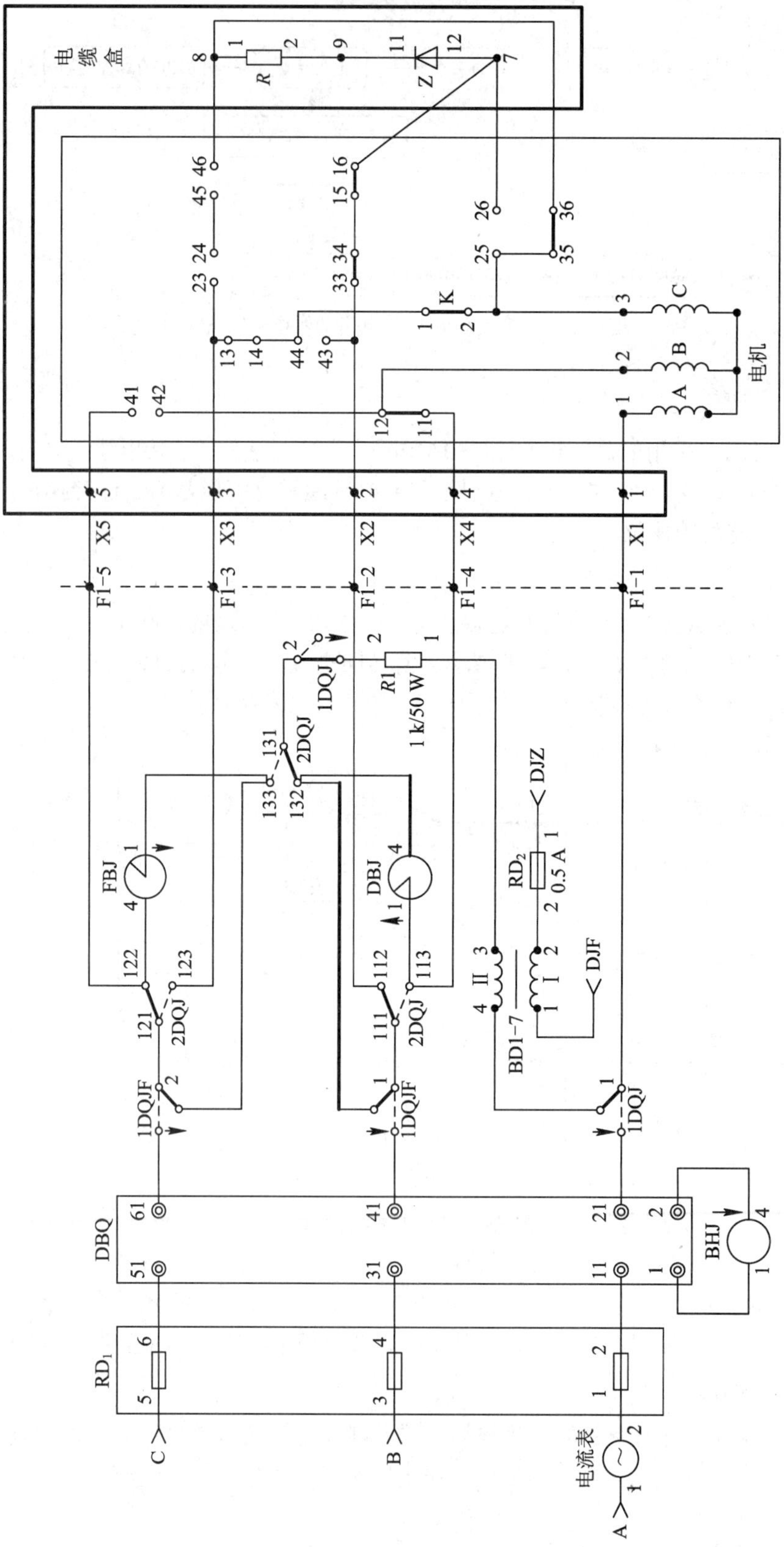

图 3-13　ZYJ-7 道岔电机动作电路和表示电路的组成结构

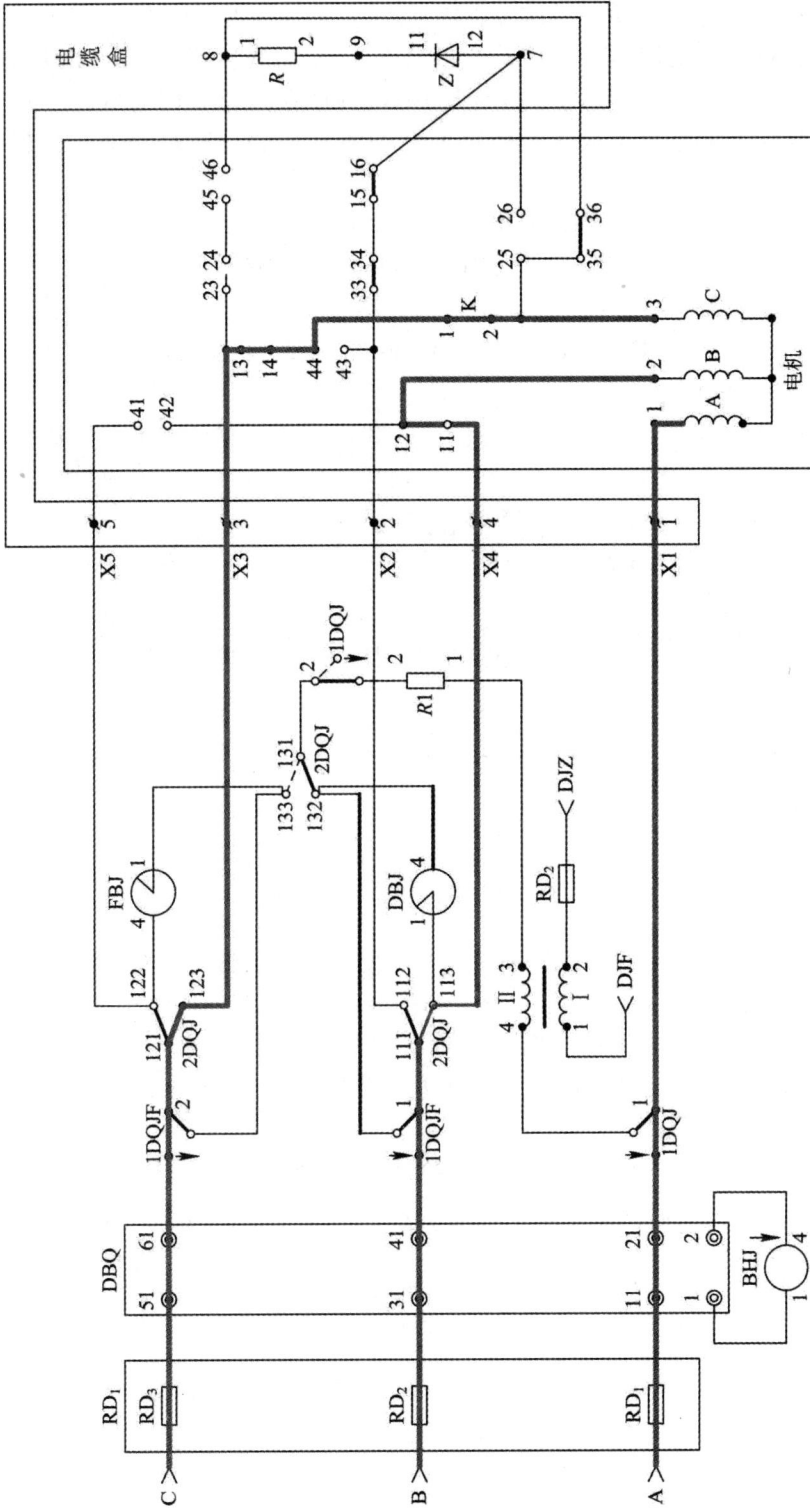

图 3-14　道岔反位动作电路

### 3. 反位转换时的动作电路

当道岔需要向反位转换时，联锁系统发出指令，使 FCJ↑和 SFJ↑，然后使 1DQJ↑和 1DQJF↑；接着让 2DQJ 转极(反位接点闭合，即被打落)，接通电机电路，使电机动作，同时 BHJ↑；BHJ 吸起后又使 1DQJ 的 1-2 线圈通过 BHJ 的前接点构成自闭电路。

此时，定位向反位转换的电机电路如图 3-14 所示(图中粗线)。其 A、B、C 三相电路分别为

A 相—RD$_1$—DBQ11-12—1DQJ12-11—X1—电动机 1(A 绕组)

B 相—RD$_2$—DBQ31-41—1DQJF12-11—2DQJ111-113—X4—转辙机接点 11-12—电动机 2(B 绕组)

C 相—RD$_3$—DBQ51-61—1DQJF22-21—2DQJ121-123—X3—转辙机接点 13-14-44—遮断开关 K—电动机 3(C 绕组)

反位动作所涉及的外线是 1 线、3 线、4 线，其动作电路的简化图如图 3-15 所示。

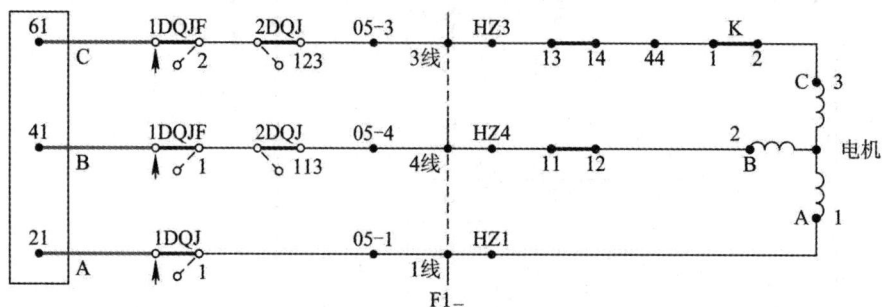

图 3-15　道岔反位动作电路简化图

### 4. 定位转换时的动作电路

当道岔需要向定位转换时，联锁系统发出指令，使 DCJ↑和 SFJ↑，然后使 1DQJ↑和 1DQJF↑；接着让 2DQJ 转极(定位接点闭合，即被吸起)接通电机电路，电机动作，同时 BHJ↑；BHJ 吸起后又使 1DQJ 的 1-2 线圈通过 BHJ 的前接点构成自闭电路。

此时，反位向定位转换的电机电路如图 3-16 所示(图中粗线)。其 A、B、C 三相电路分别为

A 相—RD$_1$—DBQ11-12—1DQJ12-11—X1—电动机 1(A 绕组)

B 相—RD$_2$—DBQ31-41—1DQJF12-11—2DQJ111-112—X2—转辙机接点 43-44—电动机 3(原 C 绕组)

C 相—RD$_3$—DBQ51-61—1DQJF22-21—2DQJ121-123—X3—转辙机接点 13-14-44—遮断开关 K—电动机 2(原 B 绕组)

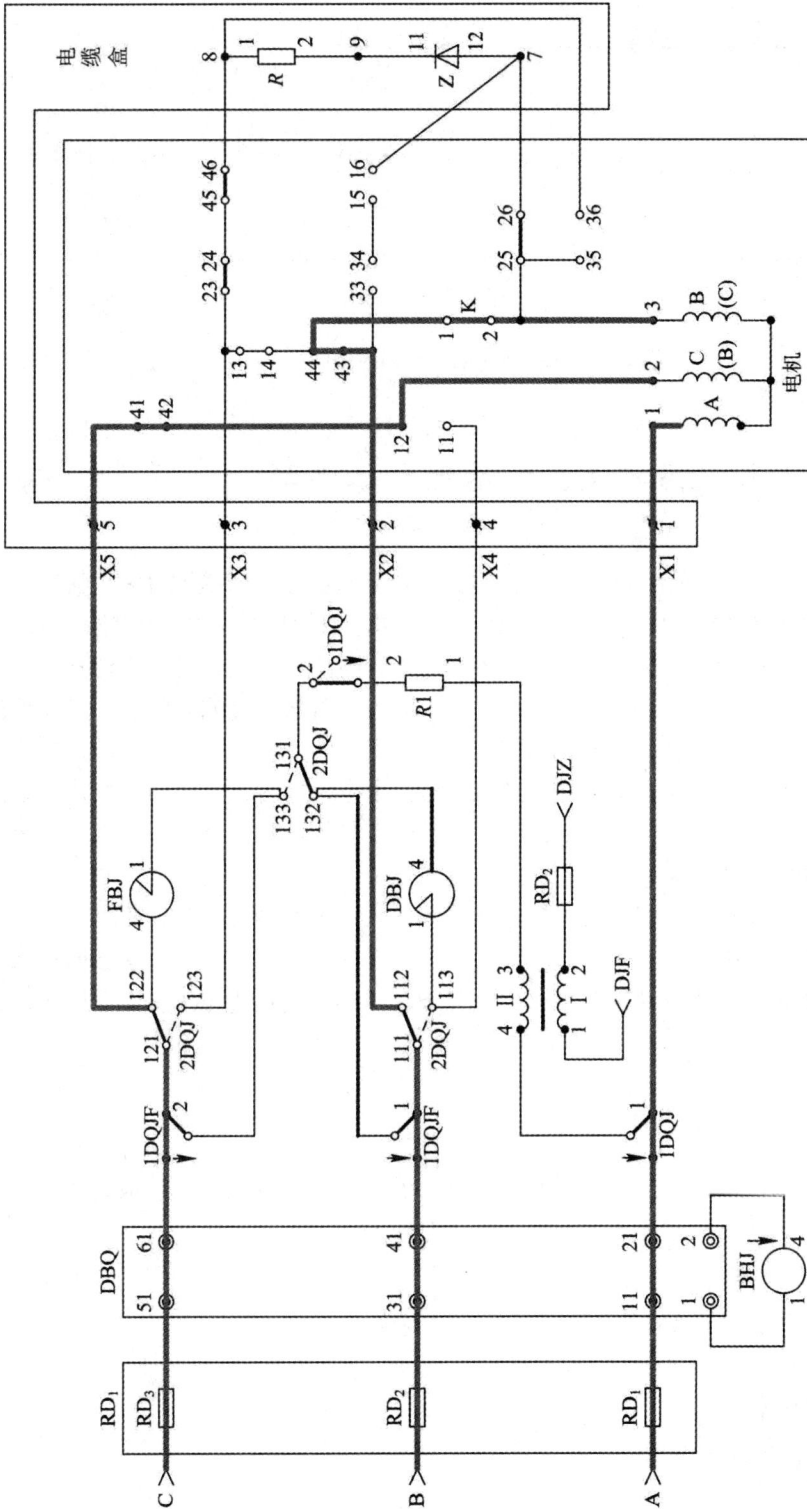

图 3-16 道岔定位动作电路

定位动作所涉及的外线是 1 线、2 线、5 线，其动作电路的简化图如图 3-17 所示。

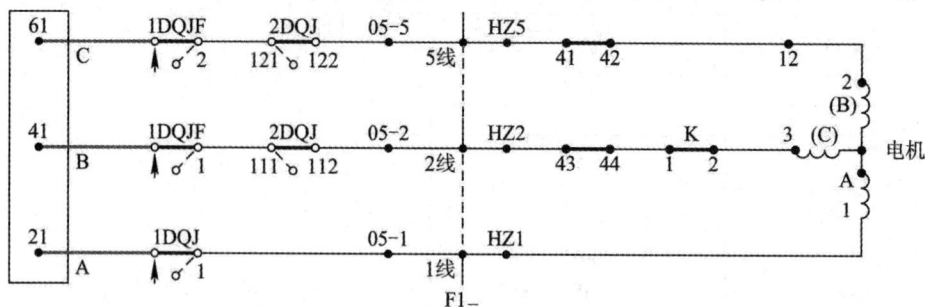

图 3-17　道岔定位动作电路简化图

# 3.3　道岔表示继电器电路

　　道岔表示电路(也称为道岔表示继电器电路)分为道岔在定位时接通 DBJ 励磁的电路(简称定位表示电路)和道岔在反位时接通 FBJ 励磁的电路(简称反位表示电路)。转辙机内部的自动开闭器接点的接通状态与道岔的位置相对应，因此表示电路借助自动开闭器的接点可接通 DBJ 或 FBJ 的励磁电路，达到对道岔位置进行监督的目的。另外，联锁机构在进行联锁运算时，将采集的表示继电器(DBJ、FBJ)的状态作为联锁数据加入计算的变量条件，因此道岔表示电路必须是安全电路。因为道岔表示电路能否正常工作将直接关系到行车安全，故须满足"故障—安全"要求。道岔表示电路具体是如何保证"故障—安全"要求的，这里不再详细叙述。

　　其实道岔的位置并不是我们一直习惯上认为的定位或反位两种状态，还有一种既不在定位也不在反位的第三种状态，叫"四开位"或称"挤岔"状态。所以，道岔位置状态作为联锁数据可表达为：DBJ↑和 FBJ↓表示定位；DBJ↓和 FBJ↑表示反位；DBJ↓和 FBJ↓表示四开位。

## 3.3.1　道岔表示电路工作原理

　　道岔表示电路用道岔表示继电器线圈与半波整流二极管并联的方式构成。交流道岔的表示电路与三线制、四线制直流道岔的表示电路有较大区别。

### 1. 道岔表示电路特点

道岔表示电路与直流道岔(ZD6)相比，其相同点有：

(1) 都有独立的电源。

(2) 都是半波整流电路。

(3) 表示继电器都使用偏极继电器。

不同点主要表现在如下几点：

(1) 交流道岔表示继电器线圈与整流堆为并联关系，改变了以前的串联结构，并取消了电容。它运用了交流电正半周励磁负半周感抗储能原理；普通道岔是正半波二极管整流励磁，负半波靠电容放电励磁。

(2) 交流道岔表示继电器励磁电路经过电机绕组起到监督电动机线圈的作用，以便及时发现电机问题。

(3) 交流道岔每台电机为一个分表示，多台电机再构成总表示(普通直流道岔是通过电路串联而构成总表示的)。

(4) 交流道岔(S700K、ZDJ-9 等)表示电路整流二极管耐压 500 V，比 ZD6 的表示电路整流二极管耐压 300V 要求要高。

### 2. 道岔表示电路工作原理

道岔表示电路工作原理如图 3-18 所示。

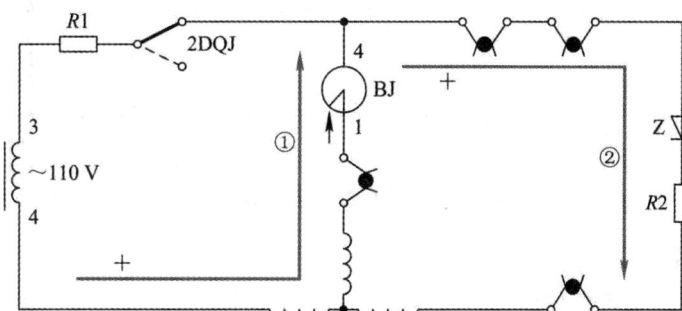

图 3-18　道岔表示电路原理图

当正弦交流电源为正半波时(假设变压器二次侧 4 正 3 负)，与其线圈并联的另一条整流支路因二极管反向而截止，故其支路中的电流为零，全部电流正向经 BJ(表示继电器，偏极型)的 1-4 线圈通过(图中①线所示)，使 BJ 励磁吸起；当正弦交流电源为负半波时(变压器二次侧 3 正 4 负)，由于此时整流堆呈正向导通状态，且该支路的阻抗要比 BJ 支路阻抗小得多(BJ 线圈相当于被其短路)，故电路中绝大部分电流流过整流堆支路(图中②线所示)。这期间，由于 BJ 线圈的感抗足够大(还包括电机线圈的感抗)，使之具有一定的电流迟缓作用(由于电感的电流不会突变，其储存的能量通过整流支路释放)，因而 BJ 仍能保持在吸起状态。

在下一个正半周电流来到后，电感电能重又得到补充，所以，在整个电路接通期间 BJ 一直会保持在吸起状态。

电路设计中为使 BJ(表示继电器)可靠吸起，其线圈两端的电压应能达到可靠励磁值，电路中的 $R1$ 的阻值取与线圈电阻相同，即为 1 kΩ。半波整流后，用微积分计算出变压器二次侧电压的平均值(输出直流分量)为 $0.45U(U = 110)$，即 $0.45 \times 110 = 49.5$ V。被 $R1$ 分压的 BJ 线圈的电压约 24 V 左右(因实际还具有线圈电阻和电缆电阻，故实际的电压值会小一些)。电路中的 $R1$ 和 $R2$ 电阻还具有保护电路的作用。

## 3.3.2　道岔表示电路的结构及主要元件

道岔表示电路的结构如图 3-19 所示。道岔表示电路所用电源及表示继电器类型与 ZD6

相同，表示变压器变压比为 2∶1(二次侧输出为交流 110 V)，主要也是通过自动开闭器接点的接通与断开来确定道岔位置，从而使对应的 DBJ 或 FBJ 吸起。道岔表示电路中主要元件的作用如下：

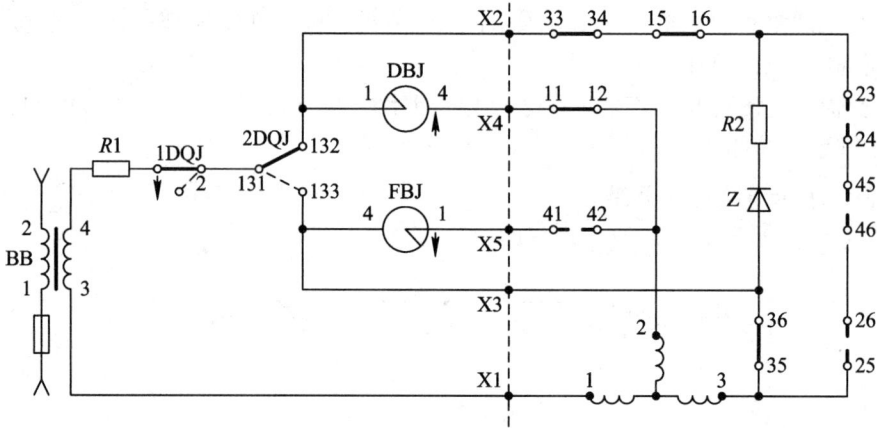

图 3-19　道岔表示电路结构图

### 1. R1 的作用

R1 主要是防止室外负载短路时使保护电源不被损坏，同时其阻值的大小也影响加在表示继电器线圈两端的电压值。

### 2. R2(整流支路上的电阻)的作用

整流支路上的电阻 R2 作用主要有两点：

(1) 由于 1DQJ 具有缓放作用，在道岔转换到位时，转辙机接点接通瞬间，380 V 电源将会送至整流堆上(反位→定位：X1、X2 线；定位→反位：X1、X3 线)，接入 R2 可保护二极管不被击穿。

(2) 若 X4、X5 线发生短路，当道岔转换到位后电机会发生反转(1DQJ 缓放时间内)，易使道岔解锁。串联接入 R2 后，使电机绕组电流减小，即使三相电流不平衡，也不能使电机转动，从而起到保护作用，也可使 BHJ 及时失磁落下。

### 3. 2DQJ 接点的作用

在表示电路中，DBJ 检查 2DQJ 的前接点，FBJ 则检查 2DQJ 的后接点，这样做的目的是为了检查启动电路与表示电路动作的一致性，防止发生道岔实际位置与表示信息不一致的情况。

### 4. 1DQJ 接点的作用

表示电路中接入 1DQJ 接点可保证发生挤岔时能实现及时报警。

(1) 当道岔转换时，若尖轨有障碍物会使电动机空转，则 1DQJ 将不能及时还原落下，使表示电路不能接通，超时后道岔表示电路就会报警。

(2) 平时若道岔被挤，自动开闭器两组接点被表示杆移位，将检查柱抬起处于中间状态而断开表示电路，使 DBJ 或 FBJ 均处于落下状态，挤岔报警电路则被接通而发出挤岔报警信号。

### 5. BJ 采用偏极继电器的作用

BJ(DBJ、FBJ)采用偏极继电器的作用是为了防止混线故障。当外线混线时，整流二极管失去作用，偏极继电器中因流过交流电而不会吸起，以可防止 DBJ 或 FBJ 的错误励磁。

### 6. 采用 BB 变压器供电的作用

表示电源中采用 BB 变压器供电，其重要作用是为了实现电源隔离。当外线上混入外界电源时，由于采用了 BB 变压器，混入的电源不能构成闭合回路，从而防止了道岔表示继电器的误动作。

### 7. 表示电路经过电机线圈的作用

表示电路经过电机线圈的作用是为了随时检查电机线圈的完好性。如果平时不检查电机线圈是否完好，那么其断线后只能等到下次道岔转换时因不能动作才能被发现，这样可能会对行车效率造成影响。

## 3.3.3　表示继电器励磁电路

### 1. DBJ 励磁电路

DBJ 励磁电路的两条并联支路如图 3-20 所示。图中中粗线为经过整流堆的回路；双实线线为 DBJ 线圈支路；粗线为两回路的共用部分。

(1) BJ 线圈支路：Ⅱ3—R1(1-2)—1DQJ(23-21)—2DQJ(131-132)—DBJ(4-1)—X4—自动开闭器接点(12-11)—电机(2)—电机线圈(1)—X1 线—1DQJ(11-13)—Ⅱ4。

(2) 经过整流堆的回路：Ⅱ3—R1(1-2)—1DQJ(23-21)—2DQJ(131-132)—1DQJF(13-11)—2DQJ(111-112)—X2—自动开闭器接点(33-34)—自动开闭器接点(15-16)—二极管(1-2)—R(2-1)—接点(36-35)—电机(3)—电机线圈(1)—X1 线—1DQJ(11-13)—Ⅱ4。

定位表示(DBJ 的构成)电路是由 X1、X2、X4 线构成的，其中 X1、X2 通过整流堆支路，X4 接通 DBJ 的线圈支路，X1 为共用线，自动开闭器 11-12 为启动电路和表示电路共用接点。

### 2. FBJ 励磁电路

FBJ 励磁电路的构成原理与 DBJ 励磁电路相同，(图 3-21 中的中粗线为经过整流堆的回路；双实线为 FBJ 线圈支路；粗线为两支路的共用部分)，具体的电路接通公式不再给出了。由 X1、X3、X5 线构成电路，其中 X1、X3 通过整流堆支路，X5 接通 DBJ 的线圈支路，X1 为共用外线，自动开闭器"41-42"为启动电路和表示电路共用接点。

这里需要注意的是：DBJ 励磁电路和 FBJ 励磁电路同时只能有一个在接通状态，它们是否接通是由 2DQJ 的状态决定的，在 2DQJ 前接点闭合时接通定位表示电路，当 2DQJ 后接点闭合时接通反位表示电路。

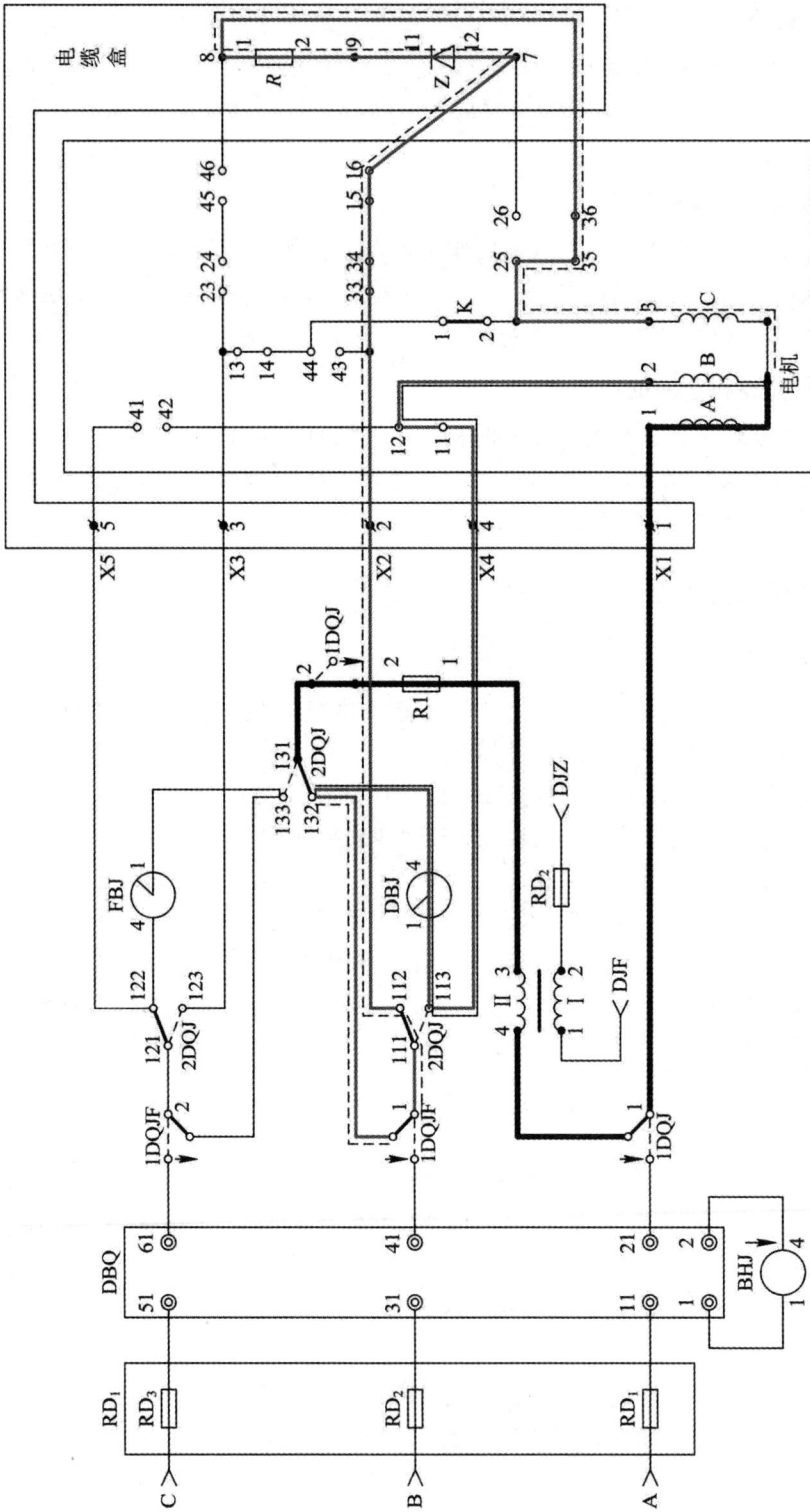

图 3-20　道岔定位表示继电器电路

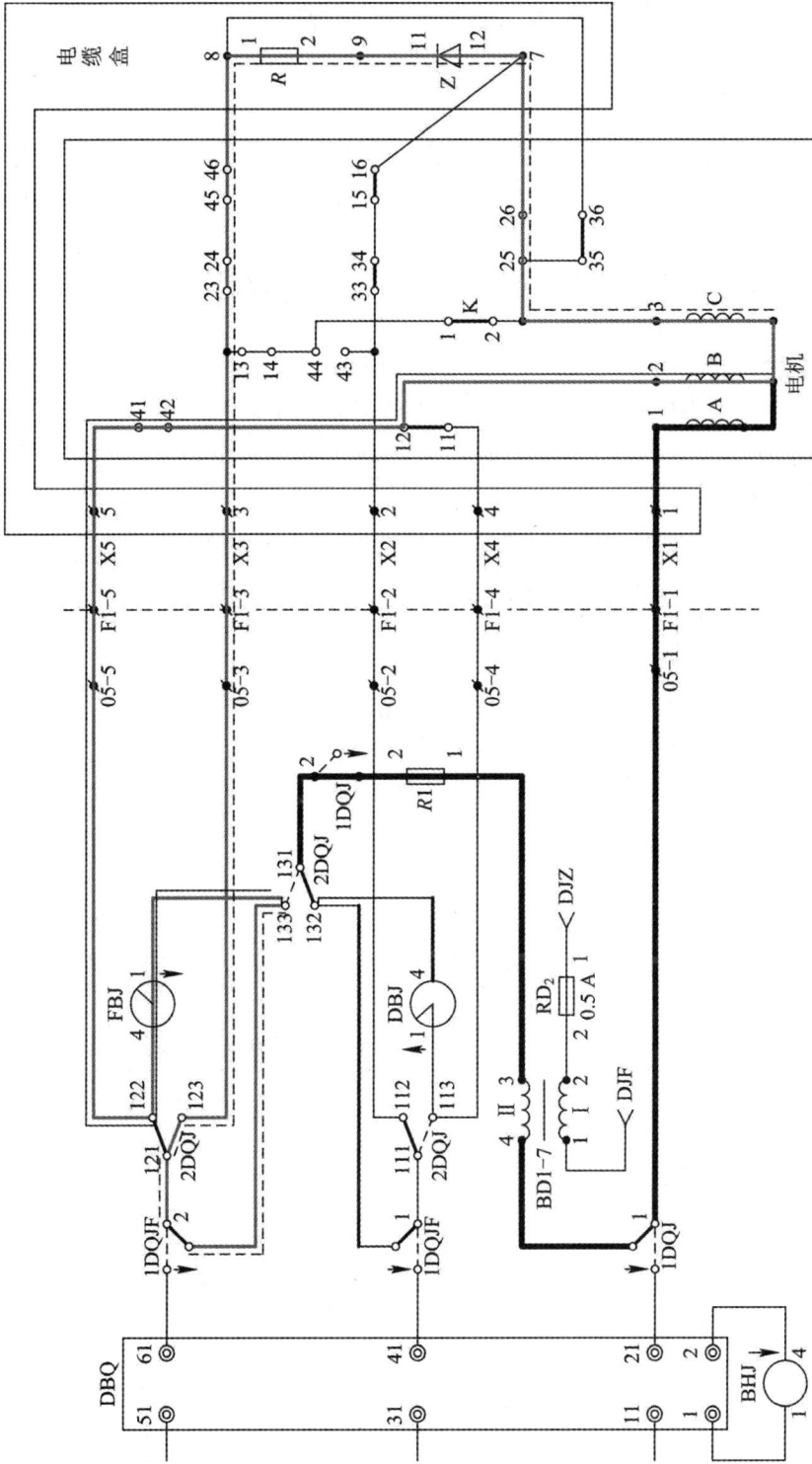

图 3-21 道岔反位表示继电器电路

# 3.4　本章知识要点补充

## 3.4.1　控制电路中5线的分工

### 1. 各控制线分工

X1：启动时电机 A 相线用线；表示时为表示共用线。

X2：反转定位时，接电机 B 相线；定位表示时接二极管支路。

X3：定转反位时，接电机 C 相线；反位表示时接二极管支路。

X4：定转反位时，接电机 B 相线；定位表示时接 DBJ 支路。

X5：反转定位时，接电机 C 相线；反位表示时接 FBJ 支路。

### 2. 接通电路路径

(1) 启动电路路径：

定转反时：X1(A 相)，X3(C 相)，X4(B 相)；接点组：11-12，13-14。

反转定时：X1(A 相)，X2(B 相)，X5(C 相)；接点组：41-42，43-44。

(2) 表示电路路径：

定位表示：X1，X2，X4；接点组：11-12，15-16，33-34，35-36。

反位表示：X1，X3，X5；接点组：41-42，45-46，23-24，25-26。

注：可借助如下口诀来帮助记忆 5 根控制线的功能或作用。

"定表偶数反表单，1 线辛苦全承担；启动只把 4 5 换，表示启动别记反。"

## 3.4.2　交流道岔控制电路重要电压参数

在对道岔控制电路利用相关测量数据进行故障分析时，通常要将所测量的数据与电路工作正常时的相关参数进行对比。如 ZDJ9 控制电路正常工作时分线盘测试电压(参考)如表 3-1 所示。

表 3-1　ZDJ9 控制电路正常工作时分线盘测试电压(参考)

| 表示电路<br>定表/(反表) | 测试端子 | X1-X2/(X1-X3) | | X1-X4/(X1-X5) | | X2-X4/(X3-X5) | |
|---|---|---|---|---|---|---|---|
| | 电压类型 | 交流 | 直流 | 交流 | 直流 | 交流 | 直流 |
| | 数值(参考) | 60 | 21 | 2 | 0 | 60 | 21 |
| 启动电路<br>定启/(反启) | 测试端子 | X1-X2、X1-X5、X2-X5/(X1-X3、X1-X4、X3-X4) | | | | | |
| | 电压类型 | 交流 | | | | | |
| | 数值(参考) | 380 V | | | | | |

# 第四章 多机牵引及双动道岔控制电路

在介绍了单动道岔控制电路的工作原理之后，下面介绍多机牵引及双动道岔控制电路的工作原理。无论是单动道岔的多机牵引，还是双动道岔的转换控制，都是在单机牵引的基础之上考虑转换道岔时的安全，或为满足道岔控制时的特殊技术要求，相应地增加一些保护措施，或为实现其先后动作的技术要求相应地增加部分电路，而具体实现道岔牵引的控制电路其基本的控制要求并没有改变。

因此，这里我们着重讲述其不同于单机牵引的电路工作原理。

## 4.1 单动道岔多机牵引控制电路

单动道岔多机牵引(包括对心轨的牵引)的控制电路，除每台单机牵引控制电路所需要的所有继电器之外(有一个牵引点就要增加一个辅助组合，以放置其控制电路所需要的继电器电路设备)，还需要增加总定位表示继电器(ZDBJ)和总反位表示继电器(ZFBJ)，以便达到两组牵引点的位置都与道岔实际位置一致时才能给出道岔定位或反位表示的目的。同时，为保证负责牵引同一个对象的所有转辙机能协调一致地完成对道岔的转换任务，防止某一个牵引点的转辙机不能正常动作造成对道岔线路的破坏，还需要增设总断相保护继电器(ZBHJ)及切断继电器(QDJ)。此外，为避开多机同时启动，造成启动电流的峰值叠加，使启动电源过载，必须对多机牵引的控制电路加以改进，即要做到"错峰启动"，以减轻电源负载，这也有利于电源系统的选配。

至于多机牵引时控制电路所增设的相关继电器具体放置在哪个组合里，技术规范中并没有具体规定，通常视具体情况或设计单位的设计想法不同而有所不同，但整体的控制电路原理是相同的。

我们先以双机牵引单个对象为例介绍多机控制动作电路的实现方法，以帮助读者理解其控制思路，对后面学习多机牵引及双动道岔的控制原理打下基础。

### 4.1.1 道岔位置表示电路

对于每个牵引点转辙机的动作电路和表示电路来讲，它们与单机控制电路基本相同，即每个转辙机与室内的连接线路是独立的(五线制有 5 根电缆线)，只是在室内控制电路中让连接线路按一定的技术要求建立某种条件关系而已。同时要求，只有当所有牵引点都正常转换到规定位置之后，即在各点的 DBJ 或 FBJ 都吸起之后，用它们的前接点相串联，接通 ZDBJ 或 ZFBJ 励磁电路使之吸起，从而给出此组道岔的位置表示。如图 4-1 所示是某双机牵引道岔控制电路中的总表示继电器电路。

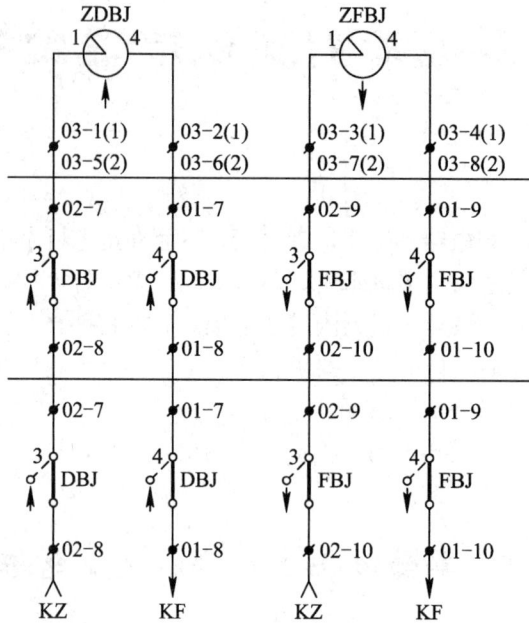

图 4-1　某双机牵引道岔控制电路中的总表示继电器电路

## 4.1.2　错峰启动控制电路

对于多机牵引的道岔来讲，为达到各牵引点转辙机错峰启动的目的，控制电路是在单机启动电路的基础之上再加入相关的控制条件来实现的。

我们知道，联锁系统同时只能向道岔发出一次转换命令，不能向每个牵引点单独发命令，那么其他牵引点是如何工作的呢？首先用命令条件使其中一个转辙机先启动(称为第一动)，即让它的 1DQJ 先于其他点吸起，然后在下一个牵引点(第二动)的 1DQJ 励磁电路中接入上一个牵引点的 1DQJ 前接点。具体来讲，就是从第二牵引点开始，将上一个牵引点 1DQJ 的前接点串入本牵引点 1DQJ 的 3-4 线圈启动电路中，在道岔转换时，第一转辙机(如尖 1)的 1DQJ 吸起后，再使第二转辙机(如尖 2)的 1DQJ 吸起，这样就达到了多机顺序传递启动的目的。也就是说让尖 2 转辙机的启动时机稍滞后于尖 1 的转辙机。

如图 4-2 所示为双机牵引时的启动继电器电路。由图可以看出，在第二动的 1DQJ 励磁电路中串入了第一动的 1DQJ 前接点条件，这样就实现了两个点的先后启动(因为对道岔的启动而言，1DQJ 的吸起是电机转换的开始)。

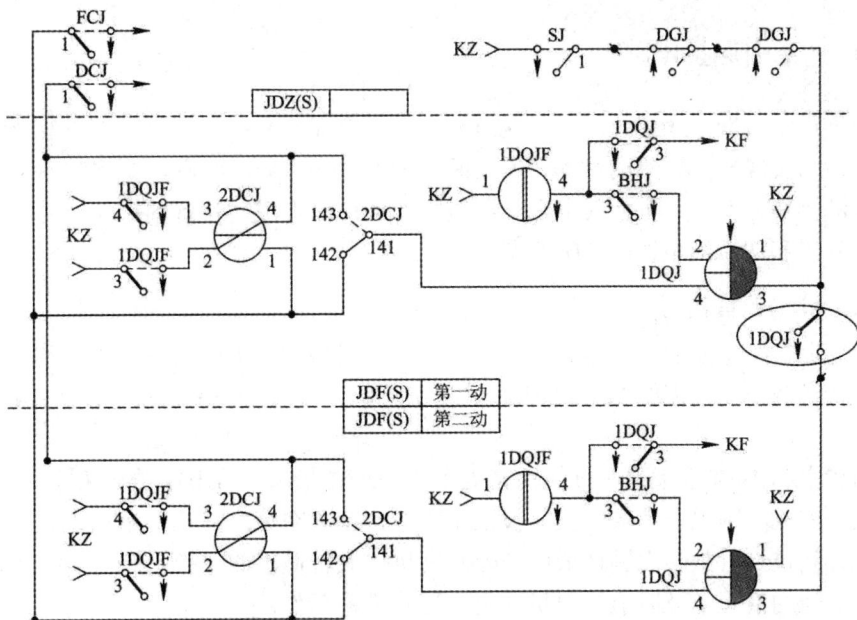

图 4-2　双机牵引时的启动继电器电路

同样，对于多机(两机以上)牵引而言，每个牵引点处的转辙机控制也都是这样处理的，即让牵引同一对象的所有牵引点的转辙机相继顺序启动，实现错峰启动的目的。错峰启动的时间与 1DQJ 的缓吸时间相关，经测算为 100 ms 左右。

如图 4-3 所示为三机牵引时实现错峰启动的辅助电路。

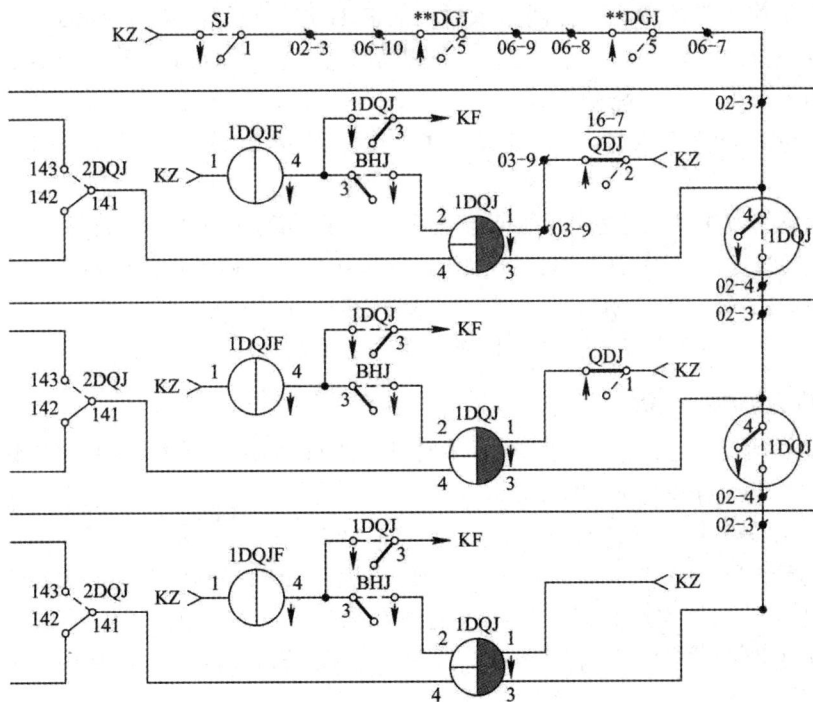

图 4-3　三机牵引时实现错峰启动的辅助电路

### 4.1.3　双机牵引保护电路

对于负责牵引同一个对象(岔尖或心轨)的两台转辙机,由于它们的任务是一致的,即需要配合共同实现转换道岔的目的,因此两者就要做到"要动都动,要停都停"。为了使两台转辙机协调地动作,防止其中之一不能正常动作时造成对设备的损坏,增加了总保护继电器(ZBHJ)和切断继电器(QDJ)。

#### 1. ZBHJ 的监督作用

增设总保护继电器的目的是为完成对两台转辙机中的 BHJ(分别称 1BHJ 和 2BHJ)进行监督。只有当两个牵引点的 BHJ 都吸起之后 ZBHJ 才吸起,当两个牵引点的 BHJ 全落下之后其才落下。

我们知道 BHJ 的吸起说明该转辙机处于正常工作状态,若 BHJ 的失磁落下不是因为道岔转换已完成,则说明此转辙机未被正常操纵,或存在诸如缺相、断相,或转换受阻、电机动作时间过长等故障原因造成的。因此为实现对转辙机的保护,控制电路必须保证在出现上述故障的情况下及时能让电机断电,停止道岔动作。

ZBHJ 具体的控制方式是:在道岔转换期间用 BHJ 的前接点接通 QDJ(切断继电器)的自闭电路,当 BHJ 落下后使 QDJ 及时落下,再用 QDJ 的后接点切断两个牵引点的 1DQJ 自闭电路,使 1DQJ 复原落下,从而切断电机电路。

#### 2. QDJ 的保护作用

在道岔未操纵时,QDJ 通过两个牵引点的 BHJ 后接点(串联)保持在吸起状态;当道岔被操纵且工作正常的情况下,两个牵引点的 BHJ 相继吸起,从而使 ZBHJ 吸起。而后QDJ 只能通过 ZBHJ 的前接点条件自闭。道岔转换完成后,QDJ 随着两个 BHJ 的失磁而落下,使电路复原。在电路动作过程中,从两个牵引点的 BHJ 相继吸起到 ZBHJ 吸起之间,为保证 QDJ 能保持吸起,电路中通过 RC 储能支路使之具备缓放特性(缓放时间设计为 1.5 s)。

在联锁系统发出动作道岔指令后,若其中一个牵引点的 BHJ 不能吸起,则 ZBHJ 就不会吸起。在经过 QDJ 的缓放时间之后,由于 QDJ 不能及时接通自闭电路而失磁落下(其中有一个点的 BHJ 吸起后,QDJ 的励磁电路就被切断了),从而切断所有牵引点的 1DQJ 自闭电路使其落下,进而使所有点的电机断电而停止转换。

#### 3. 切断保护电路分析

如图 4-4 所示为某道岔尖轨三机牵引时的 QDJ(切断继电器)及 ZBHJ(总保护继电器)电路。ZBHJ 平时与各点的 BHJ 状态一样,处在落下状态。为能实现"故障—安全"原则,平时 QDJ3-4 线圈通过所有点(J1:尖 1;J2:尖 2;J3:尖 3)的 BHJ 后接点和 SJ 前接点使 QDJ 处在吸起状态,并在各牵引点控制电路中的 1DQJ 励磁电路上接入 DQJ 的前接点,为道岔转换时 1DQJ 吸起做好准备。同时,也可保证在道岔不能正常转换的情况下能用此条件断开所有点的 1DQJ 自闭电路使之复原,从而及时切断各电机动作电路。

具体的电路工作过程如下:

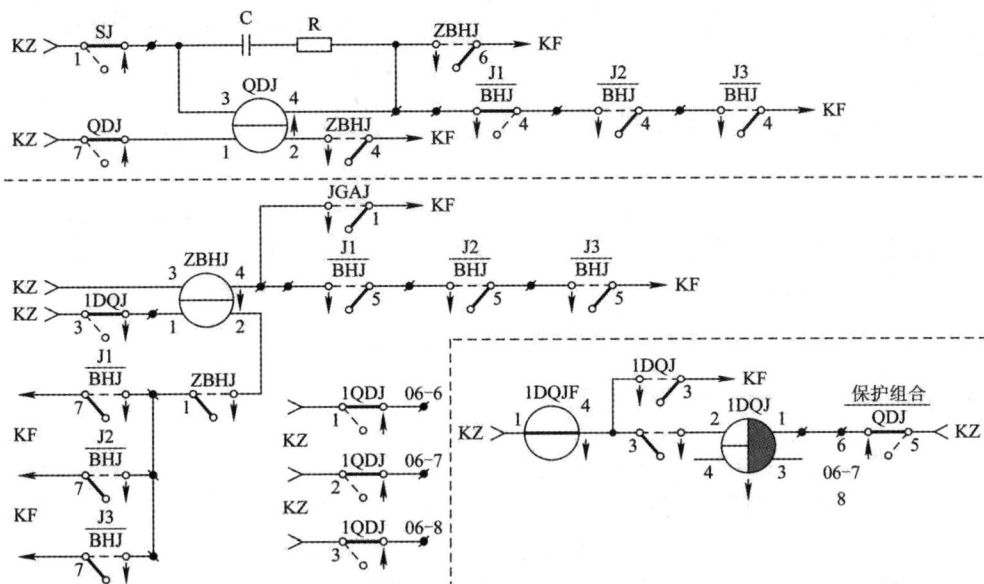

图 4-4　某道岔尖轨三机牵引时的 QDJ 及 ZBHJ 电路

(1) 当道岔需要转换时，牵引尖轨的三台转辙机先后正常启动之后，即当它们的 BHJ 全部吸起后，接通 ZBHJ3-4 线圈励磁电路使之吸起(它的吸起表明各牵引点转辙机正常工作)。ZBHJ 的吸起一方面用其第 4 组前接点接通 QDJ1-2 线圈自闭电路，另一方面用其第 6 组前接点接通 QDJ3-4 线圈电路，并同时向 RC 储能电路充电。

尖轨在整个转换过程中 DQJ 一直保持在吸起状态，直到所有点转换完成(各自的 BHJ 相继复原)，ZBHJ 落下，电路复原。道岔转换时，由于从 BHJ(J1)吸起到三个 BHJ 全部吸起期间，QDJ 有断电间隔，为保证 QDJ 不落下，用 RC 支路的放电使之保持吸起。

(2) ZBHJ 只有在所有牵引点的 BHJ 全部吸起后才能吸起，为此在其 3-4 线圈的励磁电路中串接了所有点 BHJ 的第 5 组前接点条件。ZBHJ 吸起后即转入自闭。在其自闭电路中用全部 BHJ 的第 7 组后接点构成并联条件，这样只有当所有牵引点全部工作完毕之后，ZBHJ 才会复原落下。

(3) 当道岔被启动后，若某个牵引点的 BHJ 因故不能吸起，则 ZBHJ 也不能吸起，即无法接通 DQJ1-2 线圈自闭电路和 DQJ3-4 线线圈保持电路。另一方面，由于其中一个 BHJ 不吸起，则 BHJ 的串联支路也不能向 DQJ3-4 线圈提供 KF 电源。因此，在 RC 支路放电结束后 DQJ 落下，从而切断所有点处的 1DQJ 自闭电路使之落下，进而切换所有点的电机电路，道岔停止转换，最终起到保护作用。

(4) 在实际工作中，为减轻故障道岔对行车的影响，当出现某个牵引点不能动作的情况时，可通过室内与室外人员相互配合完成道岔转换。

在九机牵引及部分五机牵引的道岔电路中设置了尖轨故障按钮(JGA)和心轨故障按钮(XGA)(非自复式且加有铅封)，它们在处理故障时可用来屏蔽"故障停转"的功能。在确认故障转辙机属于尖轨还是心轨后，室内人员需按压尖轨或心轨故障按钮(若尖轨的转辙机故障需按压尖轨故障按钮，若心轨的转辙机故障需按压心轨故障按钮)。例如：按下尖轨按钮后，JGAJ 吸起，使尖轨的 ZBHJ 直接吸起，并一直保持在吸起状态，同时 QDJ 经 1-2 线圈也保持自闭，此时扳动道岔，即使尖轨的某一牵引点电机因故无法启动，尖轨的 QDJ 也不会落下,这样其他牵引点的转辙机就能保持转动,从而使之借助其他牵引点的力量完成尖轨转换。

## 4.2　可动心轨单动道岔多机牵引控制电路

一个被牵引对象无论采用几台转辙机牵引,其保护电路及切断电路的构成原理是相同的。目前,铁路中一组道岔最多可设有 12 台牵引转辙机(尖轨 9 台,心轨 3 台),也就是说,一个对象最多有 9 台转辙机牵引。尽管如此,在切断保护电路中只是将 BHJ 条件相应地加到了 9 个。明白了这一点,无论设多少个牵引点,都能读懂电路原理。

### 4.2.1　可动心轨道岔多机牵引控制设备

尽管在技术要求上尖轨与心轨要作为同一组道岔看待,但事实上它们是分属于两个牵引对象。因此它们的切断电路与保护电路是独立的,对道岔控制电路来讲只是需要考虑如何保证各牵引点的先后动作以及如何给出道岔位置表示信息的问题。

例如:当尖轨三机心轨二机牵引时,尖轨和心轨各设置一套 QDJ 和 ZBHJ,尖轨用 1QDJ 和 1ZBHJ 表示,心轨用 2QDJ 和 2ZBHJ 表示。道岔转换时,当尖轨 3 个牵引点的 3 个 BHJ 都吸起时,1ZBHJ 才能吸起,进而使 1QDJ 自闭;当 3 个 BHJ 先后全落下后,1QDJ 才落下。当心轨 2 个牵引点的 2 个 BHJ 都吸起时,2ZBHJ 才能吸起,进而使 2QDJ 自闭;当 2 个 BHJ 先后全落下之后,2QDJ 才落下。

由于尖轨和心轨是共同配合来实现道岔位置转换的,所以,只有当两者位置转换一致时才能确定道岔位置是正确的,否则不能给出道岔位置表示信息。因此无论它们各使用几台转辙机来牵引,仍然只需要设一个 ZDBJ(总定位表示继电器)和一个 ZFBJ(总反位表示继电器)。

通常一组道岔设一个主组合(JDZ),用于放置 SJ、DCJ、FCJ、ZDBJ、ZFBJ 及 1/2QDJ、1/2ZBHJ。一组道岔有一个牵引点就需要占用一个辅助组合(JDF),用以放置其基本控制电路所需要的继电器、表示变压器或阻容元件等设备。为区分各组合的用途,可在组合名之后加上序号来命名,如"JDF0""JDF1""JDF3"…,当然也可以加"尖"或"心"以区别用于尖轨或心轨的设备。对实际的车站而言,无论如何命名组合名称,以及组合中继电器数量的多少不同,或者那些多于单机控制牵引时所需要增加的继电器放置在不同地点,它们的电路结构是不会发生变化的,也就是说电路的控制原理是一样的。

具体元件或继电器放置的位置都应依据继电器组合位置图来确定,这里不再给出组合继电器排列表及实际图片了。

### 4.2.2　可动心轨道岔多机牵引动作要求

下面以五机牵引道岔为例,讲述其五机顺序动作的技术要求。

五机牵引一组单动道岔时,通常尖轨三机分别称"尖 1""尖 2""尖 3"(也可用符号表示为"J1""J2""J3"),心轨二机分别为"心 1""心 2"(用符号表示为 X1、X2)。在控制电路的设计上是将尖轨与心轨分属两个牵引对象来处理的,各自的牵引电机同前面介绍过的单动道岔两机牵引一样,是顺序启动的,且为保证各牵引点动作的一致性,各自设置了 QDJ 和 ZBHJ。然而,尖轨与心轨的动作时序不再区分先后,就是说当道岔接收到转换命令后,

J1 与 X1 的 1DQJ 励磁电路是同时接通的，即 J1 与 X1 几乎同时开始启动，因此，一组道岔同一瞬间最多也只有两台电机同时接通启动电路，也可达到启动电流错峰的目的。

在电路的处理方法上同前面介绍的一样，对尖轨而言，J2 的 1DQJ 励磁需要检查 J1 的 1DQJ 吸起条件，J3 的 1DQJ 励磁需要检查 J2 的 1DQJ 吸起条件；同样，对心轨而言，X2 的 1DQJ 励磁需要检查 X1 的 1DQJ 吸起条件。可动心轨道岔多机牵引的 1DQJ 励磁电路构成原理同单动道岔的双机牵引一样，这里就不再给出电路图了。

### 4.2.3 总表示继电器电路

按要求，表示继电器除每个牵引点的 DBJ 和 FBJ 之外，每组道岔需再设置一套总表示继电器。总表示电器电路通过将所有尖轨及心轨各牵引点的 DBJ(或 FBJ)前接点串联构成，当所有的表示继电器均在吸起状态时，相应的总表示继电器才可吸起。

图 4-5 为尖轨三机心轨双机牵引时的总表示继电器电路图。

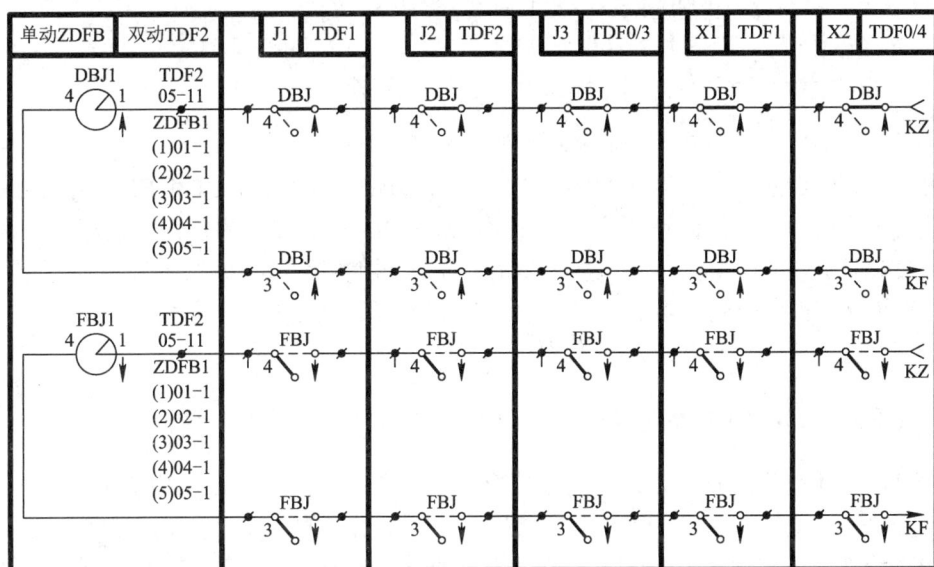

图 4-5 尖轨三机心轨双机牵引时的总表示继电器电路

## 4.3 双动道岔多机牵引控制电路

双动道岔多机牵引控制电路是在单动道岔多机牵引的基础之上改进而成的。由于双动道岔多机牵引控制电路需要满足第一道岔动作完成后第二道岔才能动作的技术要求，增加了对双动道岔优先级的控制电路，即在每一动道岔组(双动道岔有两组)中各增加了一个 DKJ(动作开始继电器)和一个 DWJ(动作完成继电器)，两组道岔中的 DKJ 和 DWJ 相互配合完成动作传递。

### 4.3.1 传递启动电路

为了实现双动道岔的先后动作要求，传递启动电路在第一动道岔的启动电路中接入了第二动的 DKJ 和 DWJ 的后接点条件；同理，在第二动道岔启动电路中接入了第一动道岔的 DKJ

和 DWJ 的后接点条件。当第一动道岔启动后，即尖轨第一牵引点的 1DQJ 吸起后使其 DKJ 吸起，从而切断第二动道岔的启动，使之不能转换。如图 4-6 所示为双动道岔的传递启动电路。

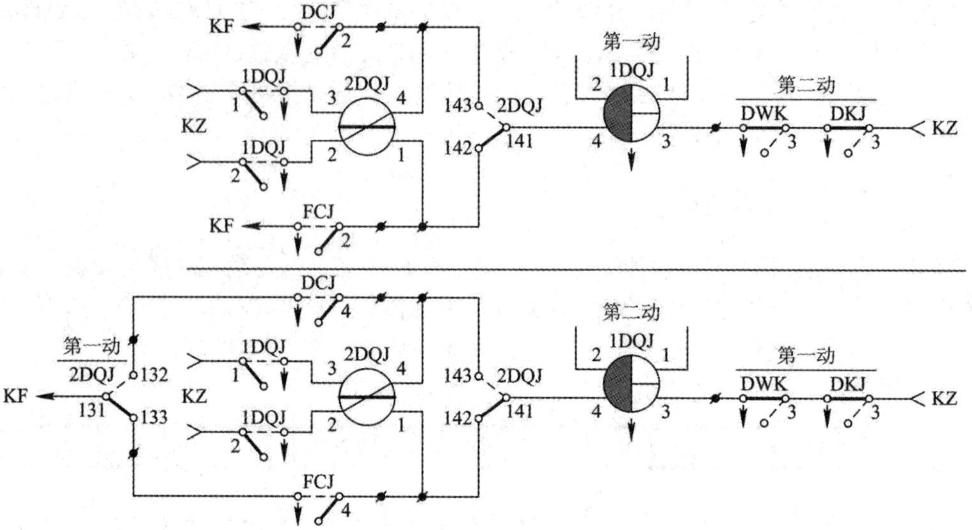

图 4-6　双动道岔传递启动电路

另外，在第二动道岔的第一牵引点的 1DQJ 的励磁电路中的 DCJ 和 FCJ 的前接点并没有直接与 KF 电源相接，而是串接了第一动道岔的 2DQJ 转极后的条件。这样，在第一动道岔的 DKJ 吸起之前，用第一动道岔的 2DQJ 的接点切断第二动道岔的 1DQJ 的励磁电路，即第一动道岔转换完成后，第二动道岔才可以转换，即使在第一动道岔动作过程中其 DKJ 错误落下，也不会使第二动道岔的 1DQJ 提前励磁。

### 4.3.2　DKJ、DWJ继电器电路

现以第一动道岔的 DKJ、DWJ 继电器电路为例介绍 DKJ、DWJ 继电器电路工作原理。

当需要转换双动道岔时，第一动道岔的第一个牵引点的 1DQJ 吸起，1ZBHJ 还未吸起时，DKJ 经 3-4 线圈励磁吸起，同时表明第一动道岔转换开始。等 1ZBHJ 吸起之后(DWJ 继电器还未吸起时)，DKJ 经 1-2 线圈暂时保持自闭。DWJ 继电器在 1ZBHJ(或 2ZBHJ)吸起之后吸起，使 DKJ 复原。如图 4-7 所示为 DKJ、DWJ 继电器电路图。

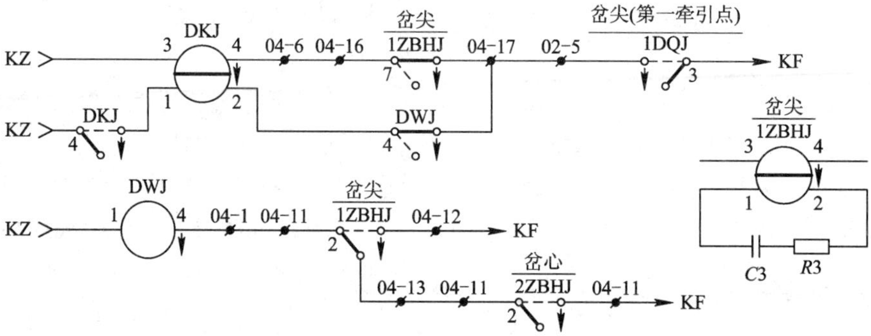

图 4-7　DKJ、DWJ 继电器电路

假设第一动道岔的全部电机都开始转换，其中 1ZBHJ(尖轨)和 2ZBHJ(心轨)先后吸起，

使 DWJ 吸起。当第一动道岔所有牵引点全部转到位后,1ZBHJ(尖轨)和 2ZBHJ(心轨)都落下,则使 DWJ 复原落下,此时第一动道岔才算转换完成。第一动道岔转换完成后,因第一动道岔的 DKJ 和 DWJ 的落下,则给第二动道岔的启动提供了条件,第二动道岔便开始转换。

在第一动道岔的转换过程中,其 DKJ 和 DWJ 总有一个会处于吸起状态,使第二动道岔的第一个牵引点的 1DQJ 无法励磁吸起,因而第二动道岔无法启动。只有在第一动道岔完全转换完成后它才能开始启动。

在双动道岔多机牵引控制电路中,ZBHJ 线圈 3-4 上跨接了一个由 200 μF/50 V 的电容和一个 51 Ω 的电阻组成的 RC 支路。当所有转辙机转换到位后,每一牵引点的 BHJ 会依次落下,此时,因 RC 阻容放电,ZBHJ 会缓放落下,这样就避免了在第一牵引点的 1DQJ 缓放期间出现 DKJ 经 1DQJ 的前接点和 1ZBHJ 的后接点重新吸起的错误。

### 4.3.3 FWJ继电器的作用

多机牵引的道岔(包括双动道岔)当出现道岔不能转换到底时,如果办理回转道岔操纵往往会出现 DBQ(断相保护器)因不能清零造成道岔不能回转的情况。其解决办法是在道岔控制电路中加设 FWJ(复位继电器),它由联锁系统驱动吸起,其后接点接入 QDJ 励磁电路中。如图 4-8 所示为交流道岔 5 机牵引时接入 FWJ 的切断保护电路。

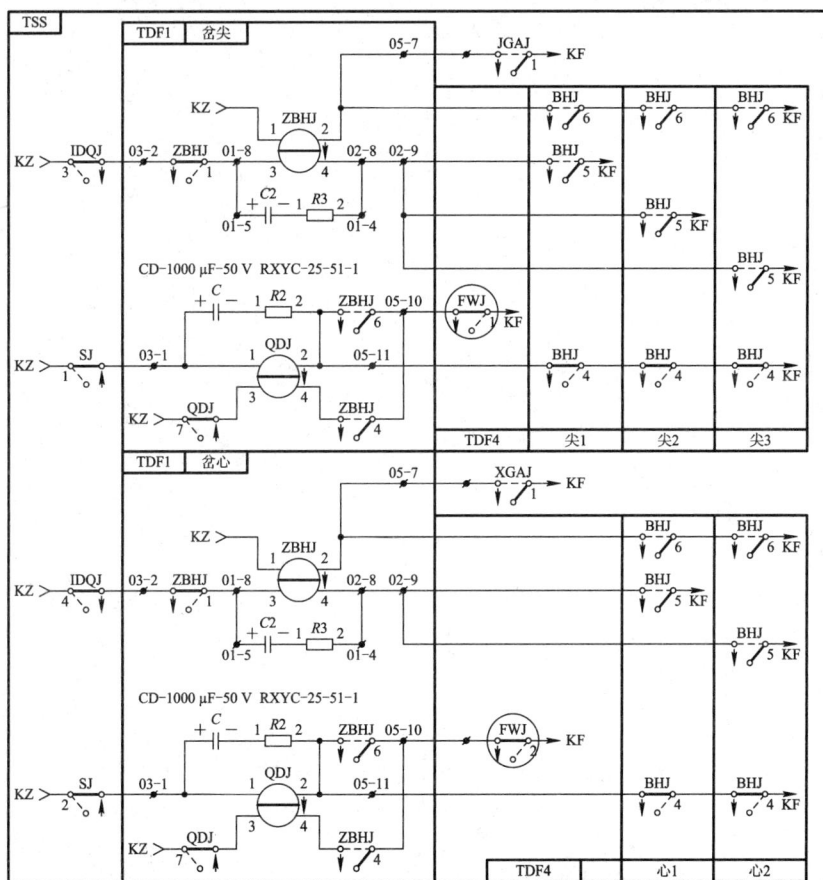

图 4-8 接入 FWJ 的切断保护电路

电路中加入 FWJ 的作用如下：

## 1. 单动道岔设置 FWJ 的作用

在道岔向某一位置转换的过程中，若道岔因故停在四开位置，这时欲再想回操道岔，可经 FWJ 复位，使 DBQ 的计时清零。否则，在 DBQ 来不及清零时就回操道岔，就可能造成道岔还没有回转到位，转辙机就停止工作了，达不到回转道岔的目的。

## 2. 双动道岔设置 FWJ 的作用

在双动道岔中设置 FWJ 的作用有两个。一是在道岔向某一位置的转换过程中，若道岔因故停在四开位置再回操道岔时，可经 FWJ 复位，使 DBQ 的计时及时清零。二是解决第二动道岔回操的问题。假设第一动道岔已转换到位，而第二动道岔因故停在四开位，由于此时第二动道岔的 ZBHJ 一直在吸起状态，则其 DWJ 不能及时复原落下，从而切断了第一动道岔的 1DQJ 的启动电路，其 2DQJ 也就无法转极，那么第二动道岔中先动作的 1DQJ 就无法吸起，造成道岔无法回转。如果设置了 FWJ，则可用 FWJ 的吸起使 QDJ 吸起，从而切断所有牵引点转辙机的动作电路，使所有电路复原，这样就可以重新开始转换道岔。

# 第二篇　直流道岔控制电路故障处理

本篇具体讨论直流道岔控制电路故障的处理思路和方法以及所采用的技术手段。

根据计算机联锁系统工作原理，可将道岔控制电路故障划分为四个方面来研究：一是联锁系统自身的驱动和采集电路部分的故障；二是表示电路故障；三是启动电路(控制电路中室内构成条件的相关继电器电路，如 1DQJ、2DQJ 电路等)故障；四是电机动作电路故障。本篇将从这四个方面来讨论道岔控制电路的故障问题，第三篇的交流道岔控制电路的故障处理也是依照这四个方面来讲解的。

虽然各运输管理系统或职能部门对电务维护人员的具体工作要求，以及在故障处理时的操作流程，或相关手续的办理规定等不完全相同，但无论是铁路还是城市轨道交通，在具体的道岔故障处理工作中，其基本的流程是一致的。电务维护人员在接到道岔故障通知后，应立即赶到车站行车室了解故障情况，判断故障性质。如道岔失去表示，应登记停用该道岔，建议车站组织非正常行车；如果道岔不能转换，可申请取出手摇把将道岔摇至所需位置；道岔转换后如恢复正常可先交付使用，但必须保证不改变配线以及严禁改变联锁关系；如确定为室外设备故障，应要求车务、工务人员共同赶赴现场协同处理。

在讲述故障处理的过程中，我们只讨论故障处理的技术问题。

# 第五章　ZD6 直流道岔电路故障处理

　　尽管在高铁及城市轨道交通中，ZD6 直流道岔已经很少使用，但对它的故障处理方法的学习对后续学习提速道岔控制电路的故障处理有很大帮助与启发作用。

　　道岔是线路上的重要设备，也是使用最为频繁的设备之一，自然也是故障多发的对象。由于道岔大部分处在站场的咽喉区，距离行车室较远，所以，在分析处理道岔故障时，首先要正确区分清楚故障的现象，然后依据现象结合室内测试，判断故障的范围是室内还是室外，以避免在室内、室外来回奔波，延误故障处理时间，影响行车。

　　在学习本章之前，读者应该先熟悉 ZD6 道岔控制电路标准图(如图 2-21 所示)。标准图是指工程部门提供给工区的使用图纸，我们在认知各电路的原理时都必须参考此图，即便在实际工作中处理问题时参考的也是这种图。所以，读者必须具备能正确跑通标准图所有电路的能力。

## 5.1　ZD6 直流道岔表示电路故障处理

　　表示电路故障可具体分为两个方面：一是道岔实际在定位时无表示，即 DBJ 不能正常励磁；二是道岔实际在反位时无表示，即 FBJ 不能正常励磁。这里我们以单动道岔单机牵引点的道岔表示继电器电路为例，具体分析表示电路故障。

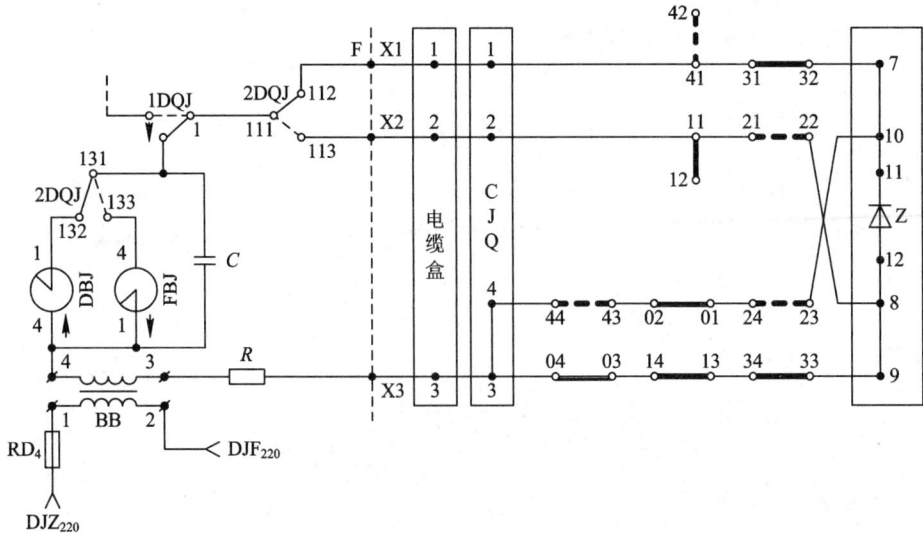

图 5-1　ZD6 直流道岔表示电路简图

## 5.1.1　表示电路简化图

为了读图的直观性以方便分析表示电路，这里先给出 ZD6 直流道岔表示电路的简图(如图 5-1 所示)，后面再讲其电路故障处理。电路图是在道岔定位时各电路的接通状态下给出的，即以自动开闭器的 1、3 排闭合为定位时的电路。后面在研究其故障处理时若没有强调说明，电路皆是以这个状态为例的。

## 5.1.2　表示电路相关电气参数

任何一个电路都有它特定的电气特性，就像人的生命特征一样，有体温、脉搏，还有血液指标等，我们可以通过电路的电气特性所表现出来的现象及相关参数的改变来对设备的工作情况做正确的分析和判断。所以我们掌握了电路的主要特性和重要参数，就可以准确处理和判断设备是否正常。

### 1. 电压特性参数(参考值)

下面所给出的电压特性参数都是电路工作在正常状态之下得出的。

(1) 表示电源电压：BD1-7 变压器一次侧(1-2 线圈)电压为交流 220 V，为防止变压器过载，使用 0.5 A 保险进行防护；变压器二次侧(3-4 线圈)交流电压为 110 V 左右。

(2) 表示继电器线圈 1-4 侧电压：直流 21 V 左右，交流电压 65 V 左右。

(3) 室内电阻 R 两端电压：直流 20 V 左右，交流 50 V 左右。

(4) 分线盘上的表示电压：定位"X1""X3"直流电压为 60 V 左右(极性方向为X1(+)、X3(-))，交流电压为 70 V 左右(视道岔距继电器室的距离，其数值略有变化)；反位"X2""X3"交、直流电压同上。

(5) 室外道岔电缆盒内电压：定位 1、3 端直流电压为 22V 左右(极性方向要视电路中整流二极管的具体接向)，交流电压为 63 V 左右；反位 2、3 端交、直流电压同上。

(6) 整流二极管两端电压：直流电压为 60 V 左右(二极管正方向)，交流为 70 V。

### 2. 电阻特性参数(参考值)

(1) 信号传输电缆电阻为 23.5 Ω/km，环阻为 47 Ω/km。

(2) 电阻 R 为 750 Ω。

(3) 表示(DBJ、FBJ)继电器直流阻抗为 1000 Ω。

(4) BD1-7 变压器二次侧电阻为 60 Ω 左右。

(5) 电机每个定子绕组直流电阻约为 6 Ω，转子绕组直流电阻约为 5 Ω。

## 5.1.3　定位无表示故障处理

定位无表示故障是指道岔实际处于定位(自动开闭器第 1、3 排闭合)，2DQJ 处于前接点闭合状态，由于 DBJ 电路开路故障，使得其不能励磁，从而使道岔不能给出定位表示，且有挤岔报警现象。

在道岔确定为定位表示电路故障后，下面对照 DBJ 励磁电路(如图 5-2 所示)来分析其开路故障点的查找方法。当然，在实际工作中通常在动手处理故障前要进行相关试验，以进一步压缩故障范围。但这里主要是介绍如何通过电气测量来查找故障，所以相关试验压缩故障范围的方法就不进行讨论了，在后面交流道岔部分会进行专门介绍。

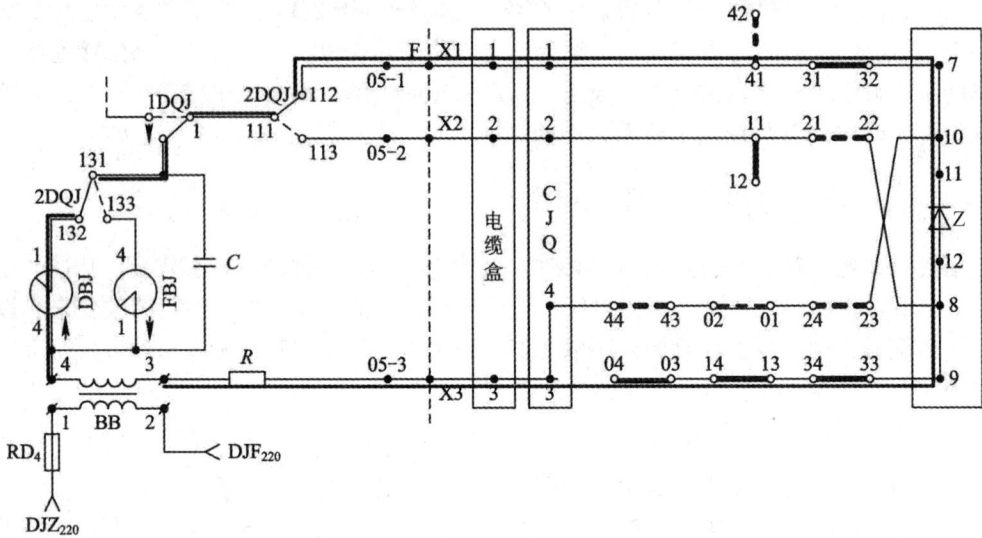

图 5-2　DBJ 励磁电路

### 1. 区分室内、室外故障

在确定为 DBJ 励磁电路故障后，首先要确认实际道岔位置与 2DQJ 的状态是否一致，然后在分线盘上测量 X1、X3 间的电压，以区分出故障是在室内还是室外(万用表置于交流 250 V 挡位测量。后面对万用表的挡位不再做提示，特殊情况下除外)。

(1) 若所测得的交流电压为 110 V 左右，则开路故障点在室外(为进一步确定室外开路，可再测其直流电压，看是否为 0 来确认)。

(2) 若所测交流电压为 0，则故障出在室内(也有可能是室外短路故障，可用甩开外线的方法再次测量其电压以示区分。这里暂不考虑短路故障)。

**注**：若测得交流电压很小(视道岔位置的远近不同)，无直流电压，则有可能是二极管击穿或二极管支路短路。

(3) 若测得交流电压为 10 V 左右，或直流电压为 68 V 左右，则说明电容器支路断线或电容器损坏。

(4) 若测得交流电压为 55 V 左右，直流电压为 45 V 左右，则说明电容器短路。

(5) 有一种现象值得提醒注意：如果与电容器(C)相并联的表示继电器线圈支路开路(包括表示继电器线圈断线)，在测量 X1 和 X3 间的电压时会出现电压升高现象(交流约 160 V，直流约 150 V)，这是由电容器被充电后的峰值电压所致。

### 2. 室内开路故障查找方法

通过测量分线盘判断故障在室内时，其查找步骤如下(不考虑电源屏故障参照图 2-21 理解)：

(1) 在组合侧面端子板上测量"05-15"和"05-17"(即 X1、X3 去分线盘连接端子)间交流电压，若电压为 0 V，则故障在组合内部；若有交流电压为 110 V 左右，则故障为组合侧面端子与分线盘之间的连接线开路。(具体所用侧面端子号以现场电路图为准)。

(2) 若已判断故障在组合内部，可先测量表示变压器(BB)二次侧 3-4 电压(以分别出是变压器故障还是线路开路)，若为交流 110 V，表明表示电源输出正常。

(3) 采用步进测量法寻找开路点。将万用表打到交流电压挡，一表笔置于侧面端子"05-17"(即 X3)上，另一表笔从 X1 开始，向组合侧面端子板内部至 BBII4 方向沿表示电路逐点测量。开路故障点电压在 0~110 V 之间。用万用表确认断路两点之间电压是否为 110 V。

### 3. 室外开路故障查找方法

在前面测量的分线盘 X1、X3 之间电压为交流 110 V，则可判定开路点在室外。

(1) 在电缆盒内测量 HZ1、HZ3 电压，若为 110 V 左右的交流电压，则在转辙机的一侧有开路故障。接着在转辙机内的插接器(CJQ)上测量 C1、C3 电压，若有 110 V 左右的交流电压，则故障点在转辙机内，否则故障为电缆盒到转辙机的引线开路(可以先不测量 CJQ 上的端子，当判断出电缆盒引线故障后，再拔下插头测量)。

(2) 设故障在转辙机内部。万用表一表笔固定在电缆盒 HZ3 上不动，另一表笔从 X1 开始，沿内部定位表示电路逐点测量，电压从有到无之间为故障点。

### 4. 相关注意事项

(1) 采用步进测量法进行故障点查找时，可以采用取中间点(即"中分法")来测量，不必拘泥于逐点步进，以便快速地找到故障点。

(2) 应根据电路结构情况进行测量。如果开路点之间有电压，用步进测量法已判断出可能的开路点后，通常可以再次测量两断点间的开路电压来加以确认，防止因万用表表笔线断或接触不良而造成误判。

(3) 用步进法测量时最好选择从"有电压"向"无电压"方向步进，这样可以及时发现测量错误的端子或万用表表笔接触不良等情况。

(4) 在测量转辙机内部表示电路故障时，要注意二极管前后电压的变化，二极管之前电压约为 110 V，经过二极管后电压降为 60 V 左右。这是由于测量点越过二极管后，相当于所测支路电阻减小，故所测电压会降低。具体测量电路如图 5-3 所示。

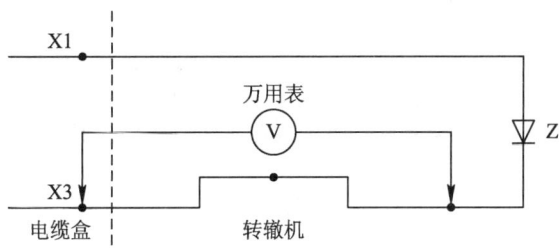

图 5-3　表示电压过二极管后的测量示意图

(5) 当两根平行连接线通过测量已经判断出某段之间开路时，确定故障点的方法的实质与步进测量法相同，由于初学者不容易理解，故这里补充介绍一下步进测量法的原理，其示意图如图 5-4 所示。

设两根连接线 A 和 B 一端接入了一个电源(如图 5-4 中左端接入了一交流 110 V

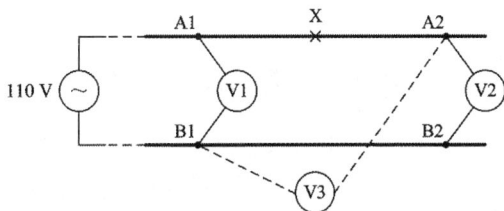

图 5-4　步进测量法的原理示意图

的電源)，如果測量出 A1、B1 點的電壓為 110 V(圖中 V1 所示)，測量出 A2、B2 點的電壓為 0 V(圖中 V2 所示)，則可判斷出開路點在 A1-B1 到 A2-B2 之間。這時如何判斷是 A 線斷了還是 B 線斷了呢？

現假設 A 線故障，測量方法如下：

將萬用表一表筆置於 B1 點不動，另一表筆置於 A2 點，則電壓表讀數應為 0(圖 5-4 中 V3 所示)。若 A 線完好，則 A2 點與 A1 點為等電位，即 V3 的讀數就應當等於 V1 的讀數。這裡將萬用表從測量 V1 時的方式轉為測量 V3 時的方式就相當於萬用表表筆從 A1 點步進到 A2 點。

### 5.1.4　反位無表示故障處理

反位無表示故障是指道岔在反位，且 2DQJ 的狀態是後接點接通，但道岔無反位表示，同時有擠岔報警現象，通過觀察發現 FBJ 沒有勵磁。

FBJ 勵磁電路所涉及的外線是 X2、X3 線，其電路故障的查找方法與定位時 DBJ 不勵磁情況完全相同，只是測量點不同，所以不再做詳細表述，讀者可自行對比學習。

FBJ 勵磁電路通路圖如圖 5-5 中的粗線所示。要注意的是：實際電路圖中的自動開閉器接點的通斷狀態是道岔在定位下的電路狀態，而道岔反位時，自動開閉器 2、4 閉合，即要明白圖中開閉器斷開的接點實際是接通狀態，相反，圖中開閉器接通的接點實際是斷開狀態。

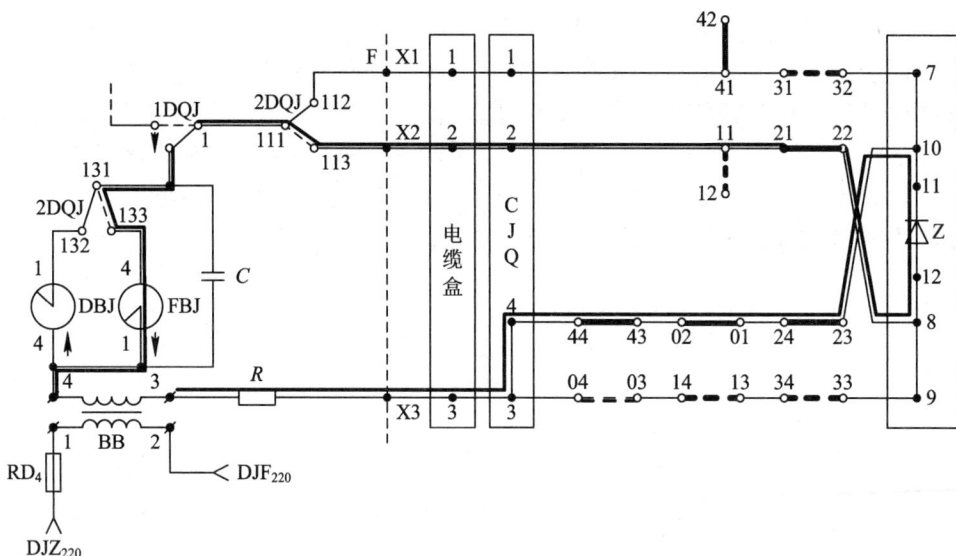

图 5-5　FBJ 励磁电路通路图

### 5.1.5　双机牵引道岔无表示故障处理举例

前面内容是以单动道岔单机表示电路故障为例介绍其处理方法的，下面我们介绍双机牵引道岔无表示故障的处理思路。无论是双动道岔还是多机牵引的道岔，由于它们的表示电路基本原理是相同的，都是将各转辙机的表示接点条件串联构成表示电路，所以，它们的电路故障处理方法也相同。这里虽举一例，读者完全可以举一反三。

**1. 故障情况描述**

某 ZD6 双机牵引的道岔反位时无表示。故障原因是主、副机间的 2 线电缆断线。

**2. 分析、查找故障**

(1) 来回操纵道岔进行转换试验，同时注意观察电流表读数变化和表示灯显示情况。试验结果是道岔定、反位转换正常，定位表示也正常。由此可断定电机动作电路正常，且定、反位表示电路的公共部分也正常，故障点在仅影响反位表示的电路部分。

(2) 在分线盘上测量 X2、X3 间的交流电压，结果为 110V。由此可判断开路点在室外。而且，可以依据道岔控制电路工作原理将故障范围确定在分线盘 X2 到室外 B 机电缆盒 HD8 之间(如图 5-6 中双线段所示)。

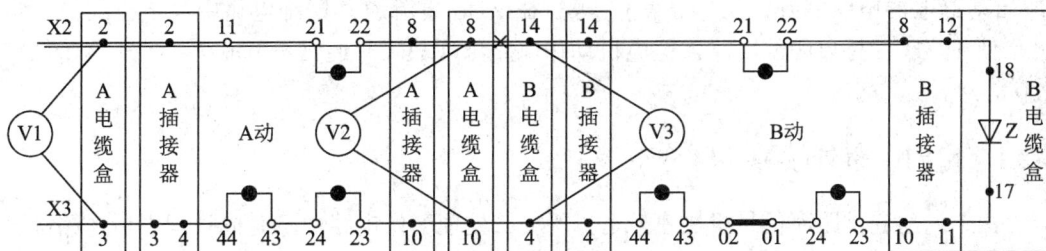

图 5-6　ZD6 双机牵引道岔反位表示电路故障示意图

(3) 到室外打开 A 机电缆盒，测量 HZ2、HZ3 电压(如图 5-6 中 V1 所示)，结果为 110 V。接着测量 HZ8、HZ10 电压(如图 5-6 中 V2 所示)，也有 110 V 电压。说明故障点不在 A 机内。

(4) 打开 B 机电缆盒，测量 HZ4、HZ14 电压(如图 5-6 中 V3 所示)，发现电压为 0 V。那么，再根据前面的分析，即可判定 A 机 HZ8 与 B 机 HZ14 之间的电缆开路。

(5) 为进一步确定故障点，可以借用两电缆盒间的备用芯线加以验证。先将备用芯线在 A 机电缆盒中接入 HZ10 端子，在 B 机电缆盒内借备用芯线分别测量 HZ4 和 HZ14 电压，均应无电压；然后再将备用芯线接入 A 机电缆盒 HZ8 端子上，在 B 机电缆盒内借备用芯线分别测量 HZ4 和 HZ14 电压，均应有电压。

**3. 故障处理**

首先将刚才借用的备用电缆芯线在 A 机电缆盒内接在 HZ8 端子上，在 B 机电缆盒内接在 HZ14 上。然后让室内人员进行操纵道岔试验，以确认故障是否修复。

## 5.2　电机动作电路故障处理

当道岔表现为启动电路故障时，总的现象是道岔不转换。造成道岔不能转换的原因有可能是 1DQJ 不励磁或 2DQJ 不转极等情况。是哪一级电路故障在控制台上操纵道岔试验时通过观察相关继电器的动作等情况是很容易判断出来的。

假设道岔原在定位，在向反位单独操纵道岔时，可能出现的现象如下：

(1) 若道岔定位表示绿灯不灭，说明 1DQJ 不吸起。

(2) 若道岔定位表示绿灯熄灭，但松开单独操纵按钮后又恢复定位表示，则说明 1DQJ 能正常吸起，但 2DQJ 没转极。

(3) 若定位表示绿灯熄灭，松开单独操纵按钮后不恢复定位表示，但控制台电流表不动作，说明 1DQJ 可吸起，且 2DQJ 也已转极落下，表明电机动作电路故障。

(4) 若定位表示绿灯熄灭，松开单独操纵按钮后不恢复定位表示，但控制台电流表的读数先为 3 A 左右，然后下降为 1 A 左右后又上升为 2.8 A 左右，说明 1DQJ 吸起，2DQJ 转极，启动电路正常接通，但因道岔受阻不能转换到底。

这里我们只讨论电机动作电路故障的处理方法，上述的其他类故障的处理可参看后面的提速道岔故障处理部分的内容。

电机动作电路故障是指操纵道岔时电机不能转动(道岔不转换)，但 2DQJ 已正常转极(即启动继电器电路完好，工作正常)。虽然在 ZD6 直流道岔控制电路中，电机动作电路也是使 1DQJ 保持自闭的电路，但电机动作电路出现故障时通常不称其为 1DQJ 自闭电路故障。

### 5.2.1　室内、室外故障的区分

由于道岔通常距离信号机械室较远，所以在处理动作电路故障时同处理表示电路故障时的情形一样，首先要区分出故障的范围是在室内还是室外，以避免影响故障处理的效率。通常的判别方法是在分线盘上通过测量动作电源看能否送出电压信号为依据。

道岔中的电机动作电源(有的称其为启动电源，但为了不与启动继电器电路中的电源产生误解，这里称之为电机动作电源)是在 1DQJ 吸起、2DQJ 转极后送出的，如果动作电路在室外开路，则其电源送出电压的时间很短(它取决于 1DQJ 缓放时间)。因此，若想在分线盘上通过测试动作电源电压的有无来判断是室内还是室外故障，应提前做好准备工作，即应将万用表挡置于直流 250 V 挡，表笔事先放在要测试的端子上，再办理道岔转换操作。

当操纵道岔由定位转向反位时，测量 X2(+)与 X4(−)间电压；当道岔由反位转向定位时，测量 X1(+)与 X4(−)间电压。若万用表表针有较大幅度摆动，则说明为道岔室外启动电路故障，否则为室内控制电路故障或室外短路故障。

另外，在道岔电缆盒里，为判别电缆是否完好，也可以同在分线盘上测量动作电压的方法进行试验。在定位转换时，在 HZ1、HZ5 上测量；反位转换时，在 HZ2、HZ5 上测量。注意，动作电源是直流 220 V，在测量时要注意万用表表挡及表笔放置正确，不然有可能损坏万用表。

### 5.2.2　表示电源的借入

在上面的表述中可以看出，查找电机动作电路故障时，如果采用测量动作电源有无的方法来查找故障点，每测量一次都要来回操纵道岔两次(试验一次之后，还需将道岔再回转)，其麻烦不说，主要是影响故障处理的效率。更方便更有效的方法或手段就是将表示电源想办法借入到电机动作电路中来，因为表示电源是不间断的，这样在测量时就不用频繁

地操纵道岔了。

我们知道道岔的位置状态与 2DQJ 的状态正常情况下是保持一致的，即道岔实际在定位时，2DQJ 处于吸起(前接闭合)状态；而实际道岔在反位时，2DQJ 处于落下(后接闭合)状态。如果说道岔故障是在电机动作电路部分，则意味着单操道岔时尽管道岔不动，但 2DQJ 可正常转极。由此，对照道岔控制电路图不难发现，假设 2DQJ 的状态与道岔实际位置不一致时(即道岔在定位，2DQJ 落下；道岔在反位，2DQJ 吸起)，则表示电源通过 2DQJ 接点和 1DQJ 落下接点送入到了电机动作电路中。

表示电源流入反位动作电路示意图如图 5-7 所示。假设道岔在定位(设自动开闭器 1、3 排闭合为定位)，若将 2DQJ 反位打落，则表示电源就被接入到了电机反位转换的电路中(图中粗线所示)。

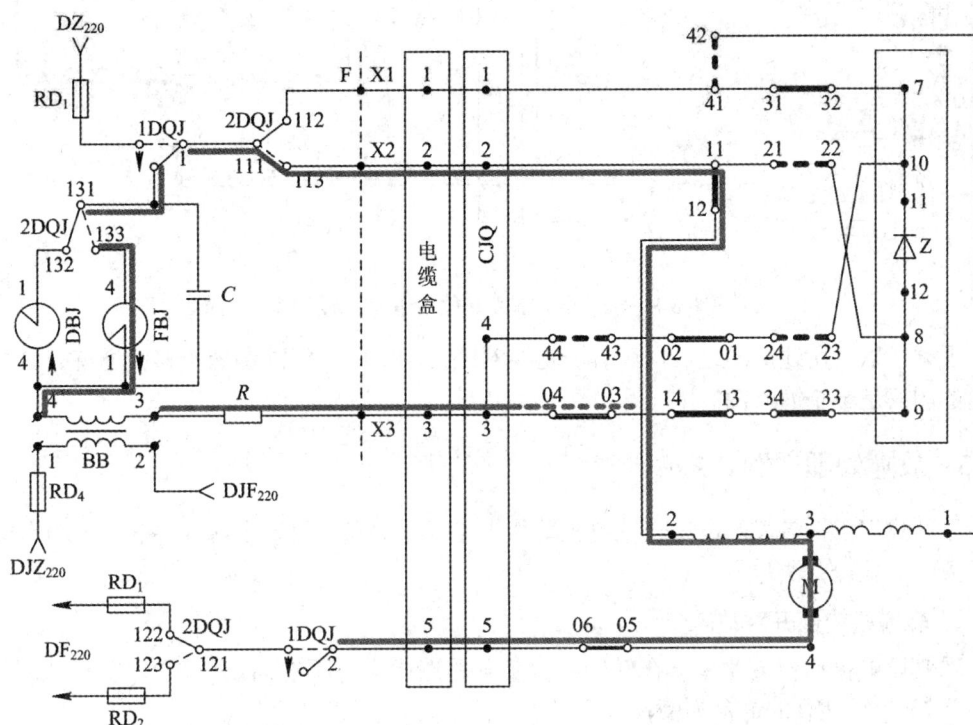

图 5-7　表示电源流入反位动作电路示意图

如果我们要查找道岔向反位转换时的电路故障，可以先将道岔向反位单独操纵，使 2DQJ 转极落下，再借 X3 线上的表示电源，沿 X2 线步进测量电压，则可以判断电路在电压由 110V 变为 0 V 时的两端子之间是否开路。但是由于表示电源在此不能构成回路，所以在两开路点之间不能测量到电压，即无法用"断点电压"来确认故障点。因此，在确定故障点时要排除其他情况造成的无电压现象，如表笔线断、表笔接触不良或测错端子等。这一点必须要牢记。

如图 5-8 粗线所示为表示电源流入定位动作电路的示意图。

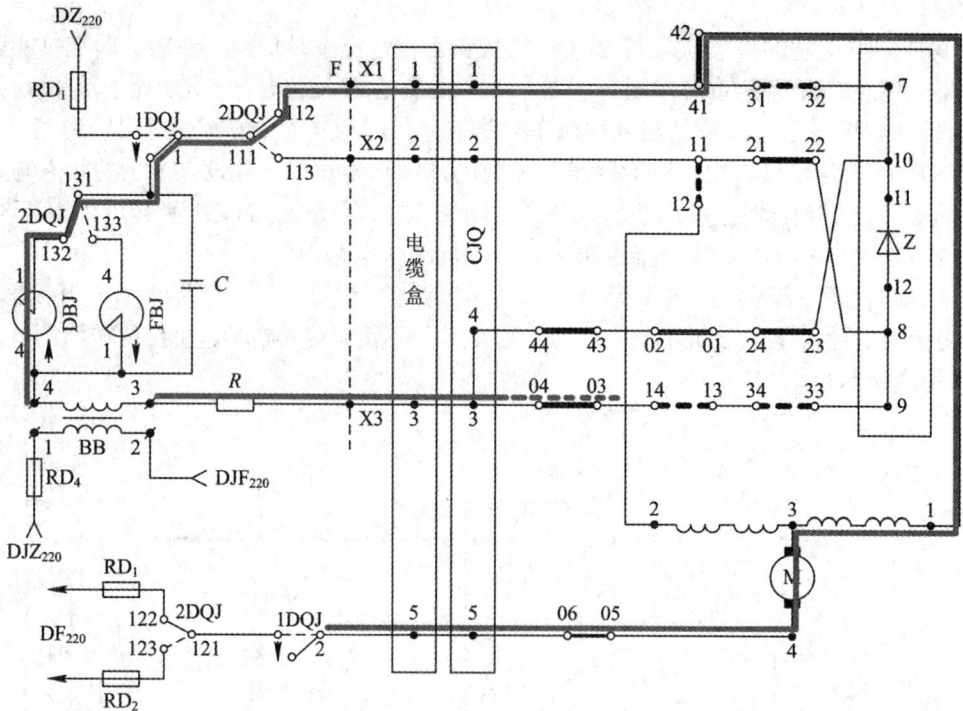

图 5-8　表示电源流入定位动作电路示意图

理解了以上所述原理之后，读者一定要对照控制电路的标准图做电路跑通练习。上面所给的图只是一个简略图。

### 5.2.3　故障处理举例

下面我们依据借表示电源查找电机动作电路开路故障的思路，举例讲解电机动作电路常见故障的处理方法。

#### 1. 转辙机内部开路故障

现假设电机动作电路由于在转辙机内部开路造成道岔不能向反位转换(以定位时自动开闭器 1、3 排闭合的道岔为例)。

在分盘上通过试验测量发现动作电源能正常送出，可判断为故障在室外(前面已表述)。

接下来的处理过程如下：

(1) 维修人员到达道岔所在位置，打开电缆盒，观察、确定道岔的实际位置(自动开闭器的状态)是否在定位状态。

(2) 通知室内人员将道岔向反位单独操纵，同时在电缆盒上测量 HZ2 和 HZ4 之间电压，并查看动作电源能否送到电缆盒上(若能检测到动作电源，表明其前的电路完好；若不能检测到动作电源，则表明 2、4 线电缆有开路或短路故障)。试验证明电缆完好之后，立即通知室内人员将电路保持现在的状态不变(即道岔实际在定位，而 2DQJ 处于落下状态)。这样做的目的就是将表示电源借入到反位动作电路中来。

(3) 用万用表在电缆盒的 HZ2、HZ3 上测量电压,以确定室内的表示电源已正常送到电缆盒中。注意,这时的电压不再是直流 220 V 的动作电源,而是交流 110 V 的表示电源,所以测量时要注意选对万用表的挡位。

(4) 现假设开路故障点在遮断器 05-06 处(即遮断器断开),其查找方法具体表述如下(对照图 5-7 所示的粗线部分理解):

① (在确定 HZ2、HZ3 上有 110 V 电压之后)测试 HZ3、HZ5 的电压,确认电压为 0 V(表明开路点确实在转辙机内部;若有 110 V 的电压,则表明 X4 线向室内去的通路断线)。

② 将万用表一表笔置于电缆盒端子 3 上不动,另一表笔依次步进测量自动开闭器 11→自动开闭器 12→电机端子 2→电机端子 3→电机端子 4→遮断开关 05 的电压,这个过程中始终应有 110 V 电压。接下来测试遮断开关 06 的电压,若电压变为 0 V 则表明遮断器 05-06 为开路点。

这里就上述故障查找的过程做几点说明:

(1) 在查找过程中没有测量 CJQ 上的端子,是因为通常插板上的端子是用蜡封死的,若要测量需要拔出插板。如果测量过程中发现 CJQ 端子松动等原因造成开路,则需拔下插头进行检查。

(2) 在查找过程中也没有测量换向器炭刷接点,这是因为对炭刷的测量不太方便,所以通常先跳开,如果确定是电机 3-4 端子间开路,则再打开炭刷盖检查即可。换向器炭刷的连接方式是:站在电机端,面对转辙机,电机端子 3 接电机右侧的炭刷,端子 4 接电机左侧炭刷(左侧炭刷的位置偏下方)。

(3) 如果在测量过程中怀疑电机线圈开路(比如转辙机反位启动线圈 2-3 断线),可以拔下 CJQ,用测量其线圈电阻的方法来确定电机线圈是否开路。

(4) 上面表述的故障查找过程是按顺序逐点步进的,但在实际中可采取"中分法"。比如,可以先测量电机端子 2(这个点差不多在故障电路部分的中间位置),若发现有电压,则表明点之前部分的电路正常;然后第二个测量点可选遮断开关 05,若有电,再测量遮断开关 06;若无电,就找到了故障点。尤其是对那些比较长的电路(如 6502 的网络线电路),就更显示出"中分法"的优势。

(5) 启动电路故障一般是在操纵道岔过程中发生的,因此室外道岔很可能处在四开位置,会造成道岔既无表示又无法转换的情况。此时,不要去分析共性问题,应按道岔电机电路故障方法去处理,即要首先确定故障在室内还是在室外。当判定故障在室外后,按室外故障处理方法进行处理即可。

### 2. 室内电路部分开路故障

电机动作电路对于室内电路部分来讲,可将其粗略地分为两个部分来考虑(以定位向反位转换道岔为例):一是电源接入电路(如图 5-9 所示的双线部分);二是 1DQJ 的第 1、2 组接点去分线盘电路(如图 5-9 所示的粗线部分)。

(1) 电源接入电路。由电路可知电机动作电源($DZ_{220}$ 和 $DF_{220}$)在到达 1DQJ 的第 1、2 组接点之前,其线路上一直有电,因此,可以直接在 1DQJ23 端子上借电查找 $DZ_{220}$ 至 1DQJ13 电路部分;同样可以在 1DQJ13 端子上借电查找 $DF_{220}$ 至 1DQJ23 电路部分。这不需要操纵道岔就可测量,但要注意的是,必须将 2DQJ 置于反位打落状态,唯有这样接入的才是给反位转换的负电源。

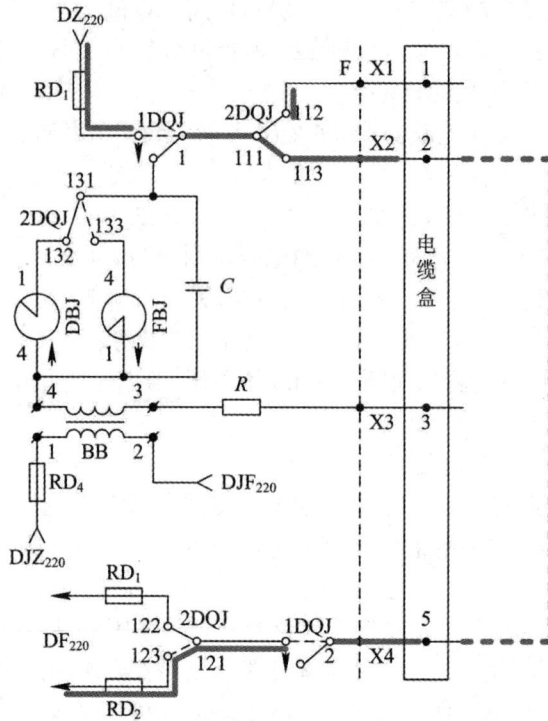

图 5-9　反位转换动作电路室内部分电路

(2) 1DQJ 的第 1、2 组接点去分线盘电路。此部分电路故障的查找方法也是借助于表示电源(当然也可采用测量动作电源的方法查找，只是不够便捷)，即在组合侧面去 X3 线的端子 05-17(具体端子以电路施工图为准)上借助表示电源分别进行测量查找即可，具体过程不再详细描述了。

## 5.3　控制电路短路故障处理

前面我们主要介绍了 ZD6 道岔控制电路(表示电路和电机电路)的开路故障分析、处理方法，下面将简要讲述其短路、混线及错线等情况下的故障处理方法。对短路故障的处理方法与手段相对比较多样，也比较复杂，这里不可能做到详尽讲述。读者要注意体会，从所列举的典型例子中提炼出其共性的东西，力争做到举一反三。

### 5.3.1　表示电路短路故障

在表示电路中，除表示继电器线圈自身 1000 Ω 的电阻外，另外还串接了一个 750 Ω 的电阻，所以表示电路于室外短路时是不会烧断 0.5 A 的表示熔断器 $RD_4$ 的。

现假设道岔在定位，以表示电路在电缆盒至转辙机内部之间有短路故障为例(即定位表示继电器 DBJ 不励磁)具体分析其故障的查找方法。其方法的思路可简单总结为"开路法"，就是将怀疑有故障的电路部分从总电路中甩开，即人为造成电路开路，再通过电压的变化情况来分析故障点的位置。

比如，开始在室内分线盘上测 X1、X3 间的表示电压接近 0 V(电压比正常时偏小)，甩开 X1 或 X3 外线电缆之后，若发现有 110 V 交流电压，则可断定为室外短路。然后到室外，先在电缆盒 HZ1、HZ3 端子上测量电压，电压为 0 V，拔掉插接器后电压回到 110 V(即将转辙机内部电路甩开)，则可判定短路点在转辙机内。若拔掉插接器后，HZ1、HZ3 电压乃为 0 V，则表明电缆或电缆盒至插接器的导线，或插接器和插头(或插座)1、3 端子之间短路。

假设现已判定短路点在转辙机内部，其接下来的测量过程如下(对照图 5-10 所示定位表示继电器电路室外部分中的粗线部分理解下面的过程)：

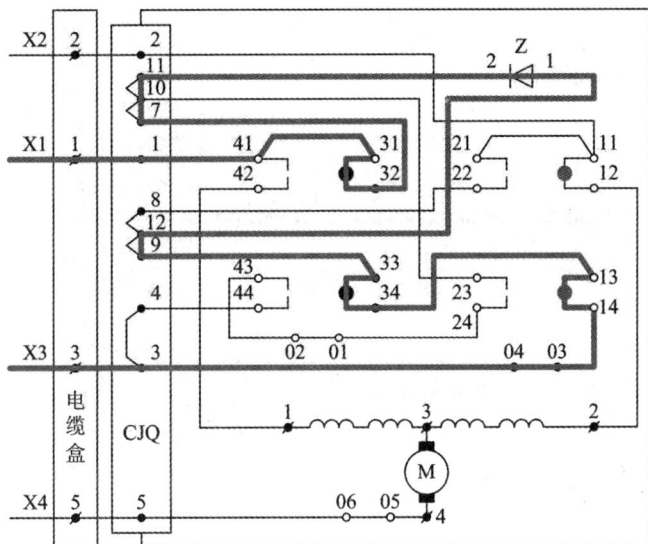

图 5-10 定位表示继电器电路室外部分

切记，在下面的操作过程中万用表两只表笔分别放在 HZ1、HZ3 上不动。

(1) 插好插接器，断开自动开闭器 41。

① 若出现交流 110 V 电压，说明 X1 至开闭器 41 之间与 X3 无短路。

② 若不出现交流 110 V 电压，说明 X1 至开闭器 41 之间与 X3 存在短路。

(2) 断开 31-32 接点。

① 若出现交流 110 V 电压，说明 X1 至 31 与 X3 之间无短路。

② 若不出现交流 110 V 电压，说明 41 至 31 之间与 X3 存在短路。

(3) 断开移位接触器 03-04。

① 若出现交流 110 V 电压，说明 X3 至 04 之间与 X1 之间无短路。

② 若不出现交流 110 V 电压，说明 X3 至 04 之间与 X1 存在短路。

(4) 断开 33-34 接点。

① 若出现交流 110 V 电压，说明 X3 至 34 之间与 X1 不存在短路。

② 若不出现交流 110 V 电压，说明 X3 至 34 之间与 X1 存在短路。

其他的电路部分可依照上面的思路逐步断开，直到发现故障位置。

但是，如果短路的故障位置是在定、反位表示电路的公共部分，即二极管支路被短路了，那么，在上面的操作过程中是判断不出来的。也就是说在依据上述手段逐点断开自动开闭器各接点后，并未发现故障位置，那么，就说明定、反位表示电路的共用部分 (如图 5-11 所示定位表示继电器电路室外部分简略图的双线部分)出现了短路，这时，就要采用下列步骤和方法做进一步判断。

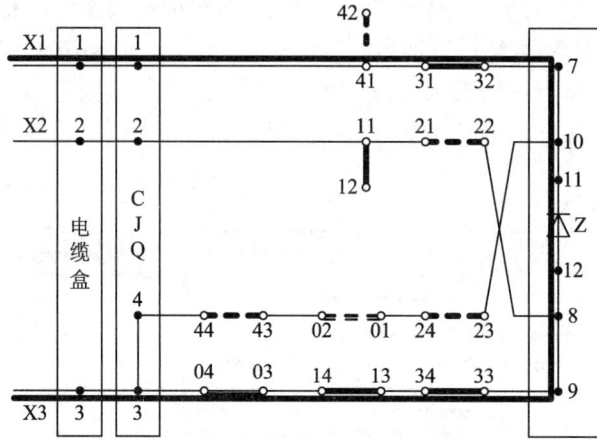

图 5-11　定位表示继电器电路室外部分简略图

(1) 断开插接器。

(2) 将万用表置于 R × 1 k 或 R × 10 k 电阻挡位。

(3) 分别测量插接器插头中的 7 与 8、9、12 或 10 与 8、9、12 或 11 与 8、9、12 之间的电阻。电阻为 0 的两点之间即为短路点。

**注意：**

(1) 上述现象，仅适用于常规的短路故障，若存在双端接地等问题，不一定能查出，因为断开插接器后，已将表示电路分成了几个部分，可能已经测不到电压了。

(2) 上述方法不适用于错线故障的查找。对于错线故障，应当另行分析。

(3) 当用电阻挡测量插座的 11 与 12 的电阻时，若阻值较小，则应交换表笔极性后再测量。若阻值仍然较小，说明二极管性能不良；若阻值大，说明二极管单向导电性良好。

### 5.3.2　外线电缆混线故障

混线或错线故障通常会表现出不同于短路或开路时的现象，比较杂乱，也没有什么规律可循。这类故障一般发生在新开通的车站，或道岔刚施工之后。要想对混线故障做出比较准确的判断，需要对道岔控制电路及其工作原理非常熟悉才能做到。

下面将列举几种混线故障，并简述其处理过程。

**1. X1 与 X2 相混故障**

1) 故障现象

在道岔由定位转向反位时，道岔启动后刚解锁，反位 $DF_{220}$ 的熔断器 $RD_2$ 就熔断了，道岔停在四开位置，道岔无表示并报警。

2) 分析判断

若 X1 与 X2 相混(如图 5-12 所示)，在道岔向反位启动时，2DQJ 转极落下，接通反位启动电路(电流正常流入定子绕组的 2-3 中)；道岔解锁，即自动开闭器接点 41-42 闭合后，X2 中的 $DZ_{220}$ 电源经短路点串入 X1 线，由自动开闭器接点 41-42 接到电机 1 端子。也就是说，此时电机定子绕组的 1-3 和 2-3 中同时有电流流入(一个是电机的反转励磁电流，一个是电机的正转励磁电流)，这两电流大小基本相等，于是电机转子不能转动。由于电机的停转，无反向感生电动势，故线圈中的电流突然增大，最后使 DF 端的 $RD_2$ 熔断(因它的熔断值是 5 A，小于 DZ 端 $RD_1$ 的 6 A，故先熔断)。

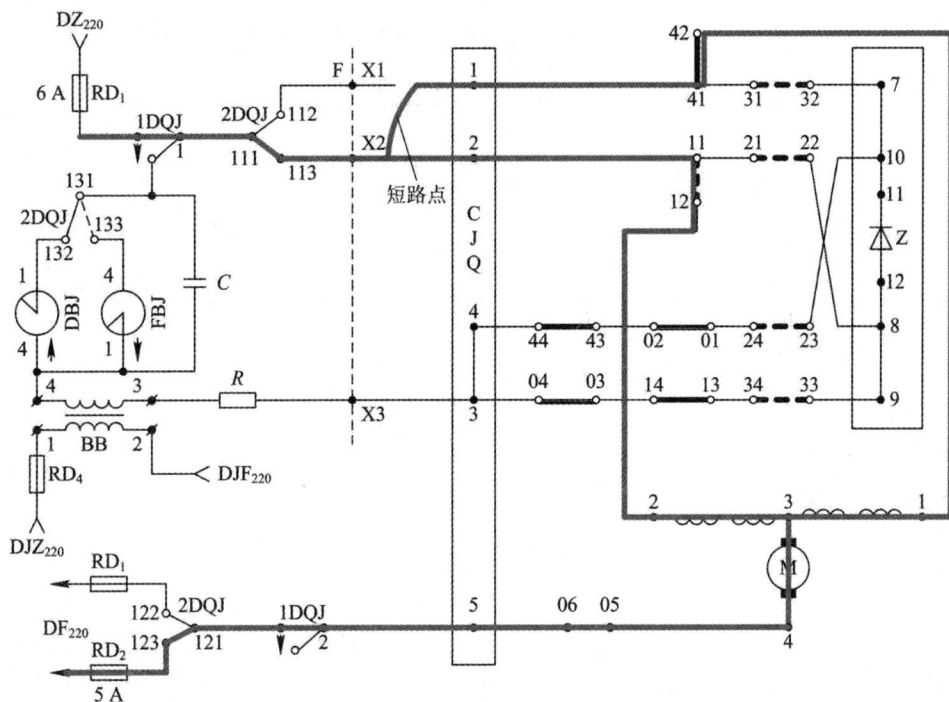

图 5-12　X1 与 X2 相混后的电流通路示意图

### 2. X1 与 X3 相混故障

#### 1) 故障现象

道岔原在定位，无位置表示信息，在向反位操纵道岔转换到位之后，却在反位密贴处来回窜动，也无道岔位置表示并报警。

#### 2) 分析判断

道岔由定位转换到反位之后，开闭器断开第 1、3 排接点接通第 2、4 排接点，但因 1DQJ 缓放，启动电路尚未断开。如果 X1 与 X3 相混(如图 5-13 中粗线所示)，从而使 $DZ_{220}$ 电源经过开闭器 11→21-22→二极管正极→开闭器 23-24→遮断器 01-02→开闭器 43-44→CJQ4-3→X3→X1→开闭器 41-42→电机 1、3、4→遮断器 05-06→X4→$DF_{220}$(对照图中的粗线路径理解)，这样又接通了电机定位转动电路，使道岔向定位转动。于是，开闭器第 2 排接点断开(切断了定位转换电路)，但因第 1 排接点乃在接通状态，所以它又接通了反位动作电路，重新又使道岔向反位转换。如此循环，便出现了道岔来回窜动的现象。

若道岔原在反位，表示正常，在向定位操纵时，能正常转换但无定位表示。接着再向反位操纵道岔后，则又会出现上述现象。

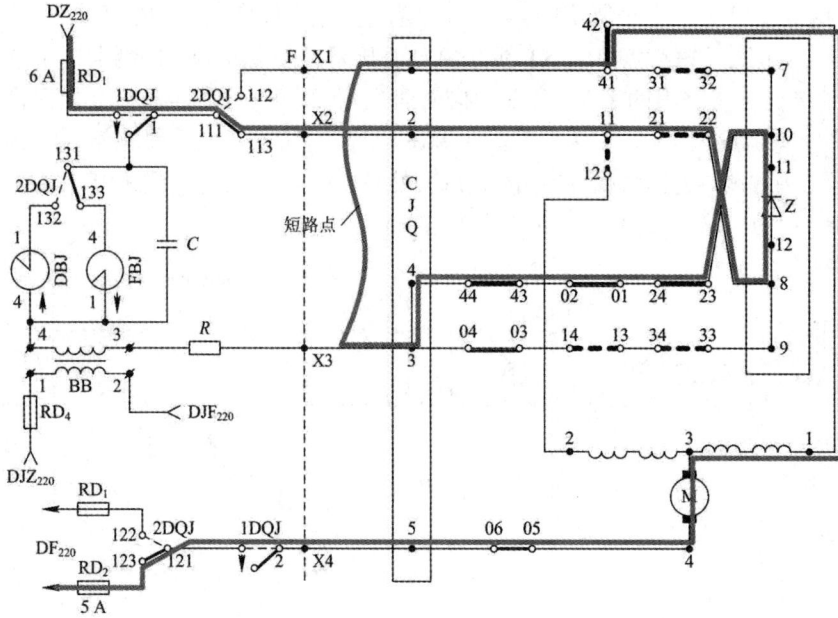

图 5-13　X1 与 X3 相混后的电流通路示意图

## 3. X2 与 X3 相混故障

### 1) 故障现象

道岔原在定位，表示正常，在向反位操纵道岔时，道岔也能正常转换，但无反位表示。

### 2) 分析判断

由于 X2 与 X3 就是反位表示电路的外线，所以当两者相混线时其实质就是将反位表示电源短路，从而造成反位无表示(如图 5-14 所示)。但 X2 与 X3 相混并不影响电机动作电路，这是因为 X3 仅是表示回线，且 X3 与二极管负极相连，所以 $DZ_{220}$ 因被二极管所阻拦，电流不会流入到电机线圈中，也因此不会出现 X1 与 X3 相混时的故障现象。

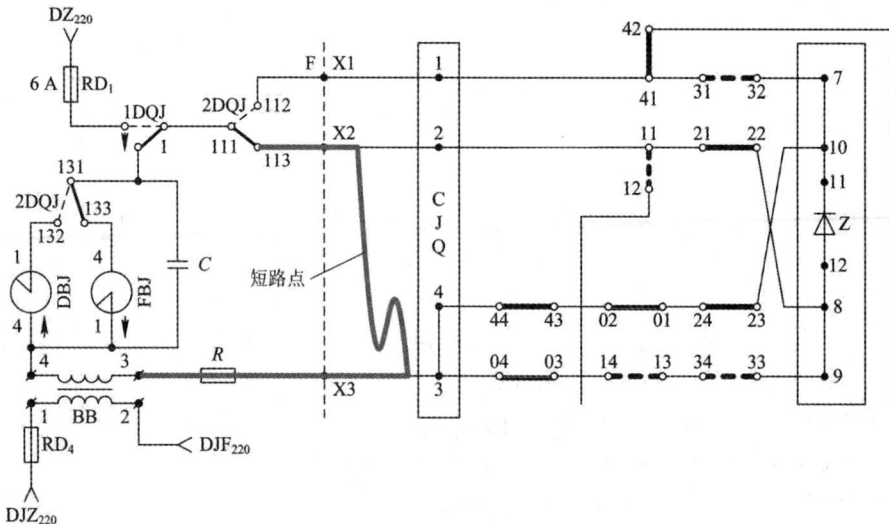

图 5-14　X2 与 X3 相混后的电流通路示意图

### 4. X1 与 X4 相混故障

#### 1) 故障现象

道岔原在定位，有定位表示，但在向反位操纵道岔时，先后熔断定、反位的 $DF_{220}$ 熔断器 $RD_1$ 和 $RD_2$，道岔不能完成转换，也一直无位置表示。

#### 2) 分析判断

(1) 在道岔由定位向反位操纵转换时，就在 1DQJ 吸起，2DQJ 尚未转极的瞬间(即 1DQJ 前接点闭合，2DQJ 前接点也还在闭合状态时)，由于 X1 与 X4 混线，便将 $DZ_{220}$ 和 $DF_{220}$ 电源短路，使熔断器 RD1 烧毁(第一次的电路通路)。图 5-15 标注有"2DQJ 转极前电流"的电路部分为混线时的第一条通路。

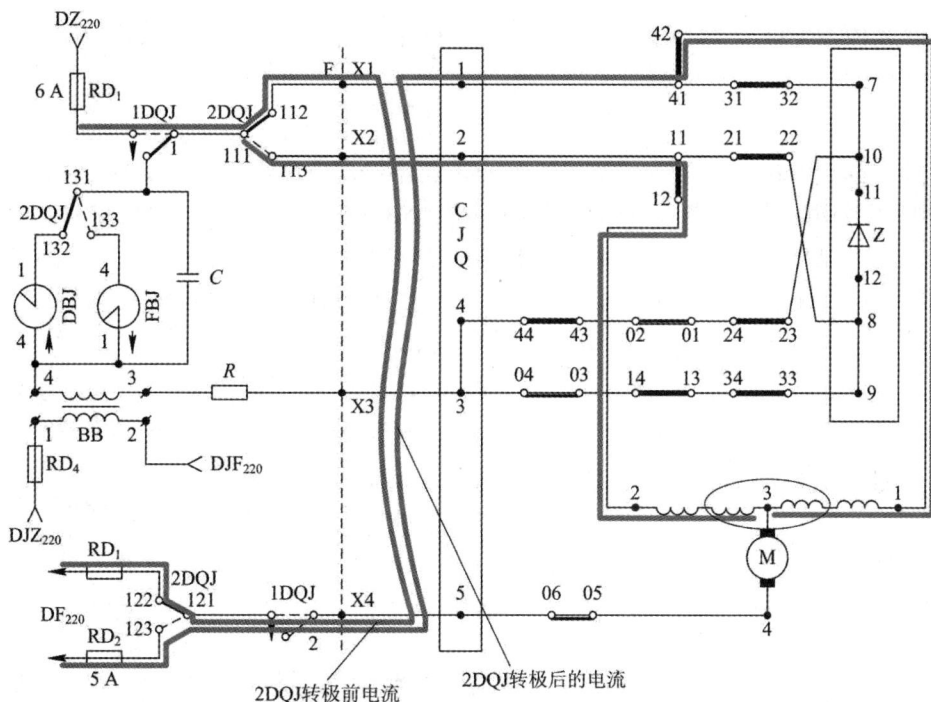

图 5-15　X1 与 X4 相混后的电流通路示意图

(2) 等到 2DQJ 转极之后，$DZ_{220}$ 正常地经过 X2 给电机供电，道岔动作。但当道岔刚刚定位解锁，即第 4 排接点接通时，$DZ_{220}$ 电源由 X4 混入 X1 后，再经自动开闭器 41-42 直接接到电机定子线圈 1、3 上。这时 $DZ_{220}$ 和 $DZ_{220}$ 电源就在电机 3 端子处造成短接(图中椭圆线框所示的区域)，于是电源电流突然增大，从而又将熔断器 $RD_2$ 烧毁(图 5-15 标注有"2DQJ 转极后的电流"的电路部分为混线时的第二条通路)。

经过以上的两个过程后，道岔停止转换，停在四开位，造成定、反位均无表示的现象。

若道岔原在反位，在向定位操纵时，2DQJ 一旦转极，便直接将 $DZ_{220}$、$DF_{220}$ 电源短路，熔断定位的 $DF_{220}$ 熔断器 $RD_1$，造成道岔不能启动，且无位置表示信息。

### 5. X2 与 X4 相混故障

#### 1) 故障现象

若道岔原在定位，当向反位操纵时，2DQJ 一旦转极之后，便直接使反位的 $DF_{220}$ 熔断器熔断，道岔不能动作，也无位置表示信息。

若道岔原在反位，当向定位操纵时，1DQJ 一旦吸起，便直接使反位的 $DF_{220}$ 熔断器先熔断。等 2DQJ 完成转极之后，道岔刚一启动，使定位的 $DF_{220}$ 熔断器也熔断，仍无位置表示信息。

2) 分析判断

X2 于 X4 相混与 X1 与 X4 相混的情况相似，读者可参照图 5-15 自行分析判断，这里不再细说。

### 6. X3 与 X4 相混故障

1) 故障现象

设道岔原在定位，当向反位操纵道岔时，道岔能正常转换，且反位表示也正常，但是 $DF_{220}$ 电源上的熔断器 $RD_2$ 却熔断了。

2) 分析判断

当道岔向反位转换完毕后(自动开闭器的第 2、4 排接点已经接通)，虽然反位启动电路被自动开闭器切断了，但就在 1DQJ 的缓放期间 X3 与 X4 混线，X2 的 $DZ_{220}$ 经开闭器 11→21-22→二极管正极→开闭器 23-24—43-44→CJQ4-3→X3→X4→$DF_{220}$ 接通，即将 $DZ_{220}$ 和 $DF_{220}$ 短路，熔断反位熔断器 $RD_2$。其电流通路如图 5-16 中粗线部分所示。

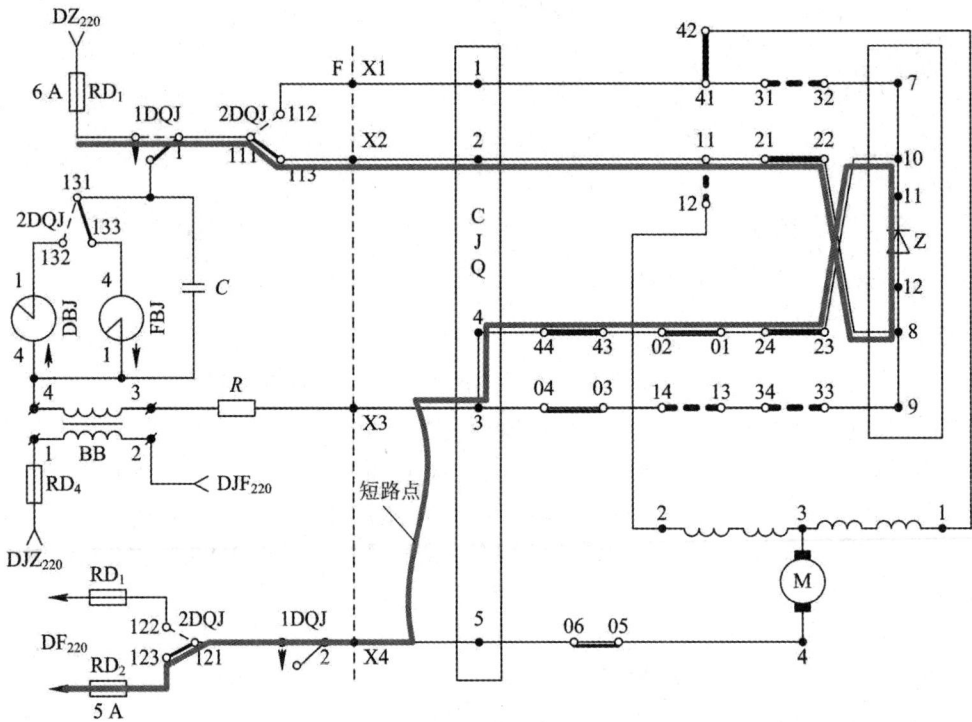

图 5-16 X3 与 X4 相混后的电流通路示意图

如果道岔原在反位，能正常转换到定位，但当再次向反位操纵时，就出现上述现象。道岔被操纵至定位时，尽管 X3 与 X4 相混，但由于 $DZ_{220}$、$DF_{220}$ 被二极管反向阻断，所以不能熔断定位熔断器 $RD_1$。

注：以上所列举的故障现象均是在假设两线完全短路的情况下。如果混线不完全造成短路(即有一定的短路电阻)，或因电缆较长且短路点又较远，即其回路中的电阻比较大时，可能不会熔断室内熔断器，但控制台电流表的读数会变得较大。

## 5.4　表示电路出现特殊故障时的参数分析

这里所说的特殊地点故障，主要是指表示电路中诸如二极管击穿、短路，或电容器击穿、烧毁，以及继电器线包断线和电机绕组开路等情况，总的来说还是属于表示电路部分的故障。但由于这些对象的故障主要是通过对其相关的电气参数变化情况加以判断的，所以归集为一类情况来讲述。

这些故障的分析开始都是在分线盘上通过测量 X1 和 X3(反位时测量 X2 和 X3)间的电压发现不正常时再去做进一步判断的。因此先弄清或理解当上述各种故障出现时，在分线盘上测得的这些参数的含义是什么，或明白当某一对象故障后其参数将会如何变化等问题是其关键所在。所以，本节的重点内容就是研究其电压的变化原因。只有理解了这一点，在处理故障时思路就会更开放。

在四线制道岔控制电路中，表示电路在正常或故障情况下会表现出不同的参数与之对应，但是在对这些参数进行测量时，可能因所用仪表的类型不同而会不同，但如果我们能理解其造成不同的原因，就不会被其所迷惑。在设备都正常的情况下，用 MF-14 型万用表在分线盘上测量 X1 和 X3(反位时测量 X2 和 X3)间的电压，交流电压应为 70 V 左右，直流电压应为 60 V 左右(表示继电器可正常吸起)。

在下面的分析中都是假定各元件为理想型的，即电源功率为无限大，其正弦波无畸变，表示变压器的漏抗及内阻均为零等。

### 5.4.1　电容器短路时的参数分析

电容器 $C$ 短路时，其表示电路的等效电路如图 5-17 所示。

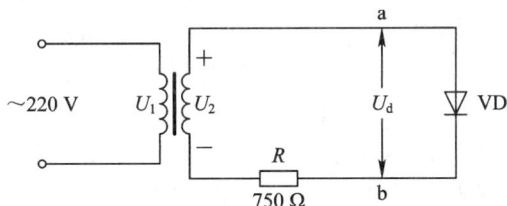

图 5-17　表示电路电容短路时的等效电路

由于二极管的单向导电性，当 $U_2$ 的极性是上"−"下"+"时其截止，故 $U_d = U_2 = 110$ V；当 $U_2$ 的极性是上"+"下"−"时二极管导通，其交流电压 $U_d = 0$ V。由此可知，此时若在二极管两端测量交流电压，其值约为 $U_2$ 的一半，即 55 V 左右。

又由电工知识可知，加在二极管间的电压平均值与有效值的关系为

$$U_O = \frac{1}{2\pi} \int_0^\pi \sqrt{2}U \sin \omega t \mathrm{d}(\omega t) = \frac{\sqrt{2}}{\pi}U = 0.45U$$

故得

　　　　$U_d = 0.45U_2 = 0.45 \times 110 = 49.5$ V(相当于用直流表所测得的直流电压值)

其中 $U_O$ 为电压平均值，$U$ 为有效值。

　　也就是说，当表示电路出现电容器短路故障时，在分线盘上所测得的电压值约为交流 60 V(事实上由于二极管的非理想性，加上电缆电阻的存在，二极管正向时实际电压比理论值要高，但比正常值低)，直流电压为 50 V 左右(因电缆电阻的影响可能有些差别)。

## 5.4.2　继电器线圈开路时的参数分析

　　当继电器线圈断线后，其表示电路的等效电路如图 5-18 所示。

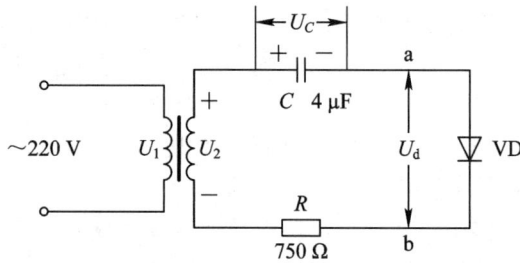

图 5-18　表示电路继电器线圈开路时的等效电路

　　在 $U_2$ 的极性为正半周时(即图中上"+"下"−")，二极管导通，同时电容器开始充电。由于 $C$ 及电阻 $R$ 较小，其充电速度很快($\tau = RC$)，故可以近似地看作 $U_2$ 达到最大值之后，电容 $C$ 即被充满电。当 $U_2$ 的负半周到来时，二极管截止，但此时由于电容 $C$ 没有放电回路，其电压值 $U_{cm}$ 近似地保持在 $U_2$ 的最大值，即

　　　　　　$U_{cm} = \sqrt{2}\, U_2 = 1.414 \times 110 = 154$ V

　　由于回路中无电流，在电阻 $R$ 与变压器线圈上无直流压降，故这时测得的直流电压大小为

　　　　　　$U_d = U_{cm} = 154$ V

　　由于有电容的存在，二极管两端相当加入了全波波形，而非半波，故由电工知识(即平均值与有效值的关系)可知，当在其两端测量交流电压时，其显示值的大小为

　　　　　　$U_d = 1.1 \times 154 = 170$ V

　　也就是说，当表示电路出现继电器线圈开路故障时，在分线盘上所测的电压值，交流约为 165 V，直流为 150 V 左右(因实际上有电缆电阻的影响)。

## 5.4.3　电容器开路时的参数分析

　　当表示电路中出现电容器开路(断线或失效)故障时，表示电路的等效电路如图 5-19 所示。

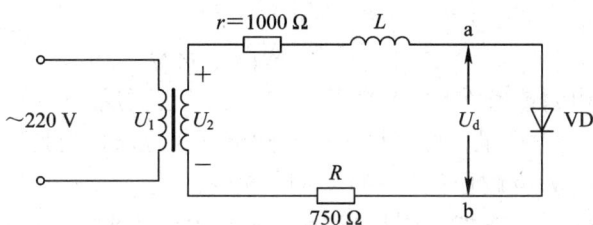

图 5-19　表示电路电容开路时的等效电路

在交流电路中继电器线圈相当于一个值为 $r$ 的电阻与一个电感 $L$ 相串联的感性元件。如果通过相关手册能查出继电器线圈在表示电路中所呈现出来的感抗的话，就可以通过计算推导出此时二极管两端的电压值。如果无法知道线圈的感抗 $X_L$，我们可以通过试验的方法倒推出来。

这里我们用试验的方式来倒推出线圈的感抗。

表示电路正常时，测得 $U_d$ 的交流电压为 10 V 左右，故加在二极管两端的全波电压 $U_{ab}$ 应为

$$U_{ab} = 2 \times 10 = 20 \text{ V}$$

其值的大小也相当于 $(r + R)$ 电阻上的电压有效值，即 $(U_r + U_R)$。

现设 $X_L$ 两端的交流电压为 $U_L$，电路中的电流为 $i$，则有

$$U_2^2 = (U_r + U_R)^2 + U_L^2$$

得

$$U_L^2 = U_2^2 - (U_r + U_R)^2 = 110^2 - 20^2 = 11700 \text{ V}$$

所以

$$U_L = \sqrt{11700} \approx 108 \text{ V}$$

又由

$$U_r + U_R = I(r + R) = 20$$

得

$$I = \frac{20}{r + R} = \frac{20}{1000 + 750} = \frac{2}{175}$$

而

$$X_L = \frac{U_L}{I} = 108 \times \frac{175}{2} = 9450 \text{ } \Omega$$

即得到继电器线圈的感抗。

通过实验的手段得到了继电器线圈的感抗，然后利用这个感抗值，就可计算出当电容器开路时，在分线盘上两表示线间的电压大小的理论值。

下面来讨论电容器开路时的电压变化情况。

当 $U_2$ 电源为负半周时，二极管截止。这时由于电路中电流突然为零，因继电器线圈(电感)电压不能突变，其反向电动势的大小约为 108 V(前面计算得到)，这时 $L$ 上的感生电压与电源 $U_2$ 反向叠加在二极管两端。

因为

$$U_{ab}^2 = 110^2 + 108^2 = 23764$$

所以

$$U_{ab} = \sqrt{23764} \approx 154\ \text{V}$$

这就是说，当 $U_2$ 电源转为负半周的瞬间，加在二极管上的反向电压最高可能达到 154 V。依据电工选择元件的一般要求，此二极管的反向耐压值应选择为其值的两倍，故在 ZD6 道岔控制电路中选择了反向耐压值为 300 V 的二极管。

**注**：在电源负半周时，二极管截止，即瞬态电路为开路状态，$R_L$ 电路中的电阻为无穷大，故其电路常数 $\tau(= L/\infty)$ 非常之小，之后电源又回到正半周，如此循环。就是说对 $U_{ab}$ 的具体计算过程比较复杂，这里不再讨论。

又由于 $U_d(U_{ab})$ 的有效值为 10 V，那么其直流电压值(平均值)为

$$0.9 \times 10 = 9\ \text{V}$$

也就是说，当在分线盘上所测(X1-X3 或 X2-X3)的表示电压为交流 10 V 左右或为直流 9 V 左右时(可能因电缆的电阻影响，实际值会比其值略高点)，则说明电容器支路断线或电容器烧坏。

### 5.4.4　正常状态下的参数分析

表示电路正常时，其简化电路如图 5-20 所示。将继电器线圈等效为电阻值为 $r$ 的电阻与一个电感 $L$ 相串联的感性元件，则其等效电路如图 5-21 所示。

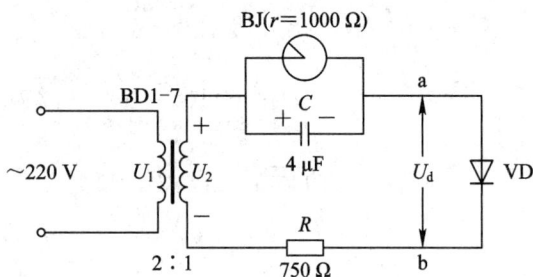

图 5-20　表示电路的简化电路

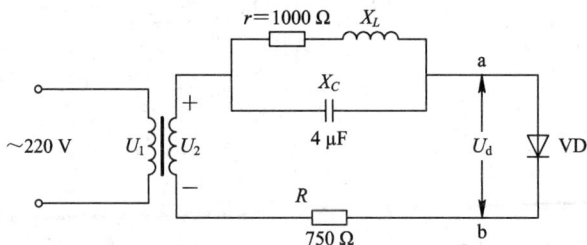

图 5-21　表示电路正常时的等效电路

在 50 Hz 的正弦交流电源下有

$X_L = j\omega L = 9450\ \Omega$(前面我们已经推导出来的数)

$X_C = 1/j\omega L = 1/j2\pi \times 50 \times 4 \times 10^{-6} = -j796\ \Omega$

其 $X_L$ 与 $X_C$ 分别为 $L$、$C$ 的感抗和容抗。

又知

$$r = 1000\ \Omega$$

所以

继电器与电容器 $C$ 的支路总阻抗为

$$Z = \frac{X_C\left(r + X_L\right)}{X_C + r + X_L} = 8.35 - \text{j}868$$

从而得到如图 5-22 所示的等效电路。

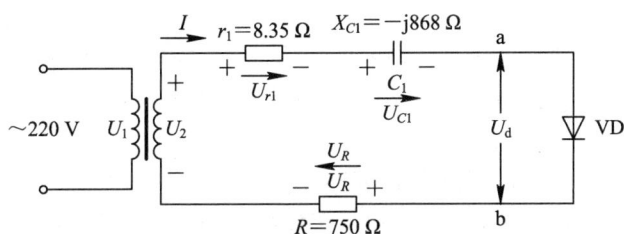

图 5-22　表示电路的等效电路

当电源为正半周时，电路导通，依据全电路电压定理可得

$$(U_{r1} + U_R)^2 + U_{C1}^2 = U_2^2$$

即

$$I^2[(r_1 + R)^2 + Z_{C1}^2] = U_2^2$$

将参数代入，可得

$$I = 0.095 \text{ A}$$

则

$$U_{C1} = IZ_{C1} = 0.095 \times 868 = 82.4 \text{ V}$$

在 $U_2$ 为负半周时，二极管截止，则 $C1$ 上电压与 $U_2$ 电压共同加在二极管两端，由

$$U_d^2 = U_2^2 + U_{C1}^2 = 110^2 + 82.4^2 = 18887.8$$

即得

$$U_d = 137 \text{ V}$$

正半周时，$U_d = 0$ V；负半周时，$U_d = 137$ V，则在一个周期内实测的交流电压 $U_{ab}$ 约是 $U_d$ 的一半，即 68.5 V，所测直流电压为 $0.45U_d = 61.7$ V。

也就是说，当表示电路正常时，在分线盘上所测表示电压，交流为 70 V 左右，直流为 60 V 左右(实际中因电缆电阻，测量值会比这个值稍高)。

注：上面所说的测量值为使用 MF-14 型万用表的测量结果。

# 第三篇　交流道岔控制电路故障处理

　　本篇开始我们具体地来讨论交流道岔(提速道岔)控制电路故障时的处理思路和方法，以及其所采用的技术手段。同上篇一样，我们也是按照道岔控制电路故障的四种情况来描述的。

　　这里，我们首先做如下几点说明：

　　(1) 本篇中交流道岔故障处理部分利用测量电压的方法处理故障的描述中所说的电压值，在未注明的情况下多是指交流电压。实际中可能由于外电网电压偏高或偏低，会造成其值稍有改变的情况。

　　(2) 本篇中所述交流电压值在未注明的情况下，皆是指使用数字万用表所测的结果。使用数字万用表通常比使用 MF-14 型指针式万用表所测量的值要高 5%左右。因此，当使用指针式万用表测量某点电压，若电压低时指针偏转很小，几乎读不出读数。

　　(3) 之所以使用"数字表"来表述，主要是为结合一些技能大赛的要求。尽管使用数字表测量时其值有比较大的误差，但它能判断出比较细微的电量变化，所以对故障分析有较大帮助。在实际工作中，要注意结合所用仪表的不同属性所带来的数值上的差异做综合分析。

　　但不论技术手段如何，其处理故障的思路是不变的。

# 第六章　表示电路故障处理

本章我们通过学习表示电路故障的测试分析来具体讨论表示电路的故障处理方法。首要的任务是要掌握如何对表示电路的故障范围进行压缩，以便能快速处理故障。

## 6.1　表示电路故障判断分析

依据表示电路故障时所表现出来的现象，可将表示电路故障归纳为两个方面：一是道岔在定位时无表示，即 DBJ 不能正常励磁；二是道岔在反位时无表示，即 FBJ 不能正常励磁。

我们在具体分析表示电路故障时，以单机牵引的表示继电器电路为例，而且仅研究电路开路故障的情况。对于多机牵引的道岔无表示故障，可增加 ZDBJ 或 ZFBJ 电路故障的问题来讨论。因为本书的初衷是为提高读者对道岔控制电路的认知，所以硬件类故障不在本书的分析范围之内。

下面依据表示电路故障时的两种表现分别讨论故障范围的判别方法。

### 6.1.1　道岔在定位时无表示故障

我们在定位表示电路简化电路的基础上，将定位表示电路划分为不同的 7 个电路支路，如图 6-1 所示。在通过测量电压量来判断故障时，要先分析出其故障的范围在电路的哪一部分。

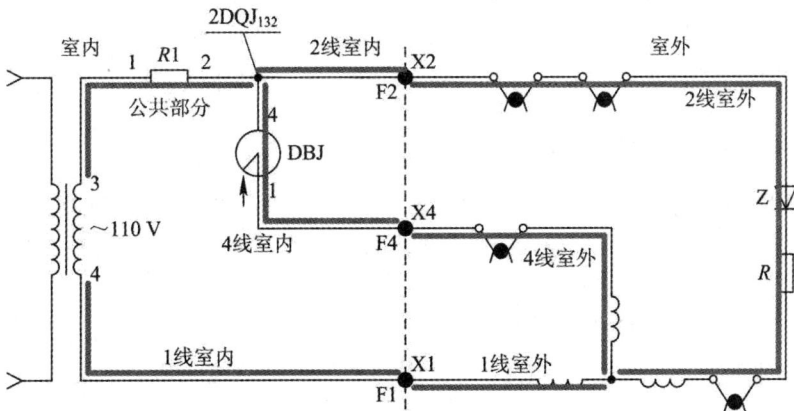

图 6-1　定位表示电路 7 个支路划分图例

### 1. 7 个电路支路的划分

定位表示电路的 7 个电路支路的划分方式分别表述如下(各电路支路图中有明确的标注):

(1)"公共部分":定位表示继电器与电源连接的支路部分,具体为 BB3 与 2DQJ132 之间电路部分。注意这里的"公共"不包含 1 线接入的电源部分。

(2)"1 线室内":表示变压器二次侧电源端到分线盘接 1 线端子的电路部分。

(3)"1 线室外":从分线盘接 1 线的端子到室外转辙机内的电机部分。

(4)"2 线室内":2DQJ132 接点端子到分线盘接 2 线端子的电路部分。

(5)"2 线室外":分线盘接 2 线的端子经过整流支路直到辙机内的电机部分。

(6)"4 线室内":2DQJ132 接点端子到分线盘接 4 线端子的电路部分。

(7)"4 线室外":分线盘接 4 线的端子到辙机内的电机部分。

由于定位表示电路(即 DBJ 励磁电路)所涉及的外线是 1、2、4 线,所以可通过在分线盘的 F1 和 F2 端子上测量电压,再依据测量结果分析判断故障范围。

### 2. 测量电压分析

数字万用表设置为交流挡,用万用表的表笔在分线盘的 F1 和 F2 端子上测量电压(共有四种可能结果)。依据结果分析如下:

(1)若电压为 0 V,则可判定故障范围在"1 线室内"或者"公共部分"。接着再测量分线盘 F1 和 BB3 之间电压,若也为 0 V,则"1 线室内"故障;若为 110 V,则为"公共部分"故障。

(2)若有 15 V 左右的电压,则可知为"2 线室内"故障。这是因为此时 1、4 线有交流通路,在电机线圈上有交流电压产生。

注:若用指针式万用表测量,会因电压数值过小,指示值可能为 0。若如此,可增加测量 F1 与 DBJ 线圈 1 之间电压,(应为 110 V),以再次确认。

(3)若有约 78 V 电压(正常时约为交流 60.0 V),则可判定故障出在 4 线上。接下来再测量分线盘 F1、F4 之间电压,若为 0 V,则为"4 线室内"故障;若也是 78 V 左右,则为"4 线室外"故障。

(4)若为 110 V 电压,则为"1 线室外"或者"2 线室外"部分故障。接着测量分线盘 F1 与 F4 之间电压,若也为 110 V,则为"1 线室外"故障;若为 0 V,则为"2 线室外"故障。

## 6.1.2　道岔在反位时无表示故障

依照上述定位表示电路故障判断的方法,同样,在反位表示电路简化电路的基础上,也划分为 7 个电路支路(参看图 6-2 中所标注)。这里不再将每个支路部分的范围列出,读者可对照定位表电路对比着理解。

由于反位表示电路(即 FBJ 励磁电路)所涉及的外线是 1、3、5 线,所以可依据在分线盘的 F1 和 F3 端子上测量的电压结果分析判断故障的电路范围。其方法与定位时完全相同。

数字万用表设置为交流挡在分线盘的 F1 和 F3 端子上测量电压,结果也有如下有四种可能：

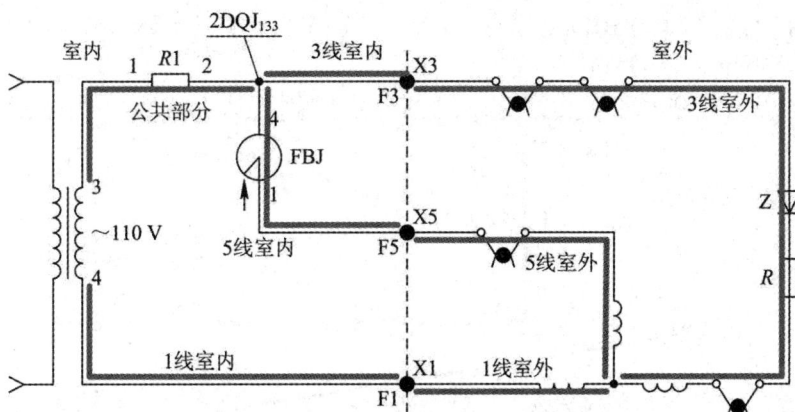

图 6-2　反位表示电路 7 个支路划分图例

(1) 若电压为 0 V，则可判定"线 1 室内"或者"公共部分"故障。接着再测分线盘 F1 和 BB3 之间电压，若也为 0 V，则为"线 1 室内"故障；如为 110 V，则为"公共部分"故障。

(2) 若为 15 V 左右，则可知为"线 3 室内"部分故障。

**注**：若用指针式万用表，因电压数值过小，指示值可能为 0。若如此，可增加测量 F1 与 FBJ 线圈 1 之间电压 (应为 110 V)，以再次确认。

(3) 若有 78 V 左右的电压，则可判定故障出在 5 线之上(表示电路无故障时，约为交流 60.0 V)。接着再测量分线盘 F1 与 F5 之间电压，若为 0 V，则为"5 线室内"故障；若同样是 78V，则为"5 线室外"故障。

(4) 若为 110 V，则可知为"1 线室外"或者"3 线室外"部分故障。再次测量分线盘 F1 与 F5 之间电压：若也为 110 V，则为"1 线室外"故障；若为 0 V，则为"3 线室外"故障。

## 6.2　表示电路故障处理详解

定位表示电路与反位表示电路故障的处理方法相同。下面详细介绍表示电路各支路部分故障时的查找方法与手段。

### 6.2.1　定位表示电路故障处理

在处理定位表示电路故障时，首先要在分线盘上测量 F1 与 F2 之间的交流电压，然后根据电压值的情况进行故障范围分析(上一节中已分析过)。依据各支路电路故障情况，分为下面 7 种情况介绍。

**1. "公共部分"故障的查找**

1) 分析过程

(1) 在分线盘上测量 F1 与 F2 之间的交流电压("公共部分"故障判断示意图如图 6-3

所示), V1 = 0V 时, 说明故障在"1线室内"或者"公共部分"。

(2) 测量分线盘 F1 与 BB3 之间电压, V2 = 110 V 时, 则可断定故障在"公共部分"。

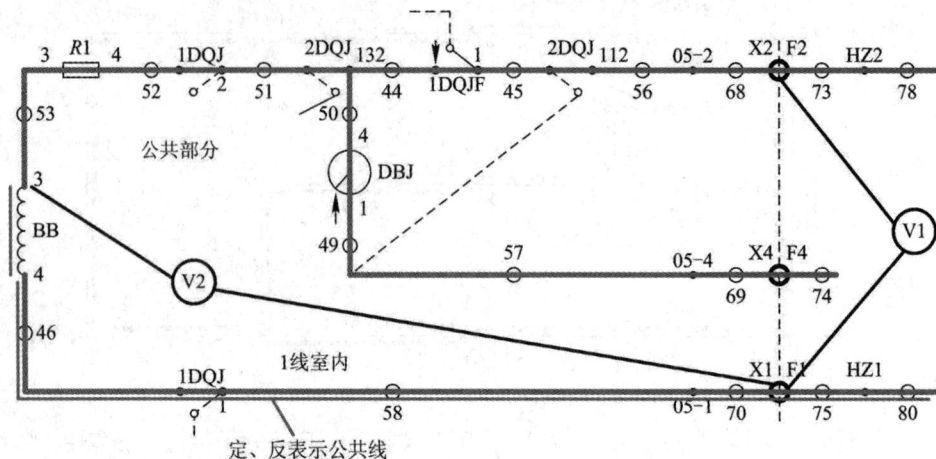

图6-3　"公共部分"故障判断示意图

在实际中, 由于分线盘可能距离道岔组合位置比较远, 不方便在分线盘上测量, 因此可在测量 F1 与 F2 之间交流电压为 0 V 后, 再测量 BB3 与 2DQJ132 之间电压, 若电压为 110 V, 则可判定故障在"公共部分"; 若电压为 0 V, 接着测量 BB4 与 2DQJ132 之间电压, 若电压为 110 V, 则可判定故障在"1 线室内"。

2) 处理方法或过程

如果已断定故障在"公共部分", 则将万用表一表笔放在分线盘 F1 端不动(如果分线盘距离远, 可将之放在去 1 线的侧面端子"05-1"或 1DQJ13 接点上。这样可方便测量), 另一表笔置于 BB3 端, 测量应有 110 V 电压, 然后向 2DQJ132 接点方向步进测量。故障点应在有电压与无电压电路之间。

假设故障点为图6-3中"51"处, 在测量 1DQJ21 接点时, 电压应为 110 V, 而在测量 2DQJ131 接点时, 电压应变为 0。故障处理过程可参看图6-4所示表示电路"公共部分"故障点查找示意图。

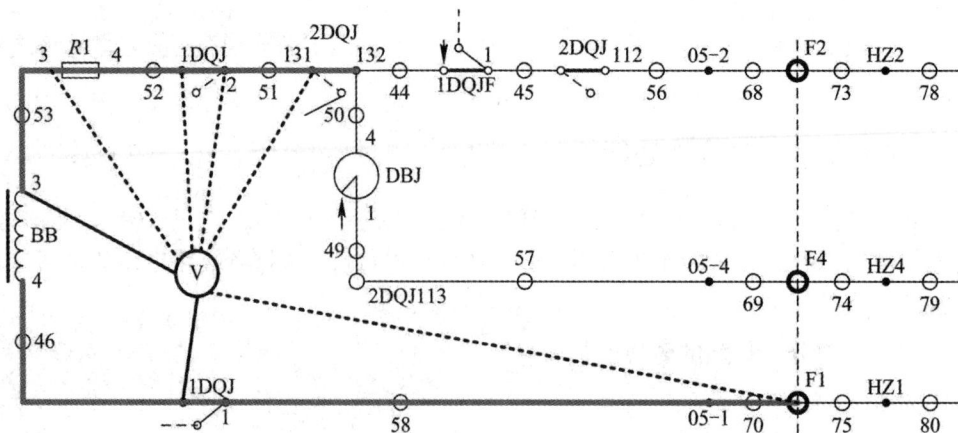

图6-4　表示电路"公共部分"故障点查找示意图

说明：在具体进行步进测量时，可采用"中分法"，而不必逐点测试。如：在测 1DQJ13 与 BB3 之间电压时发现有电压后，接着测量 1DQJ21 点(此点差不多是"公共部分"支路的中点)，有电压，表明故障点还在其后；接着再测量 2DQJ131 点(此点差不多是 1DQJ21 与 2DQJ132 部分的中点)，无电压，表明故障点在之前；再回头测量 1DQJ21 点，有电压则就找到了故障点"51"。

### 2. "1 线室内"部分故障的查找

1) 分析过程

(1) 在分线盘上测量 F1 与 F2 之间交流电压，V1 = 0 V，说明故障在"1 线室内"或者"公共部分"。

(2) 测量分线盘 F1 与 BB3 之间电压，V2 = 0 V(或者测量 BB4 与 2DQJ132 之间电压，应有 110V 电压)，则可断定故障在"1 线室内"。可对照图 6-3 来理解。

2) 处理方法或过程

若已经确定故障在"1 线室内"，则将万用表一表笔放在 BB3 端子上不动，用另一表笔于 BB4 端向分线盘 F1 端子方向进行步进测量，就可判断故障点在有电压与无电压的两端子之间。当然，另一表笔也可从分线盘 F1 端向 BB4 端子方向进行步进测量，故障点在无电压与有电压的两端子之间。不过，通常都需要从有电压向无电压方向步进。测量过程可参看图 6-5 所示表示电路"1 线室内"部分故障点查找示意图。

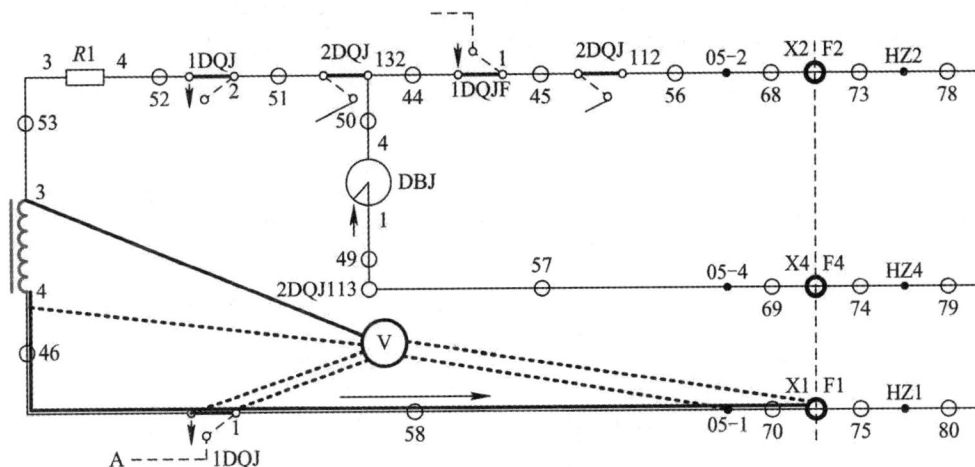

图 6-5　表示电路"1 线室内"部分故障点查找示意图

### 3. "2 线室内"部分故障的查找

1) 分析过程

在分线盘上测量 F1 与 F2 之间交流电压，V1 为 10 V 左右时，则可确定为"2 线室内"故障(不包括公共部分)。

注意：在实际测量中由于此电压值比较小，如果用指针式万用表测量，则通常读不到数值。若如此，可增加测量 F1(或侧面端子)与 2DQJ132 之间电压，即 V2 为 110 V，以进一步确定。分析方法可参看图 6-6 所示"2 线室内"故障判断示意图。

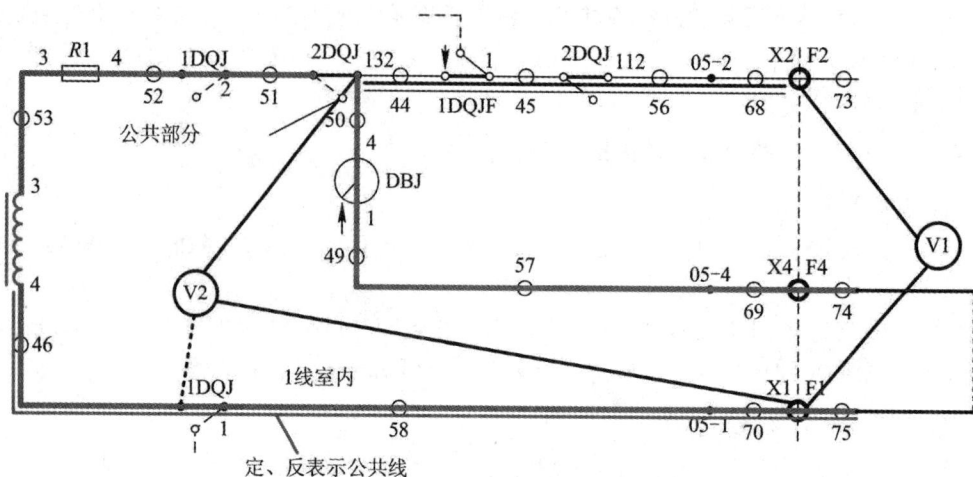

图 6-6 　"2 线室内"故障判断示意图

### 2) 处理方法或过程

如果已判断出是"2 线室内"故障，则将万用表一表笔放在分线盘 F1 端不动，另一表笔由 2DQJ132 接点端子向 F2 方向进行步进测量，就可判断故障点在有电压(110 V)与无电压(电压很小)两端子之间。如果分线盘距离 2DQJ132 接点端子比较远，测量不方便时，可将表笔不动的一端(即"借电源"端)放在 1 线侧面端子"05-1"接点上。

处理过程可参看图 6-7 所示表示电路"2 线室内"故障查找示意图。

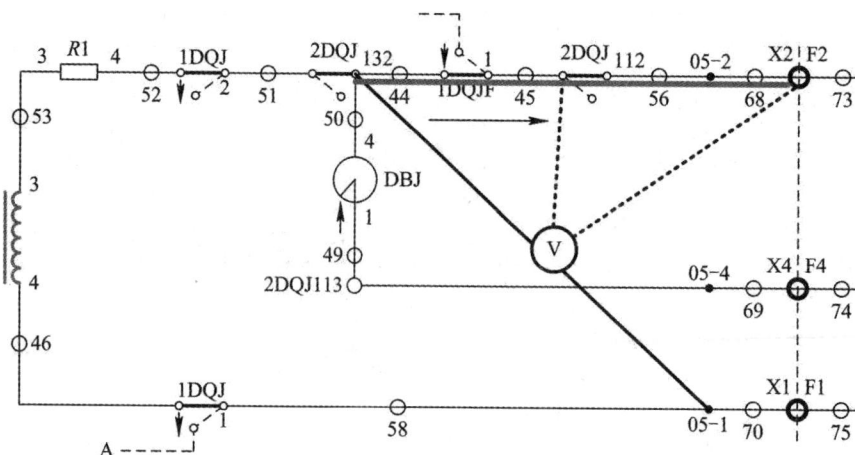

图 6-7 　表示电路"2 线室内"故障查找示意图

### 4. "4 线室内"部分故障的查找

### 1) 分析过程

(1) 在分线盘上测量 F1 与 F2 之间电压，当测量电压为 78 V 左右时(直流约 40 V)，比正常值偏高(正常时交流电压为 60.0 V，直流 21 V 左右)，则说明故障出在 4 线上。

(2) 测分线盘 F1 与 F4 之间电压，若近似为 0 V(电压很小)，则可判定为"4 线室内"故障。分析过程可参看图 6-8 所示"4 线室内"故障分析示意图。

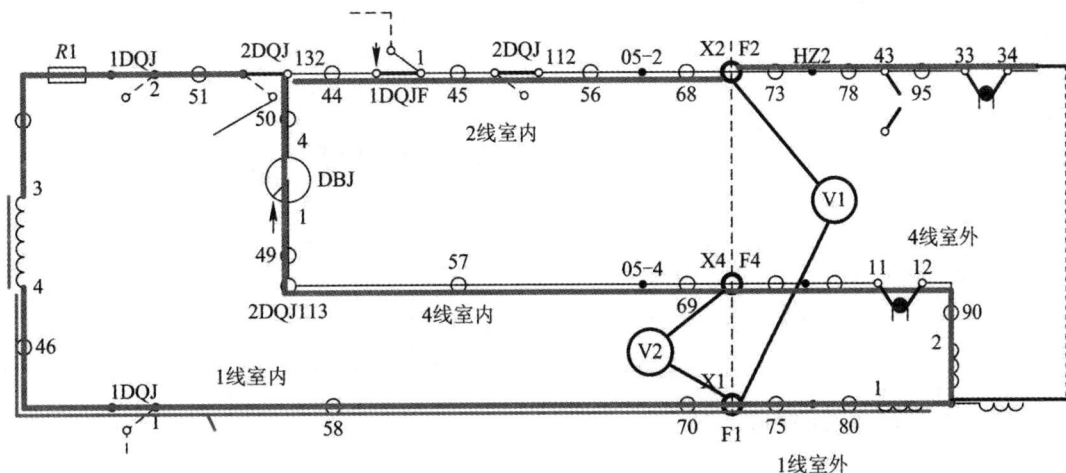

图 6-8 "4 线室内"故障分析示意图

2) 处理方法或过程

如果已经确定是"4 线室内"故障，则保持分线盘 F1 端(或 1 线的侧面端子)上的万用表一表笔不动，另一表笔自 2DQJ132 接点向 F4 端子方向进行步进测量，故障点在"有电压(78 V)—无电压(电压很小)"之间。查找过程可对照图 6-8 中的"4 线室内"部分电路理解，这里就不再给出图示了。

注：如果在测量过程中，由于 F1 端子距离远，不方便"借电"测量时，也可在 BB4 或 1DQJ11 接点上"借电"测量。

**5. "4 线室外"部分故障的查找**

1) 分析过程

(1) 在分线盘上测量 F1 与 F2 之间的电压，若为 78 V 左右时，则可判定故障在"4 线"部分。

(2) 测量分线盘 F1 与 F4 之间的电压，若也是 78 V 左右，则可确定故障为"4 线室外"部分。其判断方法与图 6-8 所示的过程相同，只是 V1 与 V2 的读数不同。

2) 处理方法或过程

如果已经确定是"4 线室外"故障，则在室外终端盒中测量 HZ1 与 HZ4 之间的电压。若测量电压为 78 V 左右，说明 4 线从室内到室外的电缆完好；若电压为 0 V(很小约 2 V 左右)，则表明 4 线电缆断线。

如果电缆完好，则借电缆盒 HZ1(1 号端子)对"4 线室外"部分进行步进测量，直至电压为 0 V 时便可知其与前一个点之间开路。步进测量过程可参看图 6-9 所示表示电路"4 线室外"部分故障查找示意图。

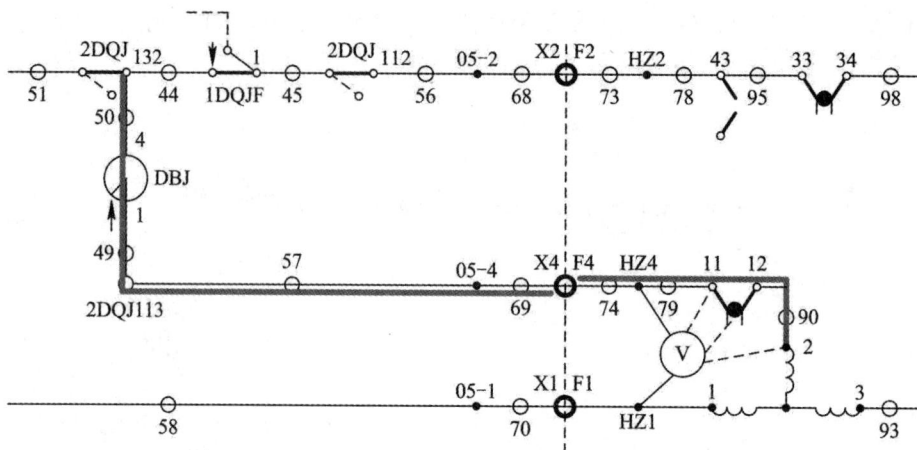

图 6-9　表示电路"4 线室外"部分故障查找示意图

### 6. "1 线室外"部分故障的查找

#### 1) 分析过程

当定位表示电路故障时，首先在分线盘上测量 F1 与 F2 之间的电压，电压应为 110 V，再测量 F1 与 F4 之间电压，也应为 110 V，则可判定为"1 线室外"部分故障。其故障范围如图 6-10 中粗线部分所示。

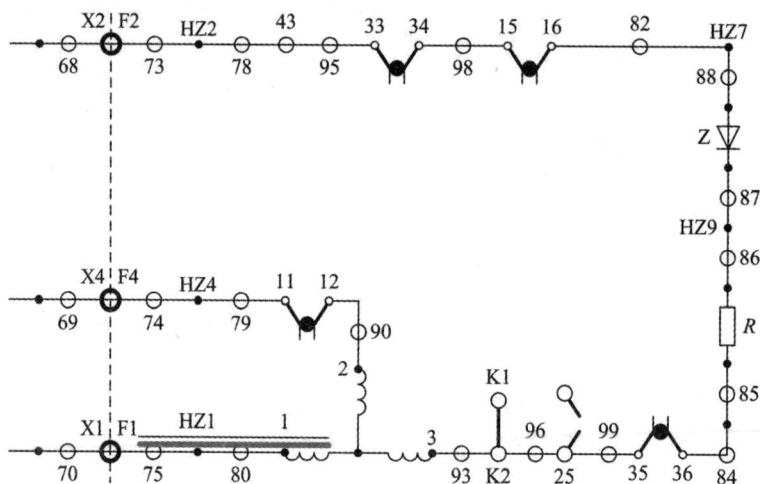

图 6-10　表示电路"1 线室外"部分故障点分布图

#### 2) 处理方法或过程

如果已经确定为"1 线室外"故障，则在室外终端盒中测量 HZ1 与 HZ4(1 号与 4 号端子)之间的电压。若乃为 110 V 则可排除"1 线"电缆故障(若无电压，则为 1 线电缆故障)。

如果 1 线电缆完好，则借 HZ4(或 HZ2)端，沿 1 线室外部分向电机 1 端子方向进行步进测量,直至电压从 110 V 变为 0 V 时便可知开路点在这两端子之间。

### 7. "2 线室外"部分故障的查找

1) 分析过程

当定位表示电路故障时,首先在分线盘上测量 F1 与 F2 之间的电压,电压应为 110 V,再测量 F1、F4 间电压,若电压为 0 V,则可知为 "2 线室外" 部分故障。故障电路部分如图 6-11 中粗线所示。

2) *处理方法或过程*

若已经确定为 "2 线室外" 故障,则在室外终端盒中测量 HZ1 与 HZ2(1 号与 2 号端子)之间的电压。若为 110 V 则可排除 2 线电缆故障;若无电压,则为 2 线电缆故障(从分线盘 F2 至 HZ2 之间电缆开路)。

如果 2 线电缆完好,则借电缆盒 HZ1 端子,沿 2 线室外部分(向二极管方向,直至电机 3 端)进行步进测量,便可判定故障点在电压由 110 V 变为 0 V 时的两个端点之间。步进测量过程可看如图 6-11 所示表示电路 "2 线室外" 故障点分布及步进测量示意图。

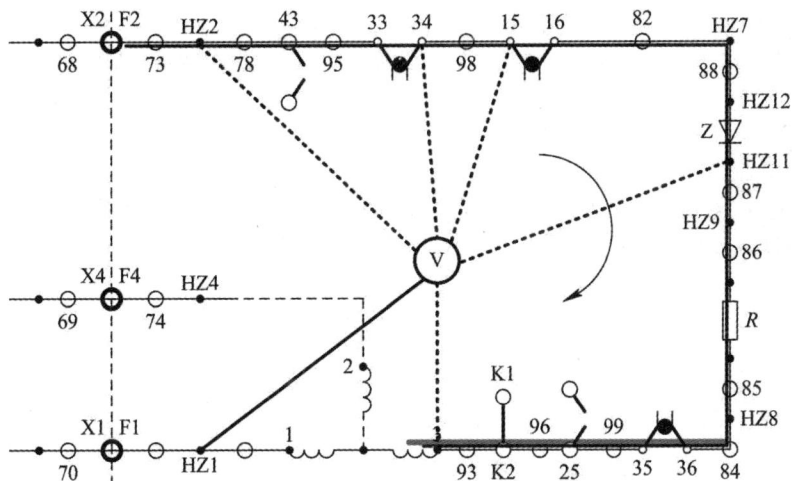

图 6-11 表示电路 "2 线室外" 故障点分布及步进测量示意图

## 6.2.2 反位表示电路故障处理

在处理定位表示电路故障时,首先要在分线盘上测量 F1 与 F2 之间的交流电压,然后根据电压值的情况分析故障范围(必要时再借助 F1 和 F4 之间电压判断)。那么,在处理反位表示电路故障时,需要在分线盘上测量 F1 与 F3 之间的交流电压来分析判断其电路的故障范围,必要时再借助 F1 与 F5 之间电压情况分析。由于反位表示电路故障的处理方法同定位无表示电路故障的情况,故在讲述这部分内容时,就不再过细表述了。

反位表示电路中 7 个电路支路部分的范围如图 6-12 中文字标注所示。在下面讲述各部分支路电路故障的分析过程中要对照此图理解。

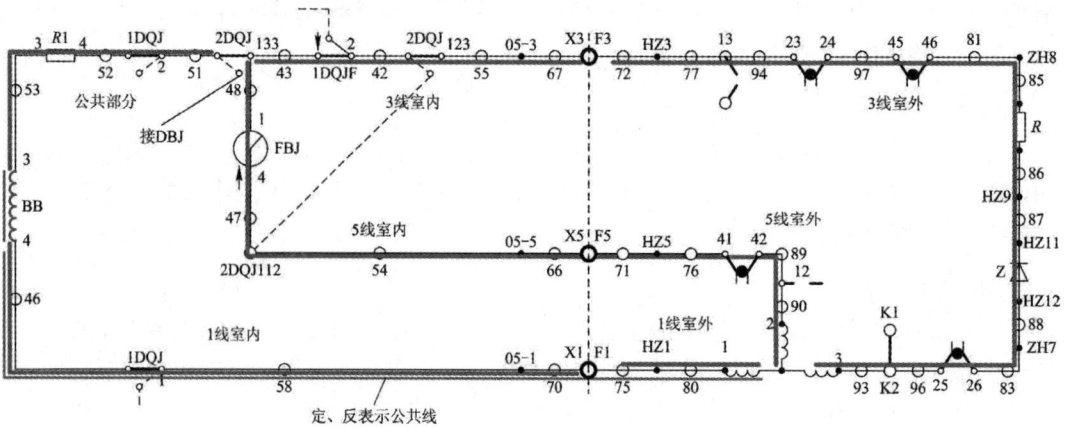

图 6-12　反位表示电路 7 个部分结构示意图

### 1. "公共部分"故障的查找

1) 分析过程

(1) 在分线盘上测量 F1 与 F3 之间的交流电压，若为 0 V，说明故障在"线 1 室内"或者"公共部分"。

(2) 测量分线盘 F1 与 BB3 之间的电压，若为 110 V，则可断定故障在表示电路的"公共部分"。

2) 处理方法或过程

在分线盘上借 F1 端保持万用表一表笔不动(如果在分线盘上"借电"不方便，可在 BB4 端子或 1DQJ11 或 13 接点上借表示电源)，另一表笔从 BB3 端向 2DQJ133 接点方向进行步进测量，则可判定故障点在有电压(110 V)和无电压之间。

**注：** 其处理方法与定位无表示故障一样，因为"公共部分"电路是定位表示电路和反位表示电路的"公共"部分。两者的电路是从 2DQJ 第三组接点分开的，前接点接通定位表示电路，其后接点接通反位表示电路)。

### 2. "1 线室内"部分故障的查找

由于这一部分电路也是定位表示电路和反位表示电路所共用的，故它的查找方法可参照"1 线室内"故障的查找方法。

### 3. "3 线室内"部分故障的查找

1) 分析过程

首先，在分线盘上测量 F1 与 F3 之间的交流电压，当为 10 V 左右时，则为"3 线室内"故障。

由于此电压比较小，如果用指针式万用表测量，通常读不到数值。若如此，可增加测量 F1(或去 1 线的侧面端子 05-1)与 2DQJ133 之间电压(应为 110 V)，以进一步确定之。

2) 处理方法或过程

如果已分析出为"3 线室内"故障(图 6-13 中的粗线部分所示)，则将万用表一表笔放在分线盘 F1 端不动，另一表笔由 2DQJ133 接点端子向 F3 方向进行步进测量，则可判定故障点在有电压(110 V)与无电压(电压很小)两端子之间。

注：如果分线盘距离 2DQJ133 和 F3 比较远，测量不方便，可在去 1 线的侧面端子上借电源测量。

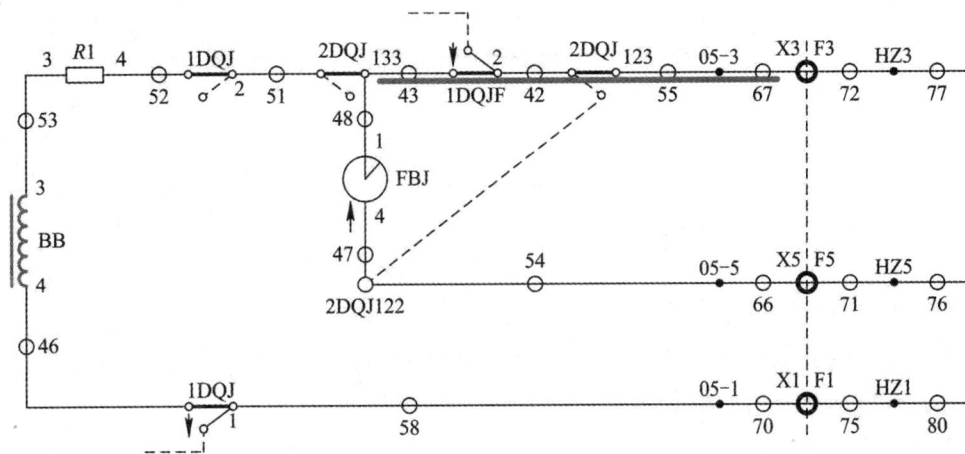

图 6-13　线 3 表示电路室内部分故障点分布图

### 4. "5 线室内"或"5 线室外"部分故障的查找

1) 分析过程

(1) 在分线盘上测量 F1 与 F2 之间电压，当为 78 V 左右时(直流约 40 V)，比正常值偏高(正常时交流为 60.0 V，直流 21 V 左右)，则说明故障在 5 线上。

(2) 测量分线盘 F1 与 F5 之间电压，若为 0 V(电压很小)，则可判定为"5 线室内"故障；若也有 78 V 左右的电压，则为"5 线室外"故障。

2) "5 线室内"故障查找

在确定"5 线室内"故障后，将万用表一表笔放在分线盘 F1 端子(或去 1 线的侧面端子 05-1)上不动，另一表笔由 2DQJ133 接点处沿"5 线室内"电路部分向 F5 方向进行步进测量，直至电压由 78 V 变为 0 V，则可判定开路点在两个测试点之间(即故障点在有电压和无电压之间)。

3) "5 线室外"故障查找

在确定"5 线室外"故障后，在室外电缆盒中测量 HZ1 与 HZ5 之间的电压，如乃有 78 V 电压，则可排除 5 线电缆故障(否则 5 线电缆开路)。

在排除电缆故障后，在电缆盒 HZ1 上借电源保持万用表一表笔不动，另一表笔由 HZ5 向电机端子进行两步进测量电压，直至电压为 0 V 时，则判定故障点在有电压和无电压两点之间。

"5 线室内"和"5 线室外"故障的查找过程可依据图 6-14 所示的电路理解。

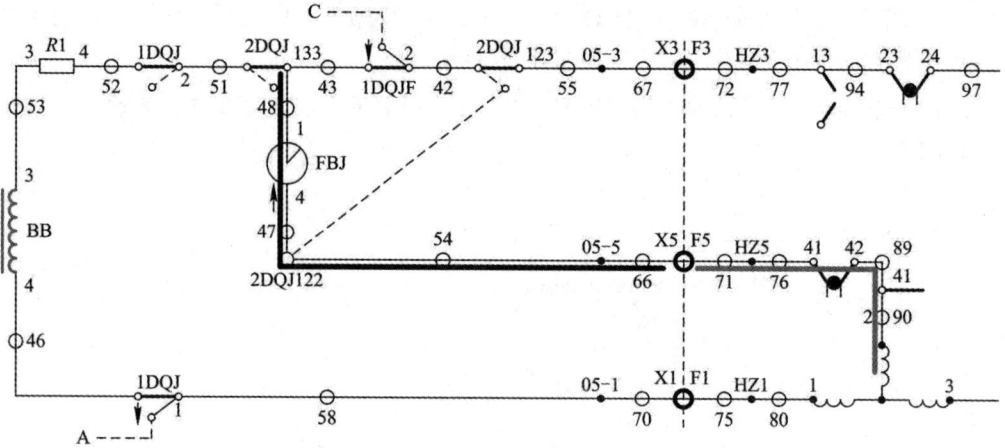

图 6-14　表示电路线"5 线室内"和"5 线室外"部分故障点分布图

### 5. "1 线室外"部分故障的查找

由于这一部分电路也是定位表示电路和反位表示电路共用的，因此"1 线室外"部分故障的查找方法可参见上面定位表示电路故障部分的内容。

### 6. "3 线室外"故障

1) 分析过程

在处理反位表示电路故障时，首先在分线盘上测量 F1 与 F3 之间的电压，当电压为 110 V 时，再测量 F1 与 F5 之间的电压，若为 0 V，则可确定为"3 线室外"部分故障。故障范围如图 6-15 中粗线标注的部分所示。

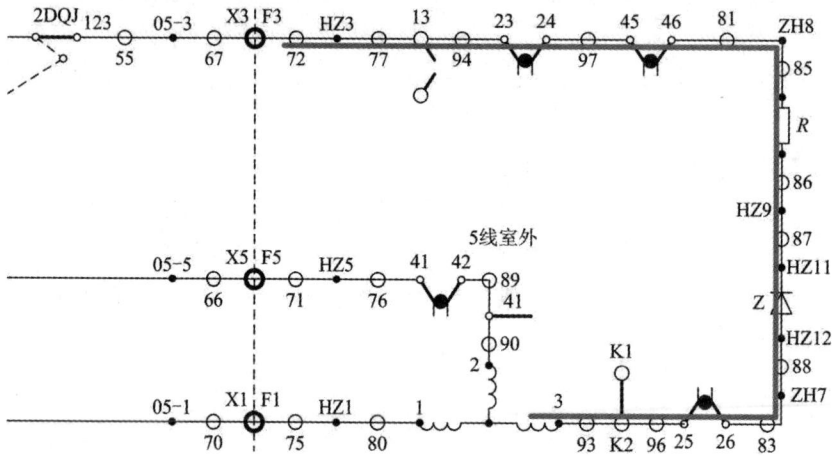

图 6-15　表示电路"3 线室外"部分故障点分布图

2) 处理方法或过程

若已经确定为"3 线室外"故障，则在室外电缆盒中测量 HZ1 与 HZ3(1 号与 3 号端子)之间电压。若乃为 110 V，则排除 3 线电缆故障；若无电压，则确定 3 线电缆故障(从分线盘 F3 至 HZ3 之间电缆开路)。

若 3 线电缆完好，则借电缆盒 HZ1 端子沿"3 线室外"部分(向二极管方向，直至电机 3 端)进行步进测量，则可判定故障点在电压由 110 V 变为 0 V 时的两个端点之间。

### 6.2.3　总表示电路故障处理

　　JDD 组合中的表示继电器实际为 ZBJ(总表示继电器，即 ZDBJ 或 ZFBJ)，也就是说总表示电路故障指的是 ZDBJ 或 ZFBJ 不励磁故障。

　　ZDBJ、ZFBJ 继电器只有当各牵引点处的(包括双动道岔)所有表示继电器(DBJ 或 FBJ)全部吸起后，才能吸起。所以，当因故总表示继电器不能吸起时，道岔在系统中乃然称为失表状态，尽管各点的表示继电器电路工作正常。

　　这里讲的故障现象是：各 JDF 组合中的 DBJ(或 FBJ)能正常吸起，而 JDD 组合中的 ZDBJ(或 ZFBJ)未正常吸起。总表示继电器电路如图 6-16 所示(以双机牵引的道岔为例)。

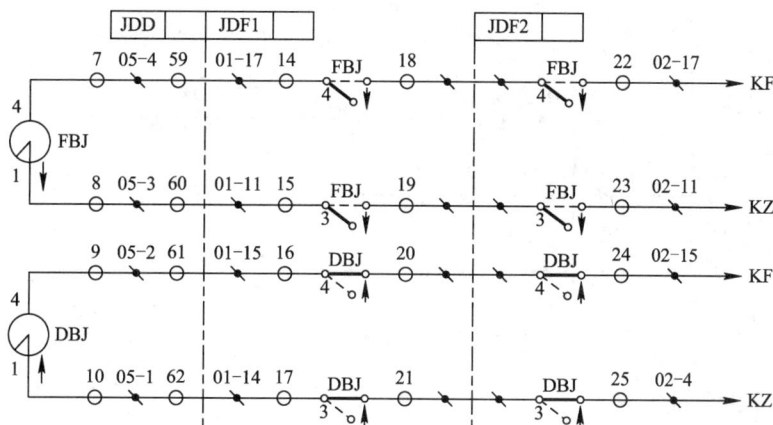

图 6-16　总表示继电器电路

　　首先在故障处理前需确定道岔的真实位置，以确定不能励磁的是哪个继电器，即 ZDBJ 和 ZFBJ 谁不能励磁。然后依据配线电路图，用万用表(直流电压挡位)采用"借负查正(或借正查负)"的方法步进测量各点之间的直流电压。最后通过测量的电压值判断故障位置。查找过程中，可跨端子查找(即中分排除法)。

　　例如，假设 ZDBJ 不励磁故障，将万用表置于直流 25 V 挡，负表笔借负电(KF)，正表笔在 ZDBJ 的线圈 1 上测量电压，若约有 24 V 直流电压，则表明 ZDBJ 缺 KF 电(即 KF 支路开路故障)，否则为 KZ 支路开路故障。

　　现假设 KF 支路开路，故障查找方法如下：

　　将万用表红表笔放在侧面端子板"06-1"上借 KZ 电源，依据配线图，用黑表笔在其 KF 支路上步进测量各端子点，则可判定开路点在有电压与无电压端子之间。KZ 支路开路故障点的查找方法与 KF 支路开路方法雷同，只是要借 KF 电源进行步进测量。

　　**注**：通常 JDD 组合侧面端子板的"06-1"和"06-2"为 KZ 电源；"06-3"和"06-4"为 KF 电源。

### 6.2.4　表示采集电路故障处理

　　表示采集电路的故障只影响显示站场上的道岔表示，而不影响道岔的正常转换。即在道岔转换过程中，所有继电器都能正常工作。

以图 6-17 所示道岔表示继电器采集电路中的 1 号道岔为例,其表示采集电路如图 6-17 中下半部分所示。此类故障在处理时,首先要通过观察 JDD 组合架上的两个表示继电器的状态,以确定哪个表示继电器(ZDBJ 或 ZFBJ)在吸起状态,从而确定哪条采集支路出现故障。

这里讨论的故障范围不包括计算机联锁采集板及采集公共回线开路的情况。若是采集板或采集公共回线开路故障,则会表现为大面积的对象不能被采集(即在控制台上表现为很多道岔出现失表情况),由此很容易发现其故障的范围。

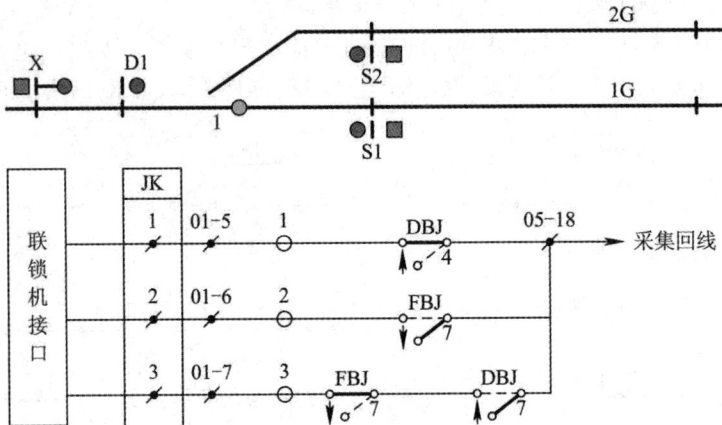

图 6-17　道岔表示继电器采集电路

### 1. 故障范围判断方法

如果确定电路只存在一处开路,可通过盘面压缩并借助控制台的表示灯现象判断故障的范围,以确定故障是采集支路开路、反表采集支路开路,还是采集公共回路开路。

在转换道岔的试验中,道岔定、反位转换都正常,并且 ZDBJ 及 ZFBJ 也都能正常吸起,但若发现控制台上定、反位都无表示,则可通过下面的现象分析其故障范围。

(1) 若通过观察发现大面积的对象都无法采集,则表明采集回线(即采集公共电源部分)开路。

(2) 若道岔在定位时 ZDBJ 吸起,但控制台显示屏上仍无表示(道岔位置表示灯闪红灯),表明采集 ZDBJ 前接点的支路开路。同理,若道岔在反位时 ZFBJ 吸起但无表示(道岔位置表示灯闪红灯),表明采集 ZFBJ 前接点的支路开路。

(3) 无论道岔在什么位置(ZDBJ 或 ZFBJ 可正常动作),道岔表示灯点亮稳定的红灯,表明采集 ZDBJ 和 ZFBJ 后接点的支路开路。这时的红灯是计算机联锁系统对道岔四开状态的报警信息。不过,在不同的计算机联锁系统中,当系统不能接收到道岔位置信息时,其在屏幕上的报警方式有可能是不同的。

### 2. 故障点查找方法

通过盘面压缩分析出故障对象或故障范围,以及明白了该计算机联锁系统采集电源的数值及类型(通常为直流 24 V,也有是直流 12 V)之后,选择好电压表挡位,在电路中借采集电源的相关端子进行步进测量,以找到故障点。

现假设采集 ZDBJ 前接点的电路开路,其故障点的查找方法为:

在 ZDBJ 所在组合的侧面板"05-18"端子上借采集负电源(对照图 6-17 观察),即将电压表的黑表笔放置在"05-18"上不动，红表笔沿着 ZDBJ 前接点向联锁机柜方向进行步进测量(也可从联锁机柜组合方向进行步进测量)，则可判定故障点在电压从无到有(或从有到无)之间。

开路故障若出现在联锁机柜至接口架之间，也可在联锁机柜的零层借"采集地"进行步进查找。

# 第七章　交流道岔启动及电机电路故障处理

我们已经知道了道岔控制电路主要包含命令驱动、表示采集、道岔启动控制、转辙机电机动作及表示继电器等电路，且表示电路故障的处理方法亦已掌握。本章主要对驱动电路、道岔启动控制继电器电路及道岔电机动作电路的开路故障处理做具体的分析，并对这些故障的常规处理方法进行详细介绍。

## 7.1　道岔转换电路动作流程

道岔转换时的电路动作流程是指当道岔需要转换位置时，首先驱动电路接收到转换命令以及启动继电器电路检查能否具备转换的相关条件，然后接通转辙机电机电路，电机转动使道岔解锁、转换到锁闭，最后启动电路复原，给出表示的逻辑过程。

### 7.1.1　定位向反位转换电路动作流程

**1. 流程逻辑表达**

道岔由定位向反位转换时控制电路的动作流程逻辑表达如图 7-1 所示。

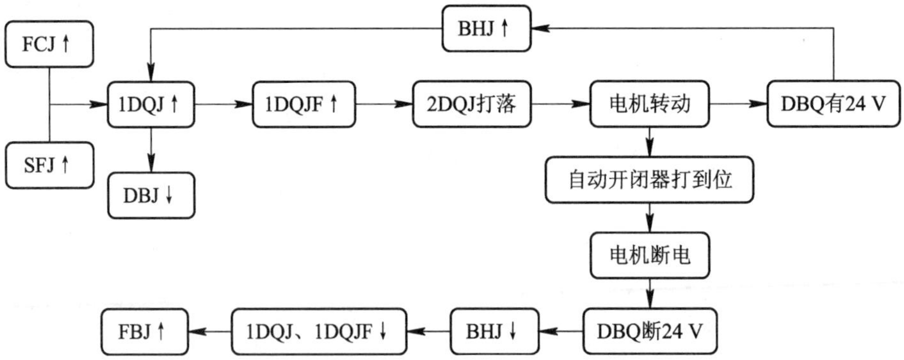

图 7-1　道岔由定位向反位转换时控制电路的流程逻辑表达

**2. 由定位向反位转换时的电路动作分解**

道岔在定位向反转换时，控制电路正常动作过程可划分为以下四个阶段：

(1) SFJ↑及 FCJ↑→1DQJ↑→1DQJF↑→2DQJ 转为打落；1DQJ↑后首先切断定位表示，同时 2DQJ 转极之后也切断了 1DQJ 的励磁电路，此后 1DQJ 通过缓放保持在吸起状态，直到 BHJ↑后才能自闭。

(2) 接通电机电路，电机带动道岔转向反位，同时使 BHJ↑→1DQJ 自闭。

(3) 道岔转换分三个过程动作：解锁(自动开闭器先闭合第 4 排静接点)→转换→锁闭(自动开闭器再闭合第 2 排静接点)。这里假设开闭器 1、3 闭合为定位，如果 2、4 闭合为定位，则解锁开始时，自动开闭器先闭合第 1 排静接点，然后接通第 3 排静接点。

(4) 道岔转换到位后，自动开闭器切断电机电路，电机停转，同时 BHJ↓→1DQJ↓(缓放)→1DQJF↓→接通反位表示电路→FBJ↑，2DQJ 保持在反位打落状态。

## 7.1.2　反位向定位转换电路动作流程

### 1. 流程逻辑表达

道岔由反位向定位转换时控制电路的动作流程逻辑表达如图 7-2 所示。

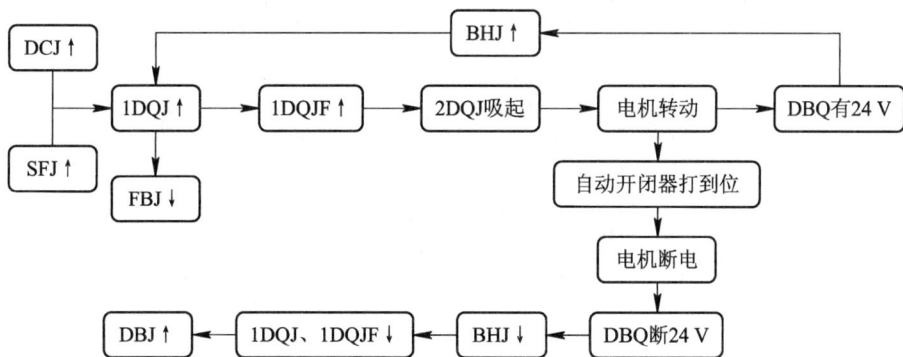

图 7-2　道岔由反位向定位转换时控制电路的逻辑表达

### 2. 由反位向定位转换时的电路动作分解

道岔在反位向定转换时，控制电路正常动作过程的四个阶段为：

(1) SFJ↑及 DCJ↑→1DQJ↑→1DQJF↑→2DQJ 转为吸起；1DQJ↑后切断反位表示。

(2) 接通电机电路，电机带动道岔转向定位，同时使 BHJ↑→1DQJ 自闭。

(3) 道岔转换分三个过程动作：解锁(自动开闭器先闭合第 1 排接点)→转换→锁闭(自动开闭器再闭合第 3 排接点)。这里假设开闭器 1、3 闭合为定位，如果 2、4 闭合为定位，则解锁开始时自动开闭器先闭合第 4 排静接点，然后接通第 2 排静接点。

(4) 道岔转换到位后，自动开闭器切断电机电路，电机停转，同时 BHJ↓→1DQJ↓(缓放)→1DQJF↓→接通定位表示电路→DBJ↑，2DQJ 保持在定位吸起状态。

在控制电路故障时清楚道岔转换时的电路动作逻辑流程，对分析故障范围非常有帮助。

## 7.2　驱动电路故障处理

驱动电路在计算机联锁系统中是指联锁系统送出相关电源条件和接通相关继电器励磁电路使之吸起的过程，具体讲就是计算机联锁系统让道岔的 DCJ 或 FCJ 及 SFJ(或 YSJ)吸起。在驱动电路中，通常 KZ 电源支路是公共的，不接入联锁条件并保持供电状态，当需要驱动时计算机联锁系统输出 KF 电源即可。如果 KF 电源输出的支路部分开路,则驱动对象不能吸起。所以,这里所讨论的驱动电路故障即是指其 KF 电源输出支路部分的开路故障。

本节主要介绍道岔驱动电路的构成以及简单讲述驱动电路开路故障的处理方法。

### 7.2.1 驱动电路的构成

如图 7-3 所示为某计算机联锁系统的道岔驱动电路。继电器在组合架上,联锁系统从联锁机柜经过接口柜将驱动电源(KF)送入相关继电器的线圈 4 上,而 KZ 电源则经驱动回线直接送到组合侧面的端子,并从侧面端子引入到继电器线圈 1 上。

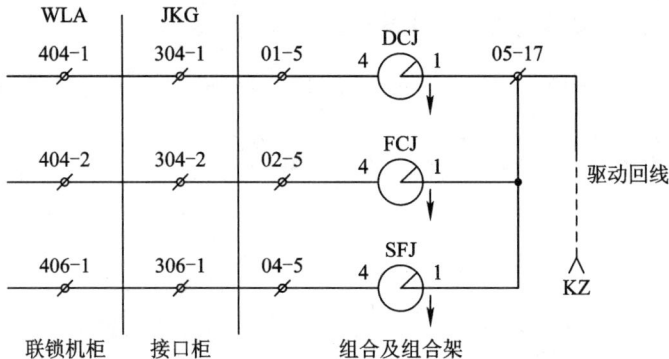

图 7-3　某计算机联锁系统的道岔驱动电路

### 7.2.2 驱动电路故障处理

在对道岔驱动电路故障处理时,首先要通过操纵道岔转换试验,观察被驱动对象的动作情况,以分析可能故障的电路部分,即先要确定故障影响的对象是谁。

**1. 驱动电路开路故障举例**

下面通过一个驱动电路故障的事例介绍其故障的处理方法。

1) 通过操纵道岔试验判断故障对象

若道岔向定位转换时发现 1DQJ 不动作,并进一步观察发现 DCJ 不能吸起,则由此可知 DCJ 驱动电路故障(假设计算机联锁系统正常,可以正常提供驱动电源)。

2) 故障查找方法

首先将万用表打到直流 25 V 挡位,将红表笔放在侧面端子"05-17"上(具体驱动回线使用的是哪一组侧面端子要依据施工图确定),借好 KZ 电源。然后将黑表笔预先放在想要测试的端子上,再让配合人员在控制台上向定位操纵道岔(即让计算机联锁系统输出驱动 KF 电源),观察有无 24 V 直流电压。其过程请参看图 7-3 所示电路图进行理解。

例如,假设故障点在驱动电路的侧面端子"01-5"到 DCJ 线圈 4 之间的连线开路,查找测量过程如下:

(1) 借好 KZ 电源,万用表黑表笔先放在侧面端子"01-5"上,然后向定位操纵道岔,发现有电压,说明电路在侧面端子"01-5"至联锁机柜之间电路都正常,则故障在 DCJ 一侧的组合内部。

(2) 再将黑表笔放在 DCJ 线圈 4 端子上，再向定位操纵道岔，发现无电压，由此可知开路点在侧面端子"01-5"到 DCJ 线圈 4 之间。

### 2. 仿真台上的驱动电路开路故障查找

在我们的实训仿真设备中，在道岔驱动电路的三个支路中只设置了三个故障点，即如图 7-4 中所给出的"4""5""6"三个可设置的开路点。道岔操纵试验时对这三个开路点进行设置并通过观察继电器是否动作即可直接确定故障点。

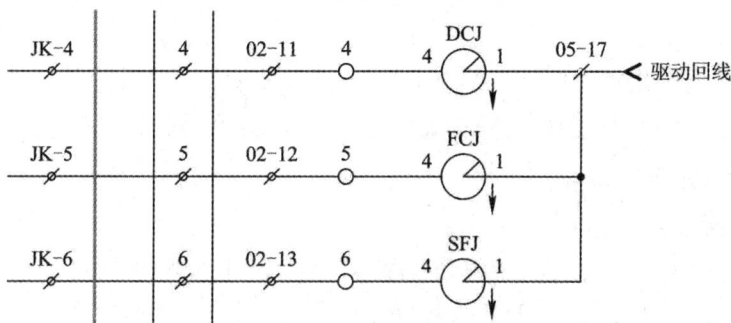

图 7-4 仿真设备中道岔驱动电路

(1) 当向定位操纵道岔时，发现 DCJ 不动作(SFJ 可正常吸起)，即可知其故障点为图中"4"处。

(2) 当向反位操纵道岔时，发现 FCJ 不动作(SFJ 可正常吸起)，即可知其故障点为图中"5"处。

(3) 当向定位或反位操纵道岔时，DCJ 或 FCJ 可正常吸起，而 SFJ 不动作，即可知其故障点为图中"6"处。

## 7.3 启动及保护继电器电路故障处理

启动继电器电路这里是指 1DQJ 吸起和自闭、1DQJF 吸起及 2DQJ 转极电路。保护继电器(BHJ)电路是为保护电机而对三相电源是否断相进行监测的装置。但是如果 BHJ 励磁电路故障或 DBQ(断相保护器)损坏，同样也会造成道岔不能转换。

要想做到能正确区分这部分电路故障的对象，就要清楚它们在道岔转换时正常动作的逻辑关系。其逻辑关系为：

(1) 向定位操纵时：(DCJ 和 SFJ↑)→1DQJ↑→1DQJF↑→2DQJ 转极(吸起)→DBQ 工作→BHJ↑→1DQJ 自闭。

(2) 向反位操纵时：(FCJ 和 SFJ↑)→1DQJ↑→1DQJF↑→2DQJ 转极(打落)→DBQ 工作→BHJ↑→1DQJ 自闭。

此部分电路的故障处理思路、方法与步骤如下：

在操纵道岔转换的同时，首先注意观察 1DQJ、1DQJF 是否吸起，2DQJ 是否转极，以及 BHJ 的动作现象和道岔的动作情况等。再依据它们的逻辑关系正确分析出其故障对象或范围，以便能对症下药。比如：以 BHJ 的动作情况为依据，若发现 BHJ 没有吸起，根据逻辑关系可知，造成道岔不能转换的原因可能是 2DQJ 没有转极或电源断相等。

下面详细介绍启动继电器及 BHJ 电路故障的处理方法。

### 7.3.1 1DQJ 不吸起故障

由于上一节已经讲述了驱动电路部分的故障处理方法，所以，这里假设 SFJ 及 FCJ 或 DCJ 能正常被驱动吸起，且以定位向反位启动道岔为例。

**1. 故障现象分析**

道岔在定位时表示正常，向反位操纵后道岔不能转换，并且发现 SFJ 及 FCJ 吸起后又落下，1DQJ 也未曾吸起。由此可判定故障对象为 1DQJ 及其吸起电路。

**2. 故障查找方法**

1) 电路分析

对照道岔控制电路可知 1DQJ 的励磁电路如图 7-5 中的粗线部分所示。SFJ 吸起后，向 1DQJ 线圈 3 端送 KZ 电源，FCJ 吸起后向其线圈 4 端子送 KF 电源。

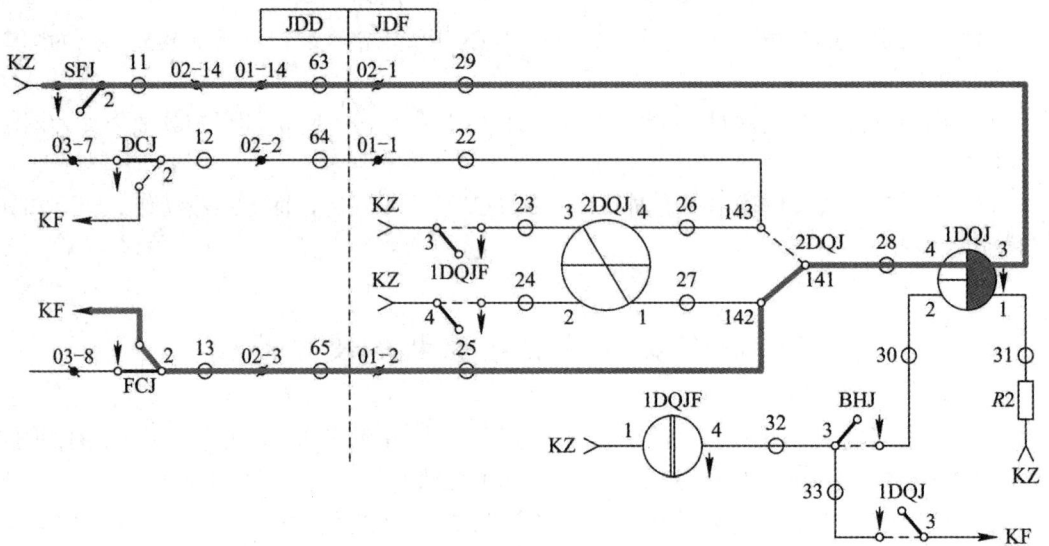

图 7-5　反位转换道岔时 1DQJ 励磁电路

注：图中的 1DQJ 的 KZ 电源支路在 02-14 与 01-14 之间，实际中会接入该道岔区段中的 DGJ 的前接点条件，在仿真实训设备的电路中省去了。为表述方便在图中用小圈标注了可能开路点的位置，其上的标号为其位置名称。

2) 处理方法

对继电器励磁电路故障而言，通常是先判断缺少什么电源，从而分出是 KZ 支路开路还是 KF 支路开路，然后借电源进行步进测量寻找故障点。

(1) 判断 1DQJ34 线圈缺什么控制电源。

① 判断是否缺 KZ 电源。借 KF(侧面 06-3)，操纵道岔转换时测量 1DQJ3 电压，无电压则缺 KZ 电源，有电压则不缺 KZ 电源。

② 判断是否缺 KF 电源。借 KZ(侧面 06-1)，操纵道岔转换时测量 1DQJ4 电压，无电压则缺 KF 电源，有电压则不缺 KF 电源。

(2) 查找故障点方法。

① 若缺 KZ 电源，借 KF 电源，操纵道岔转换时分别测量以下两点电压：

JDD 的 02-14 点电压，无电则故障点为 11 点；JDF 的 02-1 点电压，无电则故障点为 63，有则故障点为 29 点。

② 若缺 KF 电源，借 KZ 电源，操纵时分别测量以下两点电压：

JDD 的 02-3 点电压，无电压则故障点为 13 点；JDF 的 01-2 点电压，无电压则故障点为 65 点，有电压则故障点为 25 点。

这里要注意，由于 SFJ 和 FCJ 吸起时间较短，就是说电路中 KF 电源、FZ 电源存在的时间较短，所以每次测量电压时都需要另一人配合操纵道岔。

3) 电阻法处理简介

对于 1DQJ 不吸起故障，由于 SFJ 及 FCJ 吸起后很快就会落下，故 1DQJ 的 3-4 线圈电路中在不操纵道岔时是没有电源的，所以在确保设备不在线工作并确保操作正确的前提下，也可以采用电阻法查找开路点。采用电阻法时，就不用每次测量都要转换道岔，这样可以节省查找故障的时间。但是在测量时要十分小心，防止造成短路使故障扩大化。也因此，现场对在线设备进行故障处理时是禁止采用电阻法的。

电阻法的具体操作比较灵活，有多种测量方式，可以根据自己易于理解的思路进行测量判断。比如本例故障情况可以按如下方法操作(对照图 7-5 来理解)：

(1) 查找 KZ 支路：将万用表打在电阻挡(× 1 K)，将一表笔置于 1DQJ3 线圈上，另一表笔分别步进测量 SFJ21、JDD 的 02-14、JDF 的 02-1……的电阻，则故障点就在阻值为无穷大与 0 之间。

(2) 查找 KF 支路：将一表笔置于 1DQJ4，另一表笔分别步进测量 FCJ21、JDD 的 02-3、JDF 的 01-2……的电阻，则故障点在阻值为无穷大与 0 之间。

也可将一表笔置于 1DQJ3 线圈端上不动，另一表笔步进测量 SFJ21、JDD 的 02-14、JDF 的 02-1 的电阻，则故障点在阻值为无穷大与 0 之间；测量 JDF 的 01-2、JDD 的 02-3、FCJ21……的电阻，则故障点在阻值为继电器 3-4 线圈电阻值与 0 之间(因为继电器线圈是有电阻的)。

注意：本项目竞赛时是禁用电阻法的。且实践证明在仿真台上在操纵道岔的同时测量电压的方法并不影响故障处理速度，因为道岔不存在实际转换的时间。只是电压法需要两人配合完成。

## 7.3.2 1DQJF不吸起故障

### 1. 故障现象分析

若道岔在定位，表示正常，向反位操纵道岔时，发现 1DQJ 吸起后又落下，而 1DQJF 不曾吸起，则知 1DQJF 继电器或其励磁电路故障。其故障范围如图 7-6 中粗线部分所示。

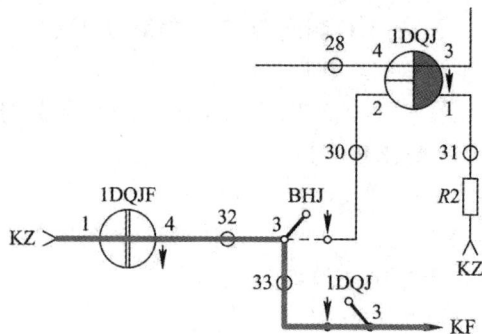

图 7-6　转换道岔时 1DQJF 励磁电路

### 2. 故障查找方法

万用表打在直流电压挡,负表笔放在侧面端子 06-3 上以借 KF 电源,正表笔测量 BHJ31 接点电压。若有电压,则故障为 33 处;若无电压,则故障在 32 点处。可采用测量开路点之间有无电压进行确认。

## 7.3.3　2DQJ 不转极故障

### 1. 故障现象分析

道岔在定位,反操道岔后,发现 1DQJ(1DQJF)吸起过,但 2DQJ 没有转极(打落),则故障出在 2DQJ 反位打落电路中,如图 7-7 中粗线所示。

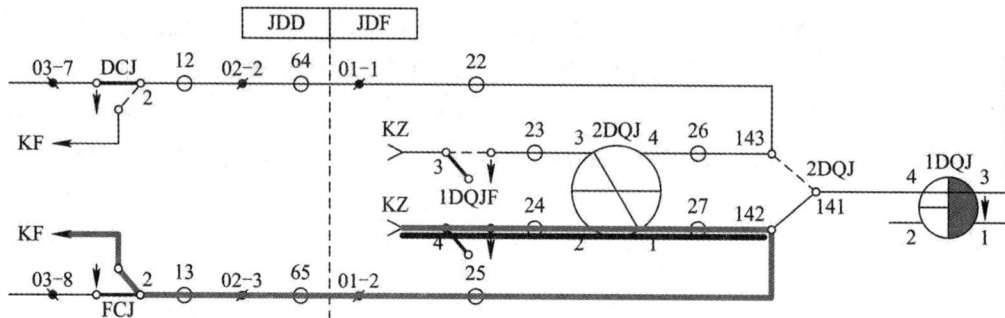

图 7-7　反操道岔时 2DQJ 转极电路

又因为 1DQJ 曾吸起过,说明 1DQJ 的励磁电路正常。而 1DQJ 的励磁电路与 2DQJ 的打落电路在 KF—2DQJ142 支路是重叠的,由此可知造成 2DQJ 不转极的故障电路范围在 KZ—2DQJ142 支路上(如图 7-7 中双粗线段所示)。

### 2. 故障查找方法

当确定道岔在定位时,万用表打在直流电压挡,负表笔放在侧面端子 06-3 上以借 KF 电源,正表笔置于 2DQJ2(或 2DQJ1)线圈端子上,然后向反位操纵道岔,观察电压情况。若有 24V 电压,则故障点为 27 点处;若无电压则为 24 点处故障。

**注:** 对于 2DQJ 不转极故障,由于 SFJ 及 FCJ 吸起后会很快落下,且 1DQJ 不能自闭,因而 1DQJF 也很快落下,即在 2DQJ 转极电路中也无电源存在,所以在确保正确操作的前提下也可以采用电阻法判断故障点。具体测量时可以根据自己的易于理解的思路进行测

量、判断(但要小心测准端子，不能因故造成其他电路短路)。

### 7.3.4　1DQJ不自闭故障

#### 1. 故障现象分析

在操纵道岔转换试验时，启动电路中各继电器动作正常，2DQJ 也能正常转极，而 1DQJ 吸起后又落下。但这里最重要的现象是 BHJ 吸起后又落下，且电机有短时转动现象，有时可能会造成道岔解锁。

依据逻辑关系可知，在 1DQJ 吸起、2DQJ 转极之后，就给电机送电了，但由于 1DQJ 不能自闭，在其缓放时间之后又落下，从而又切断了电机电源，故电机有短暂的转动现象。

另外，2DQJ 能正常转极，表明 1DQJF 可正常吸起。由于 1DQJF 能吸起，证明 1DQJ 自闭电路中的支路 KF—BHJ31 是完好的(因为 1DQJF 吸起电路与 1DQJ 自闭电路在这里是重叠的)，由此分析可知，造成 1DQJ 不能自闭的故障范围在 KZ—BHJ31 支路上(如图 7-8 中双粗线部分所示)。

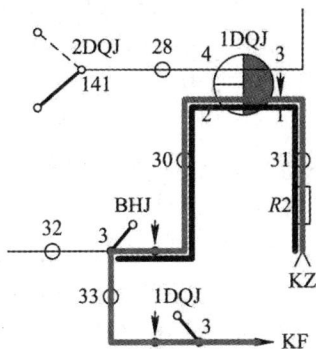

图 7-8　1DQJ 自闭电路故障范围示意图

#### 2. 故障查找方法

借 KF 电源，用万用表测量 1DQJ1 线圈端子的直流电压，若有 24 V 电压，则为 30 点故障，若无电压则为 31 点故障。这里测量时不需要操纵道岔，因为在 KZ—BHJ33 支路上一直有 KZ 电源接入。

### 7.3.5　BHJ不吸起故障

#### 1. 故障现象分析

操纵道岔试验时，发现所有的启动继电器都已正常动作，但 BHJ 不曾吸起，最明显的现象是电机短时间内有转动，造成道岔"四开"。如果进一步观察，可看到电流表的指示(或读数)小于 2 A，由此可以判定故障为 BHJ 不励磁。

这一故障现象与 1DQJ 不自闭的情况很相似，都是由电机短时转动造成道岔"四开"，它们唯一的区别是，前者 BHJ 不吸起，后者则是 BHJ 吸起后又很快落下。

假设 DBQ 完好，BHJ 本身也正常，那么造成 BHJ 不吸起的原因是其励磁电路开路。其故障范围如图 7-9 中粗线部分所示。

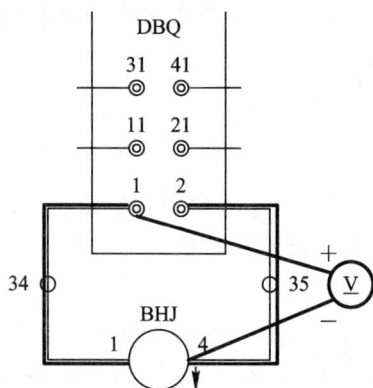

图 7-9　BHJ 励磁故障测量方法示意图

**2. 故障查找方法**

首先将万用表打在直流电压挡位，红表笔放在 DBQ1 端子(断相保护器的 1 端子上)和 BHJ4 线圈上，然后操纵道岔，观察万用表读数变化。若有电压(22 V 左右)，则故障点为 34 处；若无电压，则故障点为 35 处。具体可参看图 7-9。

当然，也可将万用表表笔分别放在 DBQ2 端子(断相保护器的 2 端子上)和 BHJ1 线圈上测量电压来判断。

鉴于道岔"四开"程度的不同以及能否向回操纵道岔，因此，处理故障时的后续操作也有所差别。具体存在下面三种情况：

(1) 电机动作后，若先动作的自动开闭器动接点已经与静接点闭合了(反位操纵道岔时第 1 排静接点与第 4 排静接点已闭合)，这时就可以正常操纵道岔回转。

(2) 如果自动开闭器动接点还没有与静接点闭合，且又没有离开原静接点，这时要先回操道岔使道岔回到初始位置状态(使自动开闭器回到正确的接通位置)，之后再进行后续工作。

(3) 如果自动开闭器动接点处于中间位(前后都没有与静接点闭合，处于悬空状态)，这时就需要手摇道岔将其回到原位状态，然后才能操纵道岔。

注：因此，在处理完这类故障点之后，要先操纵道岔回位，再点击"下一故障点"按钮。

# 7.4　电机动作电路故障处理

这里说的电机动作电路故障，是指道岔在开始位置时表示是正常的，当操纵道岔时因故不能正常转换的故障。如果电路已呈现出表示电路故障，则要按照表示电路故障的情况来处理，所以本节讨论的内容是：道岔在开始位表示正常，转换道岔时道岔不动作的故障。

假设控制电路在同一时间内，有且只有一个故障点存在，那么在开始处理故障时当前表示正常，就要单操道岔试验以确定故障对象。其操作结果可能是：不能转换或能正常转换；当能转换且转换完成后又有两种可能的结果，即"有表示"或"无表示"；当转换后有表示时，那么回转道岔时就不能转换了(因为前提是必定有一故障存在)。

所以，这里我们依据故障现象，归结为如下三类故障情况来分析。

(1) 道岔在定位且表示正常(但不知反位表示是否正常),在向反位操纵道岔时不能转换(简称"定位有表示反操不能"故障)。

(2) 道岔在反位且表示正常(但不知定位表示是否正常),在向定位操纵道岔时不能转换(简称"反位有表示定操不能"故障)。

(3) 定位和反位表示均正常,但操纵道岔时不能正常转换(简称"表示正常操纵不能"故障)。

对第三类故障情况,在单操道岔试验时所经历的过程又存在如下两种可能性:

(1) 原来道岔在定位表示正常,向反位单操后能正常转换,且转换后反位表示也正常,但再向定位回操时,道岔不能正常转换。

(2) 原来道岔在反位表示正常,向定位单操后能正常转换,且转换后定位表示也正常,但再向反位回操时,道岔不能正常转换。

以上两种情况只是道岔的初始位置不同,其故障的处理方法或思路是完全相同的,故列为一类描述。

下面针对上面列举的三类故障情况分别讨论其故障的处理方法。

## 7.4.1　"定位有表示但反操不能"故障处理

"定位有表示但反操不能"的故障现象是:道岔在定位表示正常,向反位操纵道岔时不能转换。

### 1. 故障范围分析

(1) 先假设三相电源正常,即 A、B、C 三相电源均能正常送入电机动作电路中。

因定位表示正常,说明接通定位表示的 1、2、4 线正常(包含定、反位表示电路的公共部分)。又由于反位操纵道岔时(使用 1、3、4 线)不能动作,可见问题出在 3 线上。结合控制电路分析可知,其故障范围在 1DQJF21 至 K1 之间,如图 7-10 中单粗线部分所示。

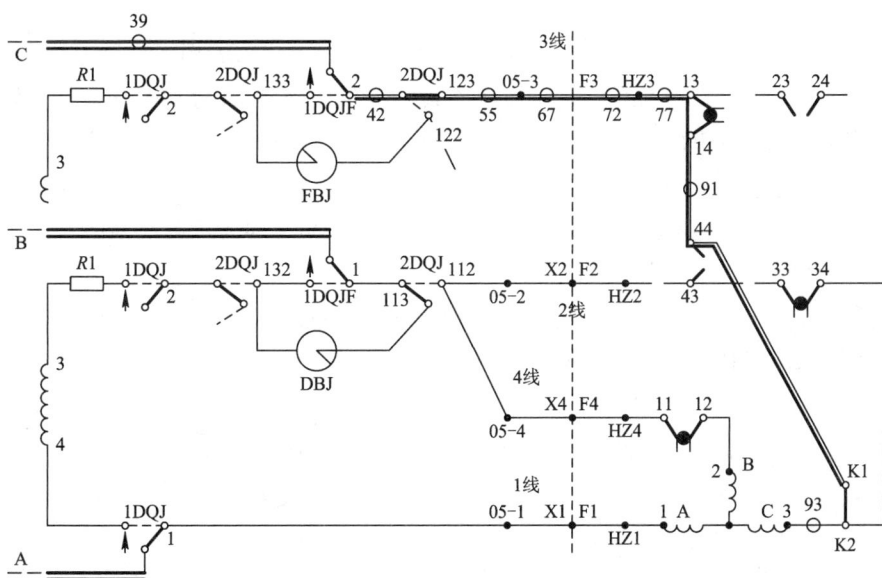

图 7-10　道岔由定位向反位转换的动作电路

(2) 假如三相电源支路开路，造成道岔不能转换。

三相电源支路开路，即指故障范围在图 7-10 中的双粗线部分。很显然，3 线即便完好，但是如果三相电源断相，电机也是不能动作的。这个问题将在后面单独分析。

**2. 3 线故障的查找方法**

首先向反位操纵道岔，让 2DQJ 转极，即反位打落，使 2DQJ133-131 接点保证在接通状态。其目的是为在电机动作电路中借入表示电源。由于此时道岔并没有动作，开闭器接点仍处在定位时的状态，故不会接通反位表示电路。此时的电路接通情况如图 7-11 所示，图中粗线部分是接入了表示电源的电路部分。可见，这时的 1、3 线与表示电源构成回路，故而可通过测量电压的方法来查找开路点。

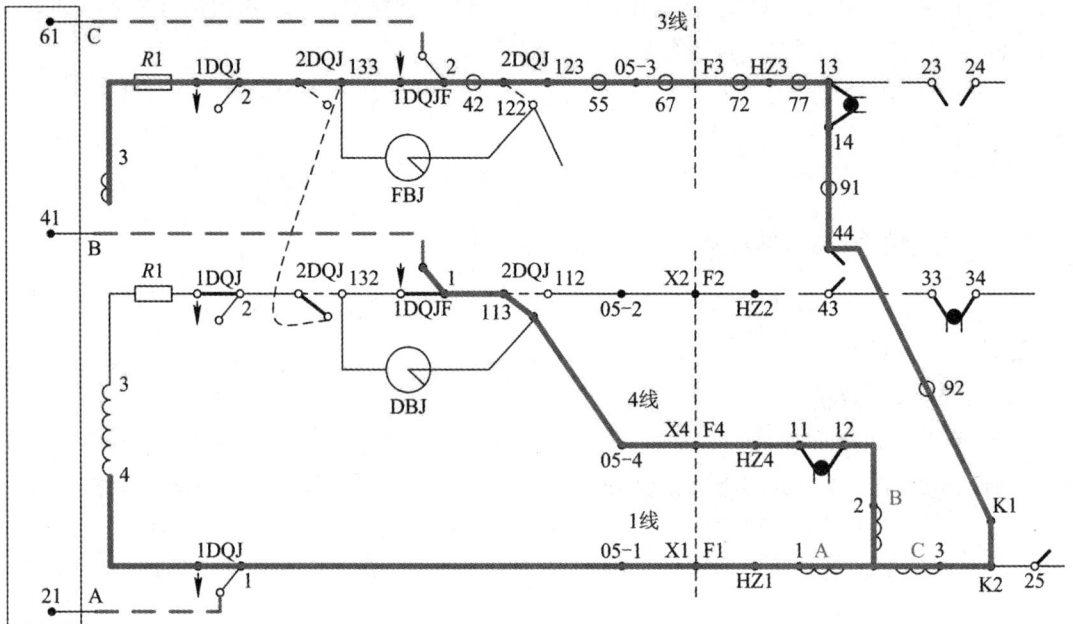

图 7-11 道岔由定向反位转换时借入表示电源示意图

通过测量分析,其故障范围及其开路点的具体查找过程如下(为表述电路故障范围的方便，在图中标注了可能的开路故障点号):

1) 测量分线盘 F1、F3 之间电压为 0 V

(1) 测量分线盘 F1、F3 之间电压若为 0 V 时，则表明 3 线室内部分故障，其故障点可能是"42""55""67"点之一。

(2) 原来置于分线盘 F1 上的表笔不动，另一表笔从 1DQJF21 接点起向 F3 方向进行步进测量，当电压由 110 V 变为 0 V 时，即可找到故障点。

2) 测分线盘 F1、F3 间的电压为 110 V

(1) 测量分线盘 F1、F3 间的电压若为 110V 时，则表明 3 线室外有开路(室内、室外的分界点为 F3)，其故障点可能是"72""77""91""92"点之一。

(2) 在室外电缆盒内首先确定 HZ1 与 HZ3 之间是否有 110 电压。若无，则为 3 线电缆断(即为"72"点故障);若有 110 V 交流电压，则一表笔放在 HZ1 上不动，另一表笔由 HZ3 沿 3 线室外电路部分进行步进测量，直到电压约为 0 V 时的前一个点即为所查故障点。

3) 测量分线盘 F1、F3 电压约为 12 V

在分线盘上测量 F1 与 F3 之间交流电压,若有 12 V 左右电压(即为电机绕组 1-3 两端的压降),则表明 1、3 线回路导通,也即证明外线电路正常。此时道岔不能转换,是因为缺少动作电源所致。

**注**:由于此时 F1 与 F3 之间电压很小,如果是用指针式万用表来测量,可能由于灵敏度的问题而无法读数,或是说无法确定是否有电压。这样的话,就要对三相电源的电压进行测量,然后依据测量结果来判断。

**3. 电源断相故障查找方法**

在上面的检查过程中,若已经测得分线盘 F1 与 F3 之间的电压约为 12 V(即已经知道是电源断相故障),再结合开始操纵道岔时的电流表读数,就可以很快查到故障点。控制电路的 A 相电源部分故障测量方法示意图如图 7-12 所示。

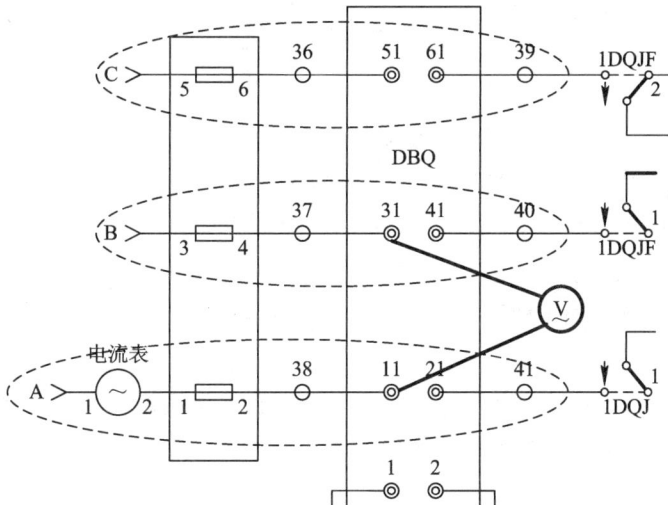

图 7-12　A 相电源部分故障测量方法示意图

1) 电流表指针不动(或读数为 0)

如果在单操道岔试验时,电流表指针不动(或示数为 0 A),则可以判断为 A 相断电(因为三相交流道岔的电流表是串接在 A 相上的),这时的故障点可能是 38 点或 41 点。

接着将万用表置于交流电压挡,一表笔放在 DBQ11(断相保护器 11 端子)上,另一表笔放在 DBQ31(或 42 或 51 或 61)上测量电压,若电压 380 V 左右,则故障点在 41 点,否则为 38 点故障。测量方法参看图 7-12 所示进行理解。

2) 电流表读数大于正常电流值(约 2.5 A)

如果在单操道岔试验时,电流表读数大于 2.5 A(正常情况时约 2 A),则可认为电路的故障是 B 相断电或 C 相断电。

(1) C 相断电故障的排查方法:用万用表交流 750 电压挡测量 DBQ11 与 1DQJF22 间电压,看有无 380 V 电压(参看图 7-13 所示排除 C 相开路测量方法示意图)。

① 若有电压，表明 C 相完好，接着排查 B 相电源支路。

② 若无电压，再测量 DBQ11 与 DBQ51 之间电压：若有电压，则故障为 39 点；若还是无电压，则故障为 36 点。

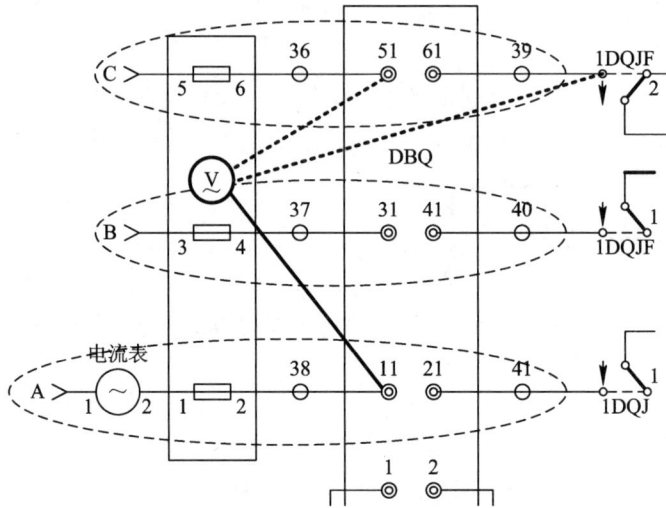

图 7-13　排除 C 相开路测量方法示意图

(2) B 相电源故障的排查方法。采用上面同样的方法，用万用表交流电压挡测量 DBQ11 与 1DQJF12 之间电压，看有无 380 V 电压。

① 若有电压，则表明 B 相完好，接着排查 C 相支路。

② 若无电压，再测量 DBQ11 与 DBQ31 电压，若有电压，则故障为 40 点；若还是无电压，则故障为 37 点。

**注：** 如果控制台上无电流表，则不能通过电流表的指示值来区分是哪一相电源断电，可以在 DBQ 的 11、31、51 的三个端子间两两测量电压，以判断缺少哪相电源即可。

## 7.4.2　"反位有表示但定操不能"故障处理

"反位有表示但定操不能"的故障现象是：道岔在反位且表示正常，但向定位操纵道岔时道岔不能转换。

### 1. 故障范围分析

(1) 先假设三相电源正常，即 A、B、C 三相电源均可送入电机动作电路中。因反位表示正常，说明接通反位表示的 1、3、5 线正常。又由于定位操纵道岔时(使用 1、2、5 线)不能动作，可见问题出在 2 线上。结合道岔控制电路图分析可知，其故障范围在 1DQJF11 至 K1 之间，如图 7-14 中的单粗线部分所示。

(2) 假如是因三相电源支路开路造成道岔不能转换。三相电源支路为如图 7-14 中双粗线所示的电路部分。很显然，2 线即便完好，但是如果三相电源断相，电机也是不能动作的。这个问题的处理方法与"定位有表示反操不能"故障相同。

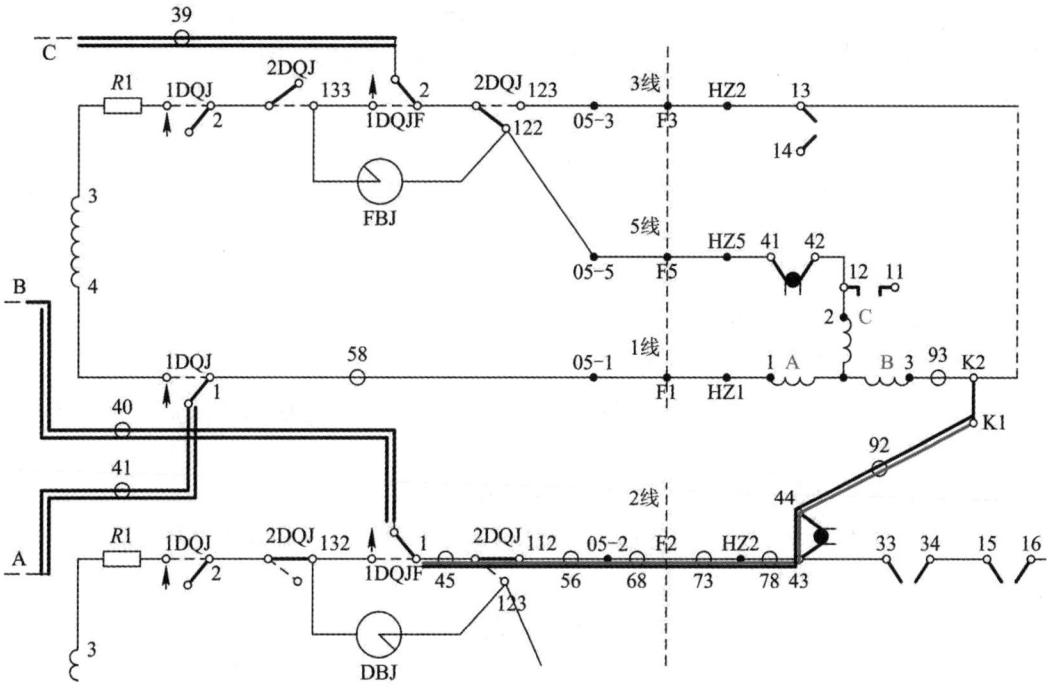

图 7-14　道岔由反向定位转换的动作电路

## 2. 2 线故障的查找方法

首先确定 2DQJ 已转极为吸起状态(此目的是为了保证能让表示电源借入动作电路中)，使 2DQJ132-131 接通。此时的电路接通情况如图 7-15 中粗线部分所示。

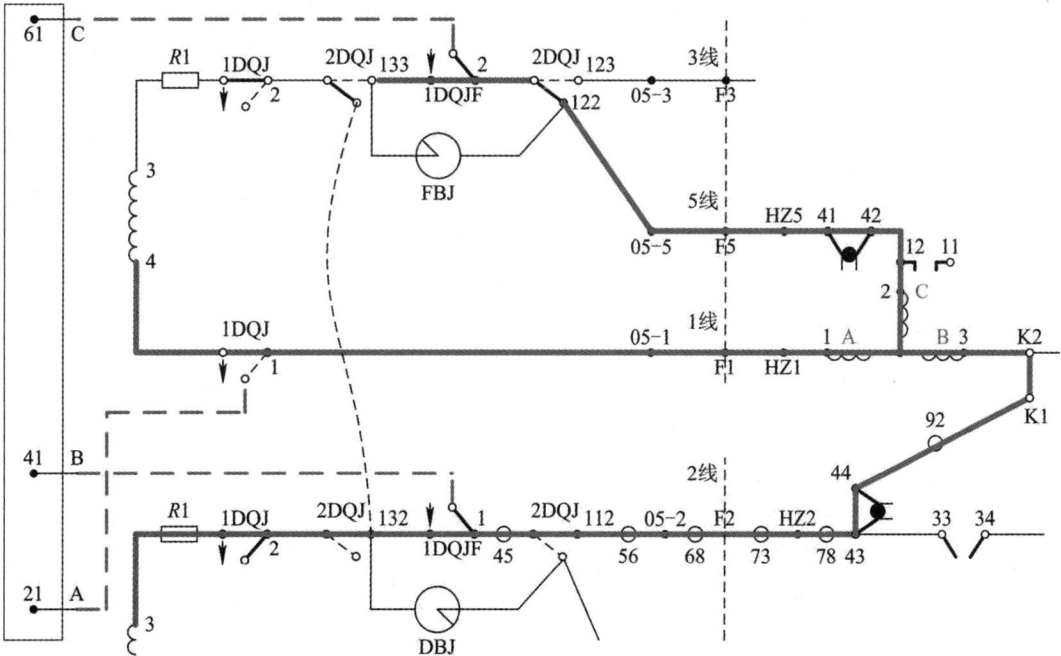

图 7-15　道岔由反向定位转换时借入表示电源示意图

从图 7-15 可知，此时 1、2 线与表示电源构成回路，故可以通过借表示电源，采用测电压的方法来寻找开路点。具体的查找方法或过程表述如下(方法与第一种故障情况相同)：

1) 测量分线盘 F1 与 F2 之间电压为 0 V

当测量分线盘 F1 与 F2 之间交流电压为 0 V 时，则说明 2 线室内故障，其故障为 "45" "56" "68" 点之一(结合图 7-15 理解)。

接着将万用表一表笔放在分线盘 F1 端子上，另一表笔在 2 线室内部分进行步进测量，当电压出现 0 V 与 110 V 的跳变时，则可找到故障点。

2) 测量分线盘 F1 与 F2 电压为 110 V

当在分线盘上测量 F1 与 F2 之间的电压为 110 V 时，则表明问题出在 2 线室外部分，其故障为 "73" "78" "92" 点之一。

接着将万用表一表笔放在室外电缆盒内的 HZ1 端子上，另一表笔从 HZ2 开始步进测量 2 线室外各端子上的电压，直到电压出现 110 V 变为 0 V 时，即可找到故障点。

3) 测量分线盘 F1 与 F2 之间电压约为 12 V

若测量分线盘 F1 与 F2 之间的电压时，若为 12 V 左右(即为电机绕组 1-3 两端的电压)，表明 1、2 线回路能正常导通，也即证明外线电路正常。此时道岔不能向定位转换，是因缺少动作电源所致。这一情况的故障查找方法参看 "定位有表示反操不能" 故障处理中的讲述。

**注意**：在道岔仿真设备上，利用借表示电源法查找启动电路故障点时，找到了故障点并点击 "修复" 按钮之后，在将要点击 "下一个故障点" 按钮之前，务必先要将 2DQJ 的状态转换到与道岔位置对应的状态，即对道岔进行回转操作(若原来是定位不能向反位转换的故障，则向定位单操；若原来是反位不能转向定位故障，则向反位单操)。

## 7.4.3 "表示正常但操纵不能" 故障处理

"表示正常但操纵不能" 的故障现象是：道岔在定位或反位时表示均正常，单操道岔时也能正常转到另一位置，且转换后表示正常，但再回操时道岔不能正常转换。这就是说，这一故障不会影响表示电路，仅仅影响电机动作电路。

这里要记住 "在第一次单操时，道岔能正常转换" 这一前提条件。

1) 故障范围分析

**1. 因启动继电器电路故障造成第二次道岔不能转换故障范围分析**

尽管在第一次单操道岔时，道岔能正常转换，但不等于第二次回操道岔时驱动电路、启动继电器电路没有故障，因为定位转换和反位转换道岔时，它们工作的电路并不是全部重合的。比如：原道岔在定位表示正常，反位转换时也正常，并且转到反位后表示还正常，这时假设故障是 DCJ 不能被驱动吸起，那么接下来向定位转换道岔时就不能正常转换了。不过 SFJ 的驱动电路肯定是完好的，因为无论定转还是反转道岔，SFJ 都是要被驱动吸起的。按此原理分析控制电路可知，如果第一次道岔转换正常，1DQJF 励磁电路及 1DQJ 自闭电路和 BHJ 吸起电路就都是正常的，这是因为无论是定操还是反操道岔，它们的动作电路相同。

因此，在"表示正常操纵不能"时，启动继电器电路中可能的故障对象有：

(1) DCJ(开始道岔在定位时)或FCJ(开始道岔在反位时)驱动电路。

(2) 1DQJ励磁电路。

(3) 2DQJ转极电路。

这也告诉我们，无论在什么情况下，在单操道岔试验时，一定要注意观察FCJ或DCJ、1DQJ及2DQJ的动作情况，以判别故障出在启动继电器电路部分还是电机动作电路部分。

### 2. 电机动作电路故障造成第二次道岔不能转换故障范围分析

由于第一次转换道岔时，电机动作电路是正常的，这说明启动继电器及BHJ电路都完好，三相电源正常并能将动作电源正常地送到电机中。

另外还由于这一故障并不影响表示电路，可知启动电路与表示电路的重叠部分也是完好的。由此，在控制电路中(室外部分)减去与表示电路重叠的部分，剩下的即为故障的电路部分。以ZYJ-7道岔控制电路为例，可分析得出其故障的范围只有一个地方，即如图7-16中虚线框所示的部分。为表述方便将其称为K支路。

**注：** 这里是以ZYJ-7道岔控制电路为例来分析的，如果是其他类型道岔的控制电路，也按照这个思路去分析。当然其结果可能并不完全相同，读者可以自己去研究。

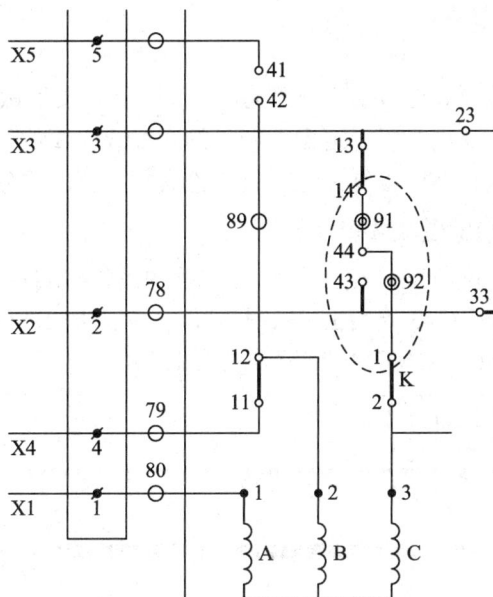

图7-16　只影响道岔转换电路部分范围示意图

对K支路做进一步分析如下：道岔向反位转换时3线走的是14—44—K支路(图7-17(a)中双粗线所示部分)，它包含"91""92"两个故障点，而道岔向定位启动时2线走的路径是43—44—K支路(图7-17(b)中粗线所示部分)，它只包含"92"点。

由此可得：如果道岔定、反位表示均正常，且能向定位转换而不能向反位转换时，则故障一定是"91"点。

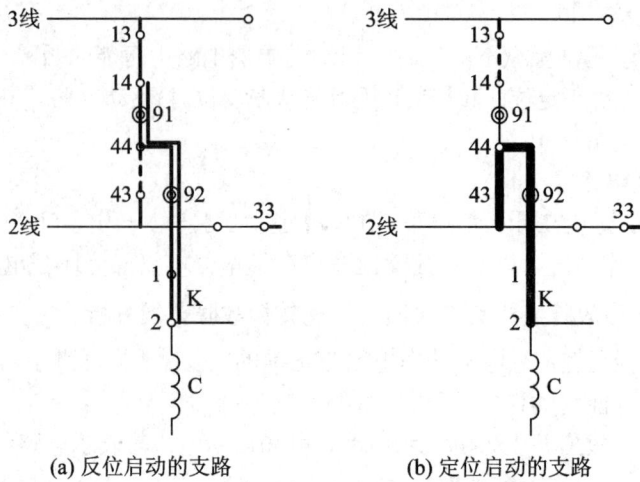

(a) 反位启动的支路　　　　　　　(b) 定位启动的支路

图 7-17　只影响道岔反转或定转的电路部分示意图

2) 故障查找思路

根据前面的分析结果可知，造成道岔第二次不能转换可能的原因有以下四种可能性：

(1) DCJ(开始道岔在定位时)或 FCJ(开始道岔在反位时)不能被驱动吸起。

(2) 1DQJ 不能励磁。

(3) 2DQJ 不能转极。

(4) K 支路断线。

以上所有情况下的故障处理方法之前都有讲述。至于 K 支路故障点查找也是属于"定位有表示反操不能"或"反位有表示定操不能"的 2 线或 3 线故障之内。因此，这里对这些故障点查找的具体方法就不再重复讲述，只讨论其故障范围的分析思路。

### 1. 第二次 1DQJ 不能励磁故障查找思路

假设第一次道岔由定位向反位转换正常，第二次由反位转向定位时 1DQJ 却不能励磁，那么故障出在 DCJ21—2DQJ143 支路上，如图 7-18 中的双粗线部分所示。因为定位和反位转换时其励磁电路与 SFJ21—2DQJ141 支路是重合的。

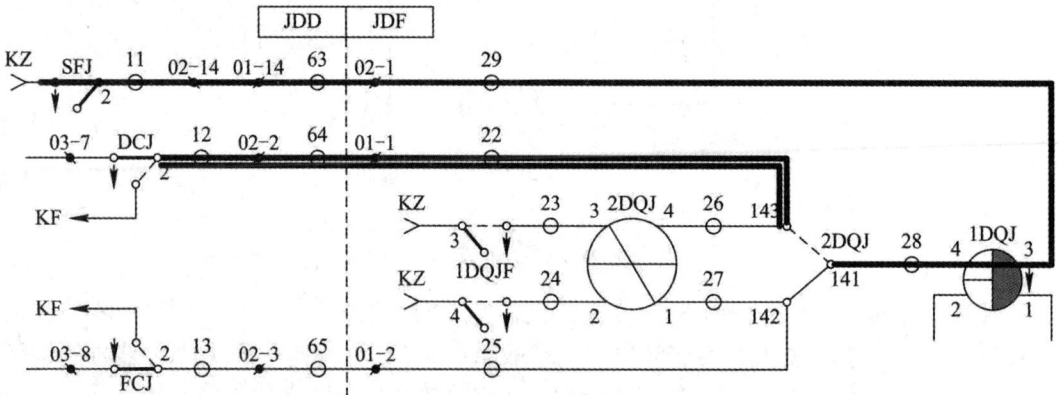

图 7-18　第二次由反位转向定位时 1DQJ 不励磁故障范围示意图

同样道理，假如第一次道岔是由反位向定位转换正常，第二次由定位转向反位时 1DQJ

不能吸起，那么故障出在 FCJ21—2DQJ142 支路上。因此，对此故障的处理只要在这部分的电路上查找即可，具体查找方法见前一节内容。

### 2. 第二次 2DQJ 不转极故障查找思路

假设第一次道岔由定位向反位转换正常，第二次由反位转向定位时，若 2DQJ 不能转极，那么故障出在 KZ—2DQJ143 支路上，如图 7-19 中双粗线部分所示。因为其转极电路在 21—2DQJ143 支路上与 1DQJ 的励磁电路重合。

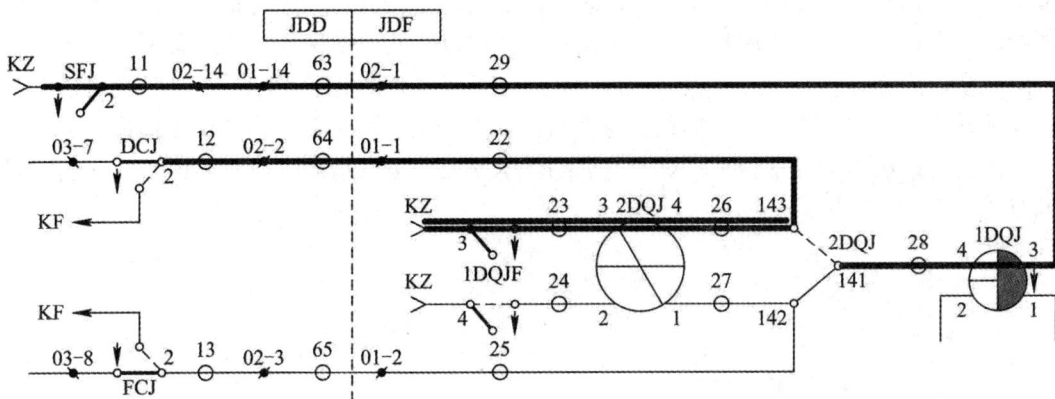

图 7-19 第二次由反位转向定位时 2DQJ 不转极故障范围示意图

同理，如果开始时道岔在反位，转到定位之后又向反位操纵时，2DQJ 不能转极吸起，那么，其故障的范围在 KZ—2DQJ142 支路上。因此，对此故障的处理，只要在这部分的电路上查找即可。

## 7.4.4 缺相时电机电流变大的原因分析

在前面讲述电机动作电路故障处理时，曾经讲到可利用电流表读数的大小变化来分析电路故障范围，下面将就这个问题做理论分析，解释为何在三相交流电源缺相时，其有电支路中的电流变大的原因。

在三相交流电源正常时，由于三相电的对称性，三个电机线圈中的电流大小相等，都为相电流，只是相位差互为 120°(如图 7-20 所示电机电路断相后电流变化示意图左侧部分)。当三相电中的一相断线后，另两相中的电流将会增大。现假设 B 相断(图中标×处)，那么 A、C 相之间的电压由原来的相电压 220 V 变成了线电压 380 V，即电机的 A、C 线圈成了串联，它们的电流大小相等，都等于线电流(约为原相电流的 $\sqrt{3}$ 倍，即 1.732 倍)。

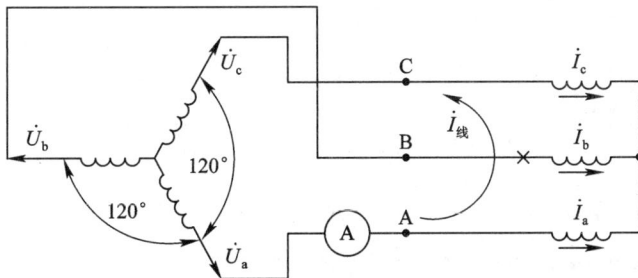

图 7-20 电机电路断相后电流变化示意图

　　假设道岔正常转换时的电流为 2 A，那么电源断相后，电流表的读数将变为 3.5 A 左右 (2 × 1.732)。所以电机在缺相时，操纵道岔可以看到，道岔电流表的读数会比正常时要大。当然，由于电流表是串联在 A 相上的，所以如果 A 相线开路，电流表的读数就变为 0 了。

　　当 BHJ 不能励磁或 1DQJ 不能自闭时，并不影响电机电路，只是接通时间比较短，理论上电流表的读数应与正常时一样，但由于所使用的电流表类型不同，或道岔中电机类型的参数不同，这时的电流值会表现出不同情况，有的比正常值小点，有的比正常值大点，但最大与正常时电流相同。就是说，这时电流值的大小没有什么参考价值，但由于此电流的短时间存在，使我们能清楚地看到电机存在短时动作这一故障现象。这有利于我们分析故障范围，因为道岔在室外，电机是否动作过，若不在现场是看不到的，这时就可借助电流表的动作来确定。当然，我们在信号微机监测系统上也可借助道岔电流曲线图看到。

　　因此，在操纵道岔试验时，对于电机动作电路故障可以借助电流表的读数变化情况帮助我们分析故障范围。

# 第八章　交流道岔控制电路故障处理流程

前面我们用了大量的篇幅讨论了交流道岔故障处理的方法，但都是从单个角度来讲述的，初学者难以在短时间内将这些知识串联起来形成系统知识，从而难以理解其逻辑关系。由于道岔控制电路本身是一个完整的体系，各部分的工作方式必然受到系统逻辑关系的约束，因此不论哪个地点或元件出现故障都会或多或少地关连到其他对象，所以想一下理清这些关系是不容易的。

当然，也正因为各部分电路的这种连带关系，当某个对象故障时，也必然会表现出相应的现象。然而，恰恰也是由于这些不同现象(包括电气参数的改变)的呈现，给我们分析和处理故障提供了帮助。

下面我们就做一些整理或总结性工作，以方便信号维护人员提高对信号设备的维修能力。

## 8.1　表示电路故障处理流程

道岔表示电路自身的基本任务除了给计算机联锁系统提供正确的道岔位置信息之外，由于表示电路一直处于不间断地工作状态，所以它又具备了平时对道岔控制电路完好性的检查能力。当道岔控制电路故障时，大部分的情况下会影响道岔表示。因此在这些故障出现之后，就可能被表示电路所发现，以提醒信号维护人员及时检修，不至于等到需要使用道岔时才被发现，以减少对行车效率的影响。所以，对表示电路故障的处理就具有了重要意义。

### 8.1.1　定位表示电路故障处理流程

如图 8-1 所示是道岔定位无表示故障的处理流程图。此流程图已经将其故障处理的方法及判断过程描述得很清楚了，因此就不再做文字说明。为了方便学习、理解，可根据如图 8-2 所示的表示电路的故障范围划分图进行分析、理解。

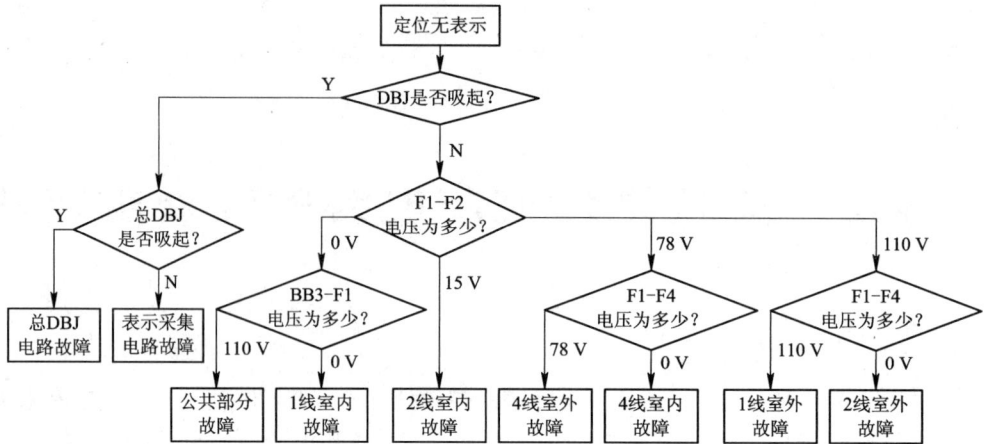

图 8-1　道岔定位无表示故障的处理流程图

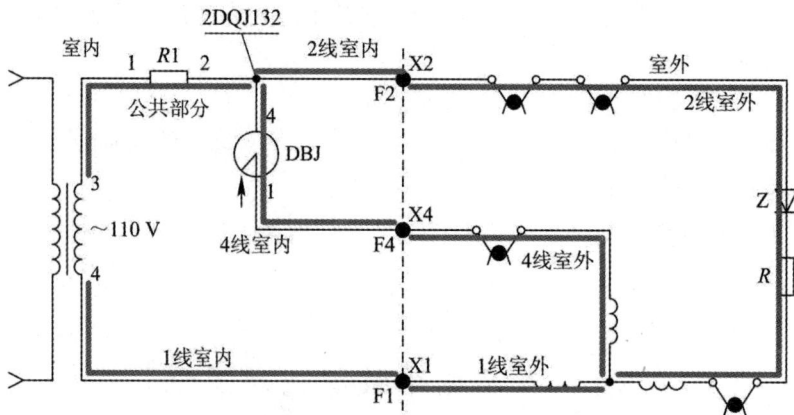

图 8-2　DBJ 电路的故障范围划分图

## 8.1.2　反位表示电路故障处理流程

图 8-3 所示为道岔反位无表示故障的处理流程图，图 8-4 为 FBJ 电路的故障范围划分图。

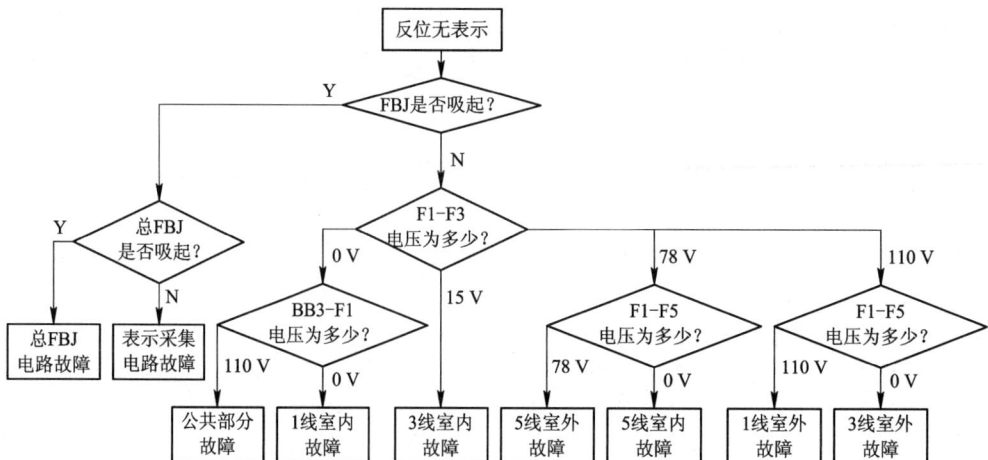

图 8-3　道岔反位无表示故障的处理流程图

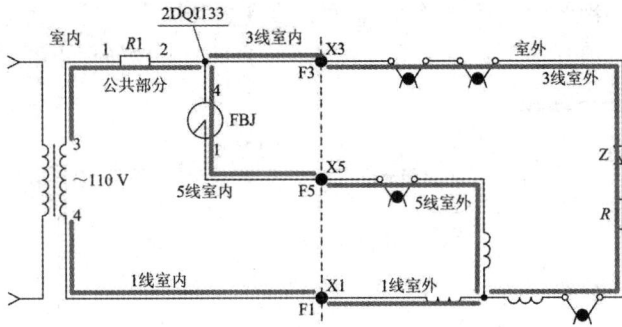

图 8-4　FBJ 电路的故障范围划分图

## 8.2　启动电路故障处理流程

道岔启动电路包括启动继电器电路与电机动作电路，两者相互配合完成道岔转换。由于道岔表示电路与启动电路有许多重合的部分，所以当启动电路与表示电路的重叠部分出现故障时，通常会在表示电路中表现出来。然而，不是所有影响道岔启动的故障都能被及时发现。比如：假设道岔平时处在定位状态，而且表示正常，那么该道岔的反位表示是不是正常(即反位表示电路是不是故障)就不知道了，只有等到道岔需要向反位转换之后才清楚。再比如：道岔在定位表示正常，也能正常转换到反位，假设反位表示也正常，那么道岔由反位转向定位会不会正常也不知道，只有将道岔向原位操纵时才能被发现。

通过以上的分析，可将启动电路故障划分成"定位有表示但反操不能"和"反位有表示但定操不能"两种情况。再加上"表示电路定位表示电路故障"和"反位表示电路故障"两种故障情况，将故障划分为这样四种情况，就涵盖了道岔控制电路所有故障的可能。

### 8.2.1　"定位有表示但反操不能"故障处理流程

图 8-5 所示为道岔在定位时有表示但不能向反位转换("定位有表示但反操不能")故障的处理流程图。

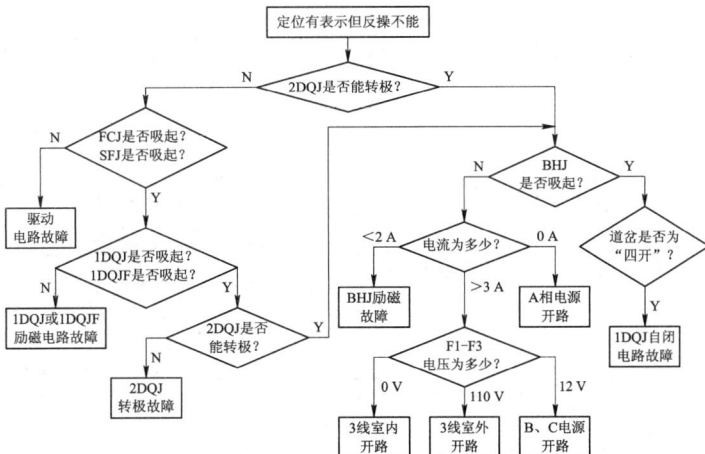

图 8-5　"定位有表示但反操不能"故障处理流程图

要注意的是，流程图中说的 5 个故障("3 线室内开路""3 线室外开路""B、C 电源开路"及"A 相电源开路",)范围皆为图 8-6 中所指定的部分，不要误认为是整条线路。

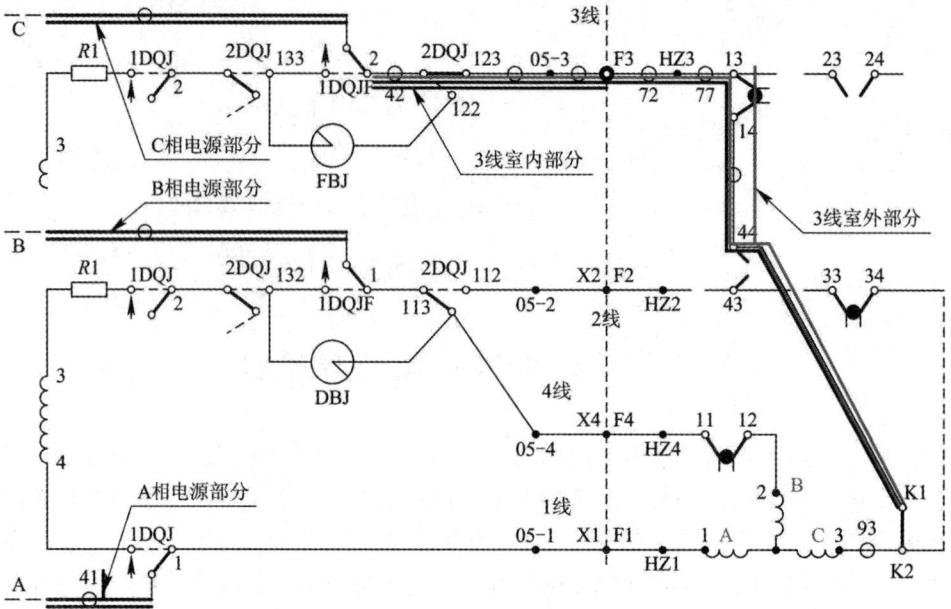

图 8-6　流程图 8-5 中 5 个故障范围指示图

## 8.2.2　"反位有表示但定操不能"故障处理流程

图 8-7 所示为道岔在反位时有表示，但再向定位操纵道岔时不能转换("反位有表示但定操不能")故障的处理流程图。

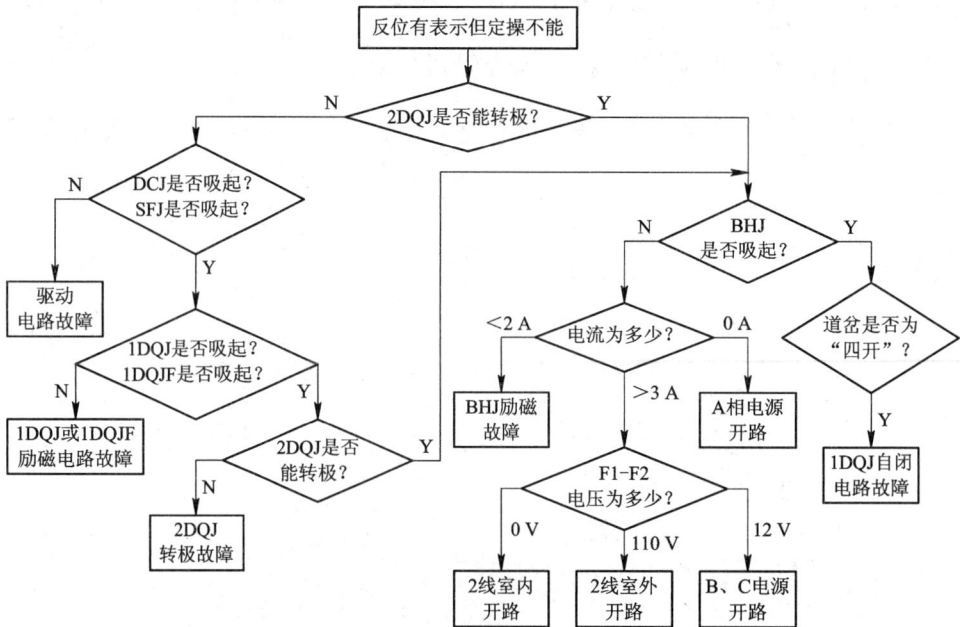

图 8-7　"反位有表示但定操不能"故障处理流程图

　　流程图中所说的 5 个故障("2 线室内开路""2 线室外开路""B、C 电源开路"及
"A 相电源开路")范围皆为图 8-6 中所指定的部分。

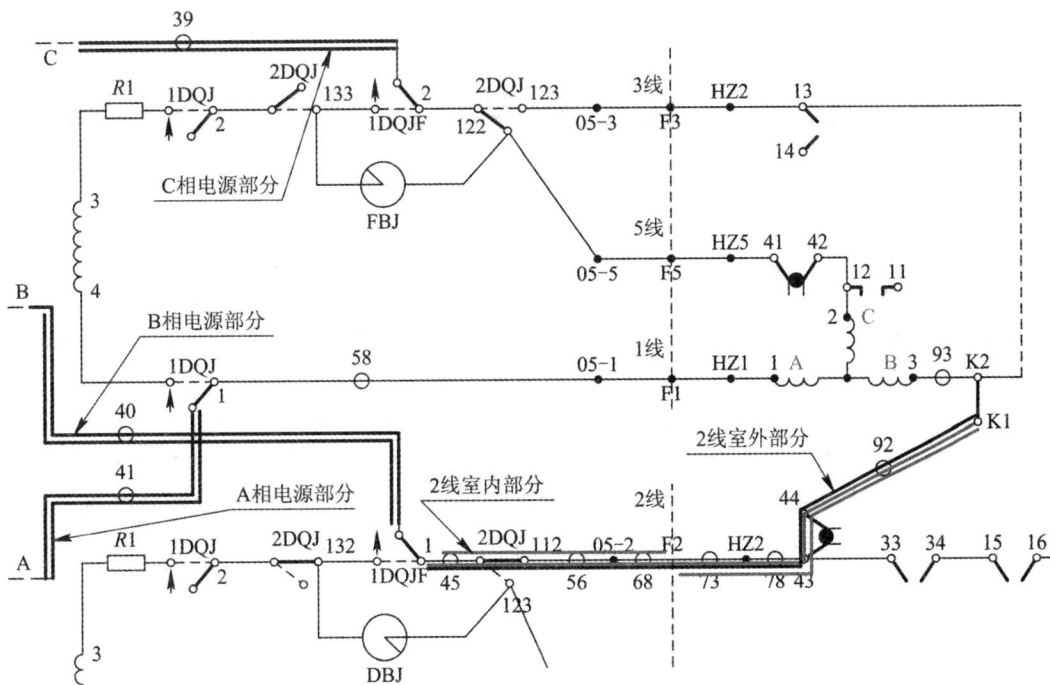

图 8-8　流程图 7-25 中 5 个故障范围指示图

　　从上面的两个流程图可以看出，无论是"定位有表示但反操不能"，还是"反操有表
示但定操不能"，其中的"B、C 电源开路"及"A 相电源开路"故障是两种情况所共有
的，也是三相电源故障。由此表明，三相电源故障只影响道岔转换，不影响道岔表示，
且定、反位转换都影响。这一结论也提醒我们，在道岔定、反位表示都正常的情况下，
仅是道岔不能转换时(假设道岔操纵试验时发现启动继电器工作正常)，首先应该去检查三
相电源。

比如：在操纵道岔时观察到道岔位置表示灯灭后又重新点亮；2DQJ 没有转极；进一步观察发现，在 1DQJ 吸起后而 1DQJF 不曾吸起，则可断定故障出在 1DQJF 不能吸起电路中。其他故障情况的分析思路与其类似。

第三类情况故障现象比较特殊，它会造成道岔"四开"。区分故障对象时，只需观察 BHJ 的动作情况，如果 BHJ 吸起后很快落下，则是 1DQJ 不自闭；如果 BHJ 没有吸起过，则是 BHJ 自身不能励磁。

如果道岔不能动作(电机一点不动)，并发现 2DQJ 已正常转极，但 BHJ 也不吸起时，则故障就属于上面的第四种情况，即因三相电源不能正常送入电机中，使之无法带动道岔转换，也称为电机动作电路故障。

### 9.1.2　控制电路故障结果分类

上面是从造成道岔不能转换的原因为出发点来划分控制电路故障类型的。这种划分方式虽然好理解但概括性不强，显得比较杂乱，在进行故障压缩分析时思路不够明晰。

下面我们从道岔能否动作的结果来概括道岔工作的状态。

交流道岔控制电路无论是哪部分故障，若从最终的电机能否动作或怎样动作的表现情况来看，又不外乎有下面三种情形：

(1) 电机"不动"：电机无法得到三相电源。其原因是：电源故障(包括 ABC 三相电源到 DBQ 导线开路)；启动继电器电路故障，造成电源无法供出；接通电机的三条启动线某处开路。

(2) 道岔"四开"：交流电机能短时间内被接通。其可能的原因只有两种：1DQJ 不自闭和 BHJ 自身不能励磁。

(3) "正常转换"：启动继电器电路以及电机电路正常，即故障只影响表示电路。此种情况也可称"无表示"。

这样划分故障类型有利于故障压缩的分析，因为这样划分情形描述简练，故障现象表达明确，概括性强。

### 9.1.3　故障压缩的分析思路

上面以故障结果分类的思路，用在故障压缩上其总的思想就是：无论道岔原来在什么位置(定位或反位)，只将此时道岔的有表示或无表示作为分析故障的初始条件；然后将道岔来回操纵，得到试验结果(对道岔的操纵试验可能一次，也可能需要两次，这要视第一次操纵时道岔能否动作而定。如果第一次能动，就再回操一次)；最后，结合初始条件和试验结果分析出故障的范围。

表 9-1 就是按照这一思路罗列出来的故障压缩分析表(前提条件是控制电路中一定有且同时只有一个开路故障点存在)。

### 表 9-1 故障压缩分析思路列表

| 位置 | 表示 | 操纵类型 | 操纵后的现象 | | | | 故障范围(类型) | | 图示 | 备 注 |
|---|---|---|---|---|---|---|---|---|---|---|
| 定位 | Ⅰ定位有表示 | 反位操纵 | 道岔不动 | 2DQJ 没转极落下 | | | 启动电路部分开路 | FCJ 不吸起 | 参看第五章 | 依据观察到的情况,确定故障对象 |
| | | | | | | | | SFJ 不吸起 | | |
| | | | | | | | | 1DQJ 不吸起 | | |
| | | | | | | | | 1DQJF 不吸起 | | |
| | | | | | | | | 2DQJ 没转极打落 | | |
| | | | | BHJ 不吸 | 电流表读数为 0 | | A 相电(A—1DQJ12) | | ① | 此时不影响表示 |
| | | | | | 电流表读数>1 | | B 相电(B—1DQJF12)或 C 相电(C:X3—K1) | | ③ | |
| | | | 四开 | BHJ 吸起又落下 | | | 1DQJ 不能自闭 | | 略 | 因 1DQJ 缓放,能短时接通电机 |
| | | | | BHJ 没吸起 | | | BHJ 不吸起故障 | | | |
| | | | 能转 | 转换后反位无表示 | 再向定位操纵 | 能转 | 仅影响反表电路电路 | | ⑦ | 回到Ⅳ情况 |
| | | | | | | 不转 | 反表与定操重叠部分 | | ⑩ | |
| | | | | 转换后反位有表示 | 再向定位操纵 | 能转 | 不存在 | | × | 回到Ⅲ情况 |
| | | | | | | 不转 | 仅影响定操的电路 | | × | |
| | Ⅱ定位无表示 | | 不动 | BHJ 不吸 | 电流表读数为 0 | | A 相(1DQJ11—电机绕组 1) | | ② | 因此时同时影响了表示 |
| | | | | | 电流表读数>1 | | B 相(1DQJF11—电机绕组 2)或 C 相(K2—电机绕组 3) | | ④ | |
| | | | 能转 | 转换后反位无表示 | 再向定位操纵 | 能转 | 定、反表电路公共区 | | ⑧ | 回到Ⅳ情况 |
| | | | | | | 不转 | 定表、反表、定操 | | × | |
| | | | | 转换后反位有表示 | 再向定位操纵 | 能转 | 仅影响定位表示电路 | | ⑨ | 回到Ⅲ情况 |
| | | | | | | 不转 | 定表与定操重叠部分 | | ⑪ | |
| 反位 | Ⅲ反位有表示 | 定位操纵 | 道岔不动 | 2DQJ 没转极吸起 | | | 启动电路部分开路 | DCJ 不吸起 | 参看第五章 | 依据观察到的情况,确定故障对象 |
| | | | | | | | | SFJ 不吸起 | | |
| | | | | | | | | 1DQJ 不吸起 | | |
| | | | | | | | | 1DQJF 不吸起 | | |
| | | | | | | | | 2DQJ 不吸 | | |
| | | | | BHJ 不吸 | 电流表读数为 0 | | A 相电(A—1DQJ12) | | ① | 此时不影响表示 |
| | | | | | 电流表读数>1 | | B 相(B—1DQJF11)或 C 相(C—1DQJF21) | | ⑤ | |
| | | | 四开 | BHJ 吸起又落下 | | | 1DQJ 不能自闭 | | 略 | 因 1DQJ 缓放,故能短时接通电机 |
| | | | | BHJ 不吸起 | | | BHJ 不吸起故障 | | | |
| | | | 能转 | 转换后定位无表示 | 再向反位操纵 | 能转 | 仅影响定位表示电路 | | ⑨ | 回到"Ⅱ"情况 |
| | | | | | | 不转 | 定表与反操重叠部分 | | ⑫ | |
| | | | | 转换后定位有表示 | 再向反位操纵 | 能转 | 不存在 | | × | 回到"Ⅰ"情况 |
| | | | | | | 不转 | 仅影响反操电路 | | 略 | |

| 位置 | 表示 | 操纵类型 | 操纵后的现象 | | | 故障范围(类型) | | 图示 | 备 注 |
|------|------|----------|--------------|------|------|----------------|------|------|------|
| 反位 | IV反位无表示 | 定位操纵 | 不动 | BHJ不吸 | 电流表读数为0 | A 相(1DQJ11→电机绕组 1) | | ② | 因此时同时影响了表示 |
| | | | | | 电流表读数>1 | B 相或 C 相(1DQJ21→绕组→K2) | | ⑥ | |
| | | | 能转 | 转换后定位无表示 | 再向反位操纵 | 能转 | 定、反表示电路公共区 | ⑧ | 回到"II"情况 |
| | | | | | | 不转 | 定表、反表、反操 | ⑬ | |
| | | | | 转换后定位有表示 | 再向反位操纵 | 能转 | 仅影响反位表示电路 | ⑦ | 回到"I"情况 |
| | | | | | | 不转 | 反表与反操重叠部分 | × | |

表中"图示"栏中的"①②③…⑬"分别指书中下节内容里所描述的"故障电路区域"的图示标号。比如表中的②在下节内容中就能找到它所指代的某一段电路的图示。表中对于启动继电器电路部分的故障没有给出故障范围的图示，其相关故障的处理方法可参看第七章相关内容。

需要说明的是，信号工在现场实际处理道岔故障的工作中，对故障的对象或范围进行分析与判断时，可以借助信号监测系统中的道岔电流曲线图进行综合分析。特别是影响到电机动作电路故障的部分若能借助电流曲线图的变化情况再进行故障压缩试验，就会很快做出准确判断。尤其是多机牵引的道岔更需要借助电流曲线图来分析故障。

当然，如果我们掌握了单机的故障处理方法，完全可以做到举一反三。

## 9.2 快速压缩故障须牢记的电路

### 9.2.1 快速查找故障的前提

上面所介绍的电路故障分析思路总的指导思想是：先记下开始时道岔的位置信息，再操纵道岔观察现象，两者结合综合分析。因此，单操道岔试验时一定要注意观察下列四种现象：

(1) 观察 SFJ、DCJ 或 FCJ 是否能被正常驱动吸起，以确定是否为驱动电路故障。

(2) 观察 1DQJ(1DJF)及 2DQJ 的动作情况，以确定是否为启动继电器电路故障。

(3) 观察 BHJ 的动作情况、电机有无短时转动现象以及电流表的计数值，以区分是 1DQJ 的自闭电路故障或 BHJ 励磁电路故障，还是电机动作电路故障。

(4) 观察道岔位置表示灯的显示情况，以判断是电机动作电路故障还是表示电路故障。

要能保证正确、快速地找到故障点，有了上面的分析思路之外，还必须清楚正常工作时电路的动作逻辑关系及其电气属性(特别是电路正常工作时各主要端子点间的电压参数)，以便判断故障的性质与范围。

正常情况下，电路的电气属性主要是指：电机的动作电源电压大小；道岔转换时电机绕组中的电流值；表示电路正常情况下，分线盘上的各线之间的电压是多大；等等。这些参数及电路的动作逻辑关系在前面已介绍，这里不再重复表述。

这里再强调一下，一定要记住以下两个电路：

(1) DBJ 电路及由定位向反位转换时的动作电路。

(2) FBJ 电路及由反位向定位转换时的动作电路。

## 9.2.2 DBJ电路及由定位向反位转换的动作电路

图 9-2 所示为 DBJ 电路及由定位向反位转换时的动作电路。图中包含了 DBJ 电路和反位转换动作电路两部分，是它们两者的叠加。这样处理电路的目的是为了在分析故障范围时更简明，更直观，更易于理解。图中粗线显示的是接通电机向反位转换时的动作电路，下半部分则是 DBJ(定位表示继电器)电路。

在图中可清楚地看出，反转道岔时，1DQJ 吸起后立即切断了表示电路，但随着 1DQJF 吸起，2DQJ 转极，即接通反位动作电路(1 线、4 线及 3 线分别将 A、B、C 三相电送入电机)，电机转动带动道岔向反位转换；道岔转换到位后，1DQJ(1DQJF)复原接通反位表示电路。

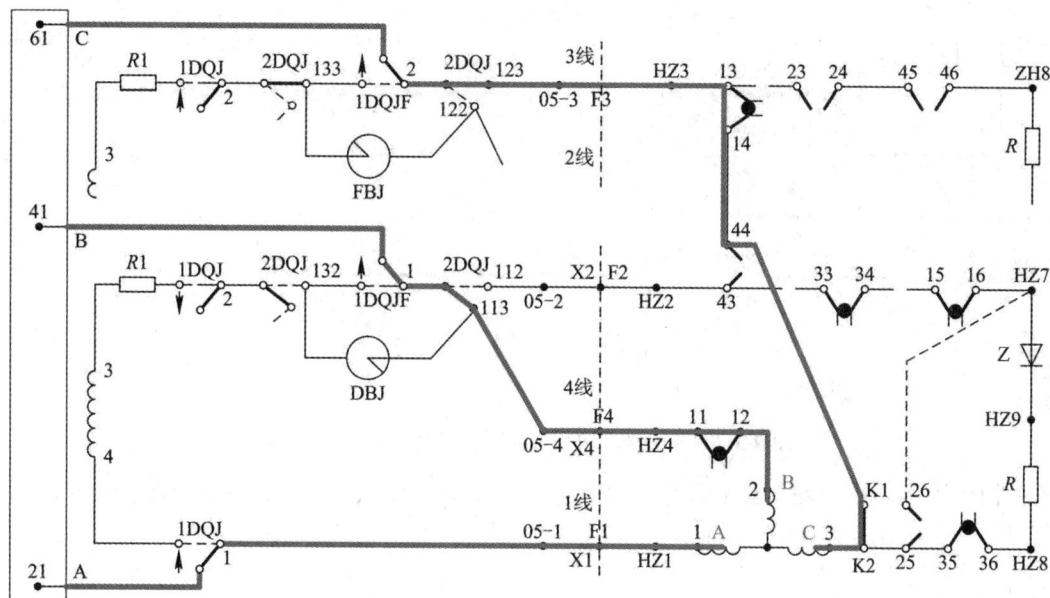

图 9-2 DBJ 电路及由定位向反位转换时的动作电路

由此可知：DBJ 电路涉及 X1、X2 和 X4；反位动作电路涉及 X1、X3 和 X4。特别要注意其动作电路中的 C 相经 3 线接入绕组的 14—44—K1 支路，与表示电路不共用，且它的开路只影响反位启动。

注：此电路图是依据 ZYJ-7 道岔控制电路绘制的(图 9.3 同样)。不同的交流道岔控制电路，其个别通路上的接点条件可能略有差别。

## 9.2.3 FBJ电路及由反位向定位转换的动作电路

图 9-3 所示为 FBJ 电路及由反位向定位转换时的动作电路。此图包含了 FBJ 电路和定位转换动作电路两部分。图中粗线显示的是接通道岔向定位转换时的电机动作电路，上半部分则是 FBJ(反位表示继电器)电路。

分析图 9-3 可知：向定位转换道岔时，1DQJ 吸起后立即切断了反位表示电路，随着 1DQJF 吸起，2DQJ 转极吸起后接通定位启动电路(即 1 线、2 线及 5 线，将 A、B、C 三相电送入电机),电机转动,带动道岔向定位转换。道岔转换到位后,立即接通定位表示电路。由此可知:FBJ 电路涉及 X1、X3 和 X5;定位动作电路涉及 X1、X2 和 X5。

特别要提醒注意,定位转换时,B 相经 2 线接入绕组的 44—K1 支路,它与表示电路不共用(即它只影响定位启动的室外线路)。

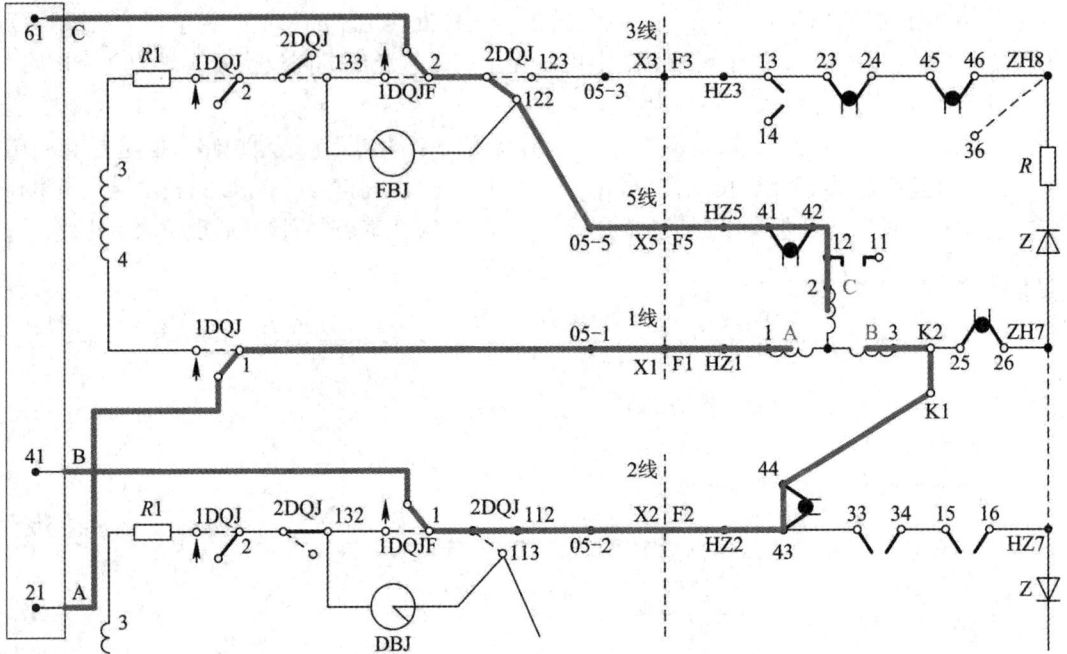

图 9-3　FBJ 电路及由反位向定位转换时的动作电路

记住以上两个电路,在故障压缩时就能清楚地分析出故障范围。而且在后面的电路分析中经常会用到这两电路。

## 9.3　道岔控制电路故障压缩分析

本节我们结合图 6-2 和 6-3 对道岔控制电路故障压缩进行详细分析,以进一步帮助读者深入理解故障压缩分析方法。在学习下面的分析过程中,为便于理解,要注意与表 6-1 进行对照。注意,这里不考虑启动继电器电路故障,即前提是 2DQJ 能正常转极。

### 9.3.1　"单操道岔不动"的故障分析

无论道岔初始位置是定位还是反位,在操纵道岔试验时,如果发现 2DQJ 已转极,但 BHJ 没有吸起电机也没有动作,则可断定为电机动作电路部分故障。这时,首先要借助操纵道岔时电流表(注意:电流表是接在 A 相上的)计数的大小情况来判断是 A 相断电,还是 B 或 C 相断电。当电流表读数为 0 时,直接判定 A 相断电;当电流表读数大于 3A 时为 B 或 C 相断电。其次,依据道岔开始时有无表示的条件进一步压缩三相电源故障的范围。下面具体就各个情况下的故障范围做分析。

**1. 道岔原在定位有表示，反操道岔不动**

根据原道岔在定位有表示，反操道岔不动，可知故障出在"反操"与"定表"非重叠的部分。对照图 9-2 分析，可知其故障的可能范围分别是 A—1DQJ1 或 B—1DQJF1 或 C——K1 支路。

(1) 如果在反操道岔的同时观察到控制台电流表指示为 0，则故障在 A 与 1DQJ12 之间开路，见图 9-4 中的①所指。

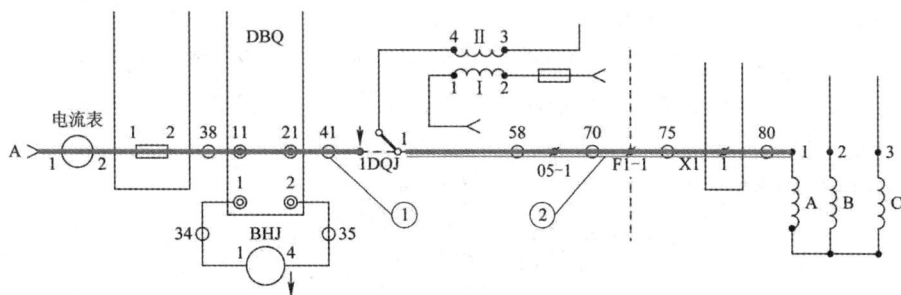

图 9-4　故障区域①、②示意图

(2) 如果在反操道岔的同时观察控制台电流表，发现电流表有指示瞬间大于 3A 的情况，则故障是 B—1DQJF12 或 C—K1 之间，见图 9-5 中的③所指。

**2. 道岔原在定位无表示，反操道岔不动**

根据道岔原在定位无表示，反操道岔不动，可知故障出在"反操"与"定表"的重叠部分。对照图 9-2 分析，可知其故障的可能范围分别是 1DQJ1—电机绕组 1 或 1DQJF1—电机绕组 2、3—K2 之间开路。

(1) 如果在反操道岔的同时观察到控制台电流表指示为 0，则故障在 1DQJ1—电机绕组 1 之间，见图 9-4 中的②所指。

(2) 如果在反操道岔的同时观察控制台电流表，发现电流表有指示瞬间大于 3 A 的情况，则故障范围在 1DQJF1—电机绕组 2、3—K2 之间，见图 9-5 中的④所指。

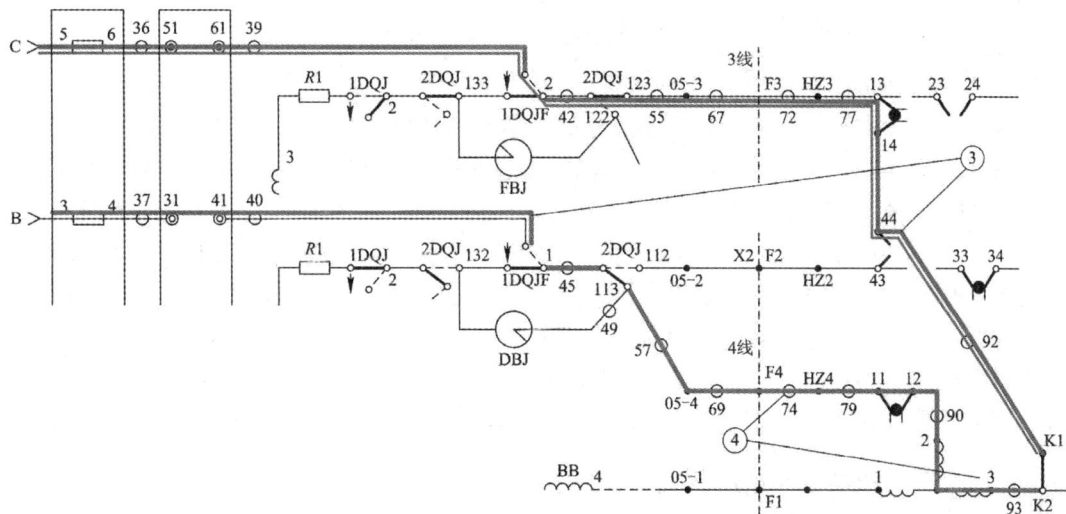

图 9-5　故障区域③、④示意图

### 3. 道岔原在反位有表示，定操道岔不动

根据道岔原在反位有表示，定操道岔时不动，可知故障出在"定操"与"反表"非重叠的部分。对照图9-3分析，可知其故障的可能范围分别是 A—1DQJ1 或 C—1DQJF21 或 B—2线—K1支路。

(1) 如果在反操道岔的同时观察到控制台电流表指示为0，则故障为 A—1DQJ1 之间开路，见图9-4中的①所指(这与上述"道岔原在定位有表示，反操道岔不动"中的第一种情况相同，因为1线是定位，反位电路的公共线)。

(2) 如果在反操道岔的同时观察控制台电流表，发现电流表有指示瞬间大于 3A 的情况，则故障在 C—1DQJF2 或 B—2线—K1支路，见图9-6中的⑤所指。

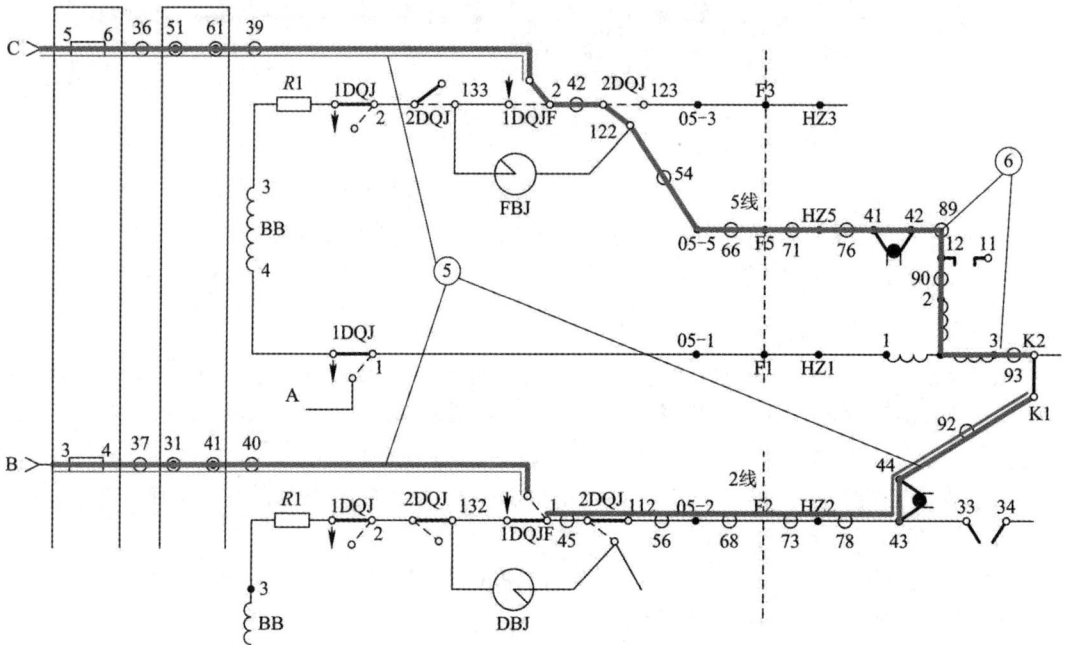

图9-6 故障区域⑤、⑥示意图

### 4. 道岔原在反位无表示，定操道岔不动

根据道岔原在反位无表示，定操道岔时又不动，可知故障出在"定操"与"反表"的重叠部分。对照图9-3分析，可知其故障为 1DQJ1—电机绕组1 或 1DQJF2—电机绕组2、3—K2 之间开路。

(1) 如果在定操道岔的同时观察到控制台电流表指示为0，则故障在 1DQJ1—电机绕组1支路，见图9-4中的②所指(这与上述"道岔原在定位无表示，反操道岔不动"中的第二种情况相同，因为1线是定位，反位电路的公共线)。

(2) 如果在定操道岔的同时观察控制台电流表，发现电流表有指示瞬间大于 3 A 的情况，则故障范围在 1DQJF21—电机绕组2、3—K2支路，见图9-6中的⑥所指。

## 9.3.2 道岔"四开"的故障分析

在转换道岔试验时，造成道岔"四开"(转辙机电机有瞬时接通)现象的本质是由

于 1DQJ 的缓放之后又落下的缘故,直接的原因是 1DQJ 不能自闭。造成 1DQJ 不能自闭的原因,要么是其自身自闭电路故障,要么就是 BHJ 不能励磁使之不能接通其自闭电路。

由道岔控制电路的构成可以看出,在 1DQJ(1DQJF)吸起及 2DQJ 转极后,电机动作电路就已接通,但其接通的时间很短(即 1DQJ 的缓放时间减去 1DQJ 励磁电路接通到 2DQJ 转极完成的时间,假设 1DQJ 的缓放时间为 3 s,且从 1DQJ 开始缓放计时,到 2DQJ 转极完成的时间为 2 s,那么电机的接通时间为 3 - 2 = 1 s),以至于道岔刚刚解锁,电机就停转了,从而造成道岔在"四开"位现象(四开的程度要受道岔其他因素的影响,故其程度不同,但可感知到电机有短时接通的现象存在,其短时间接通情况可从电流表指针的偏转程度得知)。

根据这种现象首先可以排除的是道岔动作电路(包括电源)故障。造成这一现象的原因就只有以下两种可能:

(1) 如果 BHJ 曾经吸起过,1DQJ 不能保持吸起,则为 1DQJ 自身自闭电路故障。

(2) 如果 BHJ 不曾吸起过,则为 BHJ1-4 线圈断电故障(实际情况下,造成断电的原因也包括 DBQ 自身故障)。

如果观察的再仔细点,可看出情况(1)比情况(2)时自动开闭器"四开"现象要严重一点,甚至出现断表示情况。如果能在信号微机监测系统中观察道岔电流曲线,就可以看到这个差别。

1DQ 自闭电路故障或 BHJ 不吸起故障已在启动继电器故障中讨论过了,这里不再做描述。

### 9.3.3 "能回转"前提下的故障分析

这里的道岔能正常向回转换是指无论道岔开始在什么位置,在做道岔操纵试验时,都表现为道岔能正常转换到另一位置,而且向回操纵道岔时也能正常动作。

第一次操纵道岔能动作只表明道岔在这一操纵下的启动电路工作是正常的,但不能表明再向回转换道岔是正常的。所以,出现第一次能转换的情况下,还必须再将道岔回操试验,根据两次操纵试验的所有现象(包括定反位的表示现象)做综合判断。

#### 1. 仅仅影响某一位置表示的故障情况

1)"只影响反位表示"的故障

故障现象:道岔原在定位有表示,反操后无表示,但可同转。

根据上述现象可知故障出在仅影响反位表示的电路部分,即这部分电路一定是在反位表示电路中,且与"定操""反操"及"定表"电路没有交集。寻找这部分电路的方法是:首先在图 9-2 与图 9-3 中找到"定表"与"反表"的非重叠部分,然后将这个非重叠部分再分别与图 9-2 与图 9-3 对照,从中减去与"定操"及"反操"相重叠的电路部分。具体的过程不再详细表述。

依此找到仅影响反位表示的电路部分如图 9-7 中的⑦所指。

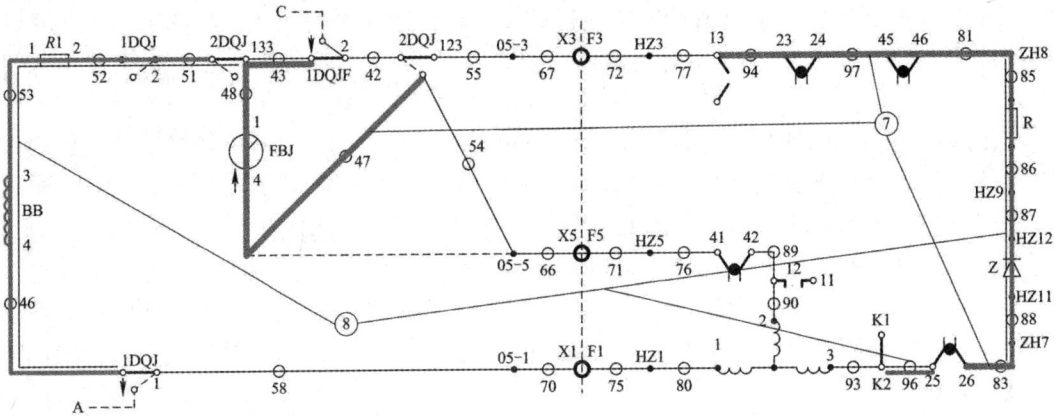

图 9-7　故障区域⑦、⑧示意图

### 2) "只影响定位表示"的故障

故障现象：道岔原在反位有表示，定操后无表示，但可回转到反位。

根据上述现象可知故障出在仅影响定位表示的电路部分。这部分电路的寻找方法同上面一样，也不再详细表述了。

依此找到仅影响定位表示的电路部分如图 9-8 中的⑨所指。

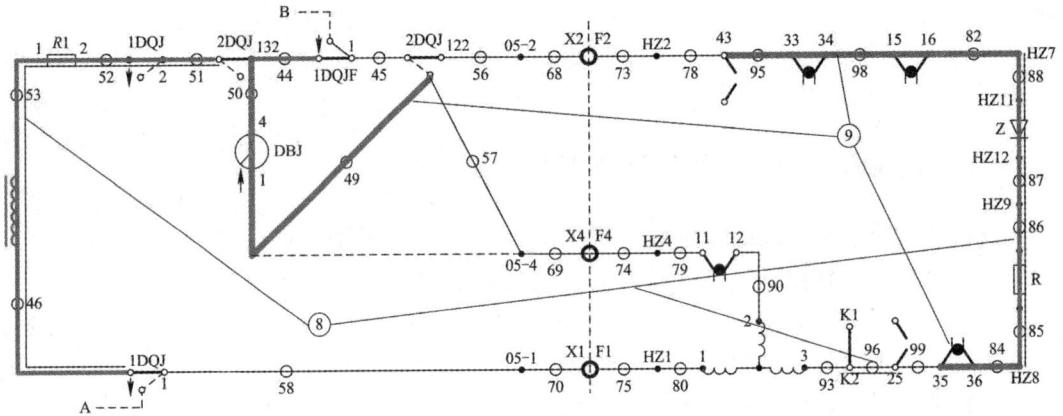

图 9-8　故障区域⑧、⑨示意图

### 3. 只影响定、反位表示(不影响启动)的故障情况

故障现象：无论原道岔在定位还是反位，都无表示的情况下，道岔都能正常来回转换。

由此结果即可知此故障只影响表示电路。这部分故障电路的范围寻找方法是：首先对照图 9-2，在定位表示电路中除去与反位启动电路重叠的部分，从中提取出非重叠的定位表示电路部分；其次在图 9-3 中找到反位表示电路与定位启动电路重叠的部分；从中提取出非重叠的反位表示电路部分；最后将提取出来的两个表示电路部分再从中提取出两者的公共部分电路，即提出来的电路部分就是"只影响定、反位表示，不影响电机动作电路"的部分。具体提取过程不再描述。

由此得到的电路范围为：二极管支路+表示电源支路+自动开闭器 25 与 K2 之间，即如图 9-7 或 9-8 中的⑧所指示的范围。

### 9.3.4　"不能回转"前提下的故障分析

这里的道岔不能回转是指无论道岔开始在什么位置，在第一次操纵试验时都表现为道岔能正常转换，但再向回操纵道岔时不动作。

具体的故障压缩试验结果包含下列几种情况。

#### 1. 第一种情况

第一种情况是指"原在定位有表示，反操后无表示，但不能回到定位"。

如果道岔原在定位且表示正常，反位操纵到反位后无表示，但再向定位操纵时道岔不能转换，则此时的故障范围存在于仅影响"定转"和"反表"电路的公共部分。

对照图 9-3 电路可分析出，故障范围仅为定操电路与反位表示电路的重叠部分，如图 9-9 中⑩所指。

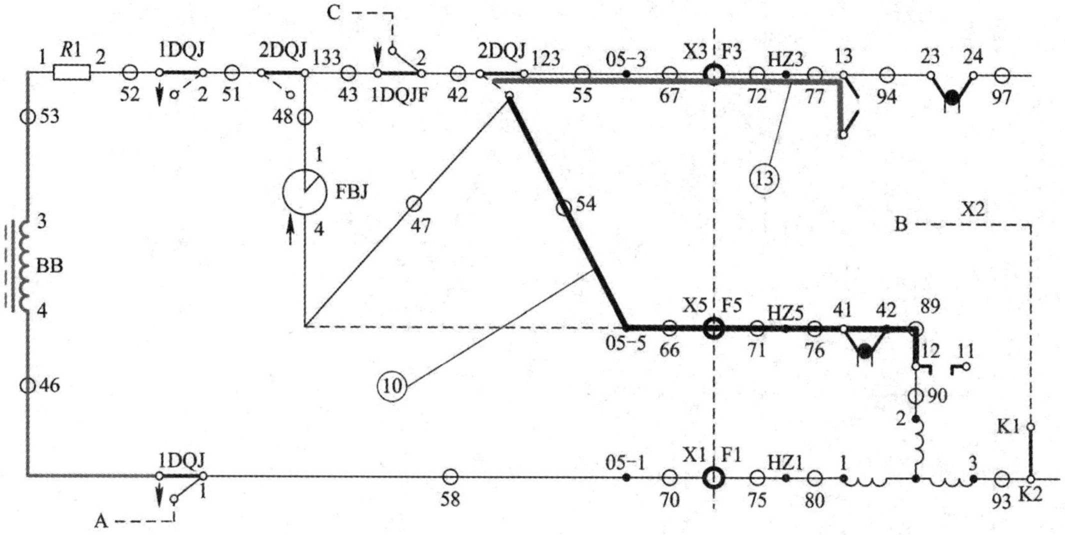

图 9-9　故障区域⑩、⑬示意图

#### 2. 第二种情况

第二种情况是指"原在定位有表示，反操后也有表示，但不能回到定位"。

如果道岔原在定位且表示正常，操纵到反位后表示正常，向定位操纵时道岔不能转换，则此时的故障范围存在于仅影响定转的电路部分。也就是说，我们只要在图 9-3 中的定位启动电路里(图中的粗线部分)提取出某部分电路，且保证这部分电路与"反操""定表"和"反表"电路不存在重叠部分。因为针对目前现有的 TYJ-7 的电路里找不出符合这个条件的电路，所以这种故障压缩试验结果不存在。

当然，如果某类交流道岔的配线图存在这种非重叠的部分，也有可能存在这种情况。由于这种试验结论在理论上也具有可能性，所以这里逻列了出来。

#### 3. 第三种情况

第三种情况是指"原在反位有表示，定操后也有表示，但不能回到反位"。

这种故障压缩试验结果在某些控制电路中也有可能不存在，但就理论逻辑上来讲有存在的可能性，这要视具体的道岔控制电路而言。这里不详细讨论这一情况。

不过提醒一点，在这个举例的控制电路(TYJ-7)中，有一段电路是只影响"反操"的，即图9-1中的自动开闭器接点14—44之间，也即图中所标注的故障点91处。

### 4. 第四种情况

第四种情况是指"原在定位无表示，单操反位后有表示，但不能回到定位"。

如果原道岔在定位无表示，单独操纵到反位后表示正常，但再向定位操纵时道岔不能转换，则此时的故障范围只存在于仅影响"定操"和"定表"电路的公共部分。由控制电路可知"定操"和"定表"电路的独立重叠部分存在于2线上，这样很容易就可找到这部分电路(读者自己尝试地找一下)。

仅影响"定操"和"定表"电路的部分如图9-10中⑪部分所指。

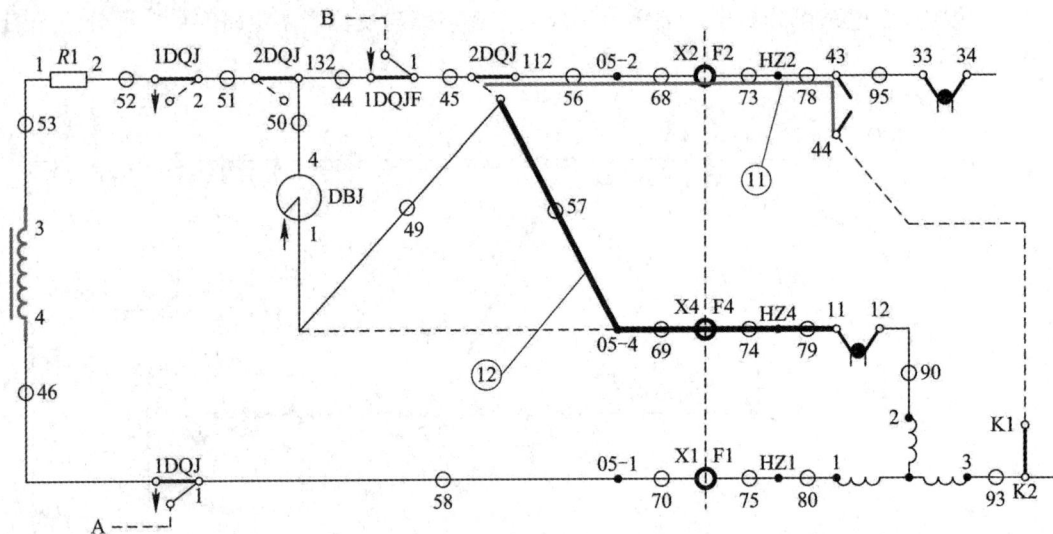

图9-10　故障区域⑪、⑫示意图

### 5. 第五种情况

第五种情况是指"原在反位有表示，单操定位后无表示，但不能回到反位"。

如果道岔原在反位且表示正常，单操纵到定位后无表示，但再向反位操纵时道岔不能转换，则此时的故障范围只存在于仅影响"反操"和"定表"电路的公共部分。

对照图9-2电路可分析出这个重叠的公共部分，如图9-10中⑫部分所示即为仅影响"反操"和"定表"的电路部分。

### 6. 第六种情况

第六种情况是指"原在反位无表示，单操定位后表示正常，但不能回到反位"。

如果道岔原在反位无表示，定位操纵后表示正常，但再向反位操纵时道岔不能转换，则此时的故障范围存在于仅仅影响"反表"和"反操"电路的重叠部分。由控制电路可知"反表"和"反操"电路的独立重叠部分只存在于3线上，这样就很容易找到这部分电路(读者自己可尝试地找一下)。

仅影响"反表"和"反操"电路的电路部分如图9-9中⑬部分所示。

### 7. 第七种情况

第七种情况是指"原在定位无表示，单操反位后无表示，但不能回到定位"。

如果道岔原在定位无表示，单操纵到反位后也无表示，但再向定位操纵时道岔不能转换，则此时的故障范围存在于仅影响"定操""定表"和"反表"电路的公共部分。

要寻找这个公共部分电路，可以在仅影响"定表"和"反表"的重叠部分找到与"定表"共用的电路部分即可。我们知道仅影响"定表"和"反表"的电路部分是前面讨论过的⑧部分，现将⑧所示的电路部分再对照图 9-3，便可从中找到与"定操"电路交集的部分。其结果是两者无交集存在，故这种故障压缩情况实际也不存在。对照图 9-11 也可分析出"定表""反表"的公共部分与定位启动电路无交集。

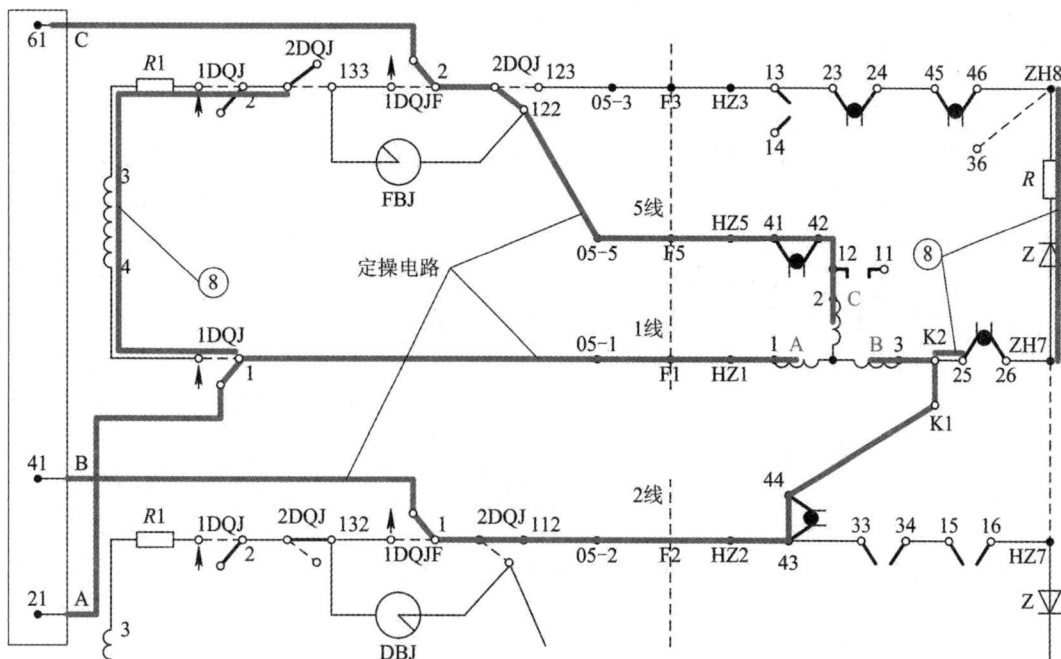

图 9-11　定操电路与表示公共电路对比图

### 8. 第八种情况

第八种情况是指"原在反位无表示，单操定位后无表示，但不能回到反位"。

如果道岔原在反位无表示，单操纵到定位后也无表示，但再向反位操纵时道岔不能转换则此时的故障范围存在于仅影响"反操""定表"和"反表"电路的公共部分。同上面的分析方法一样，此结果也不存在。

到此，对道岔控制电路故障的范围压缩已分析完成。其过程表面上看好像很复杂，但它的意义在于对故障范围的压缩过程，可为我们提供一种方法或思路。对本章内容读者要重在理解，能否保证快速、准确地查找出故障点，其前提决定于读作对电路的熟悉程度以及思路是否明确。其他各种故障范围的查找方法我们将另列一章讲述。

信号维护人员在实际工作中如果发现道岔出现故障时，通常可以在信号监测系统中查看该道岔的监测信息或相关数据，尤其是道岔动作电路部分的故障，通过查看其道岔电流曲线能更有利于对故障的分析。因此，为方便读者，后面将专门用一章内容来介绍道岔电流曲线图的相关知识。

# 第十章　电子模块道岔控制电路及其故障处理

　　我国目前有些地区使用的计算机联锁系统中，对道岔的控制采用了电子模块的控制方式，取消了继电器联锁系统下的道岔控制继电器电路。

　　所谓电子模块道岔控制电路，是取消了道岔与联锁系统连接的传统继电器接口形式，不再使用继电器控制电路控制道岔，改由电子电路或单片机之类的电子控制模块代替传统的继电器执行电路和接口电路，来实现对联锁系统道岔转辙机的数据采集和驱动控制等。

　　继电器电路控制方式虽然比较成熟，但也有一定不足，如电路复杂，所用设备多，配线多，体积大，更主要的是成本高。电子模块的道岔控制方式具有可靠性高、体积小、功能强大、便于组网、易于维护等优势。另外它还有很强的自检能力，具备外线短路自动保护、封连线自动报警等功能，能够对外部设备和自身设备进行实时监测，有故障时能及时报警；而且可以为轨道交通自动化、信息化提供基础信息，便于实现远程管理和远程诊断。总之，电子模块道岔控制电路的监督、测试、报警功能齐全，故障分类清晰明确，且故障处理可达到板极，并基本上可以做到无维修，维护少，真正可实现信号设备的状态维修。

　　科学技术的发展，为微电子技术进入铁道信号基础设备的控制领域提供了必要的技术基础。因此，针对轨道交通信号领域中最薄弱而又关键的基础设备的控制，采用全电子化控制模块是必然趋势，也必将得到普遍的应用。

　　本章主要介绍电子模块的道岔控制电路及其故障处理方法。

## 10.1　POM4 道岔控制电子模块

　　电子模块的类型因厂家不同而有所不同，但就目前来看，若是站在被控制对象(道岔)的角度看其功能是基本相同的，尽管其模块的名称不一样。我们以 POM4 电子模块为例做介绍。

### 10.1.1　POM4模块的作用

　　POM4 道岔操作模块是西门子公司的信号联锁系统设备所采用的模块之一。POM4 道岔操作模块即是点对点式控制模式(Point Operating Module)的简称。

　　道岔操作模块的主要作用是为联锁系统和转辙机之间提供接口。它从联锁系统接收命令，并将这些命令转发到转辙机使之实现位置转换，同时收集、处理来自道岔转辙机的指示信息(主要是位置信息)，并将这些指示信息转发回联锁系统，使之能为人机对话界面提供明确的道岔位置表示信息。另外，当发现道岔错误时也能为联锁系统或通过面板上相关指示灯，为人们提供相关设备工作情况的信息。

## 10.1.2　POM4模块的技术数据

POM4 模块的相关技术数据如表 10-1 所列。图 10-1 为 POM4 模块板的实物图。

**表 10-1　POM4 模块的技术数据**

| 模块格式 | 双欧式卡 1(233 mm × 220 mm) |
|---|---|
| 模块宽度 | 355.6 mm (= 8U) |
| 电磁兼容 | 符合 EN 50081-2，EN 61000-6-2 |
| E = 0，T = 25℃时的 MTBF | 30.6 年 |
| 5 V DC 时的电流输入 | 75 mA |
| 控制距离 | 最大为 6.5 km(取决于电缆电容和干扰电压，转撤机和电压) |
| 机械等级 | 工作为 3 M2，存储为 2 M2 |
| 电绝缘 | 2.5 kVeff (测试电压) |
| 电源 | 转撤机电源电压：100～440 V；频率：47～63 Hz |
| 保险丝 | 控制电路：热磁自动断路器(5 A) |
| 道岔控制电流 | 最小电流：1 A；最大电流：5 A<br>最大启动/倒向电流：14 A |
| 温度范围 | 元件环境温度：–40℃～+85℃<br>机柜环境温度：–40℃～+55℃ |

图 10-1　POM4 模块板的实物图

### 10.1.3　模块灯位显示的含义

如图 10-2 所示为 POM4 模块面板示意图，表 10-2 是 POM4 模块灯位显示的含义及相关对象的用途列表。关于道岔控制模块面板上各表示灯及相关开关、按钮的具体作用可参看公司产品说明书。

表 10-2　POM4 模块灯位显示的含义及相关对象的用途列表

| 对象 | 含义、用途 | 标准状态 |
|---|---|---|
| 1.STOP 按钮 | 要求微机接受板件撤除 | — |
| 2.PSS | 绿灯：板件处于工作状态<br>闪绿灯：板可撤除(如 LED3 同亮) | 打开 |
| 3.ERR | 红灯：板件故障或退出登录(LED2 闪烁) | — |
| 4～7<br>(L2，R1，R2，L1) | 道岔位置：<br>左位(负位)：L2、L1 亮<br>右位(正位)：R1、R2 亮<br>为系统测试，指示电压的极性会短暂反向 | 根据道岔<br>位置决定 |
| 8.PD | 在道岔回转时，LED 显示一段时间黄灯(锁闭位置) | — |
| 9.PTI | 灯亮：道岔正在转换(挤岔位置) | — |
| 10，11.(L，R) | 黄灯：道岔处于设计位置 | — |
| 12.POWER | 绿灯：道岔的控制电压存在 | 打开 |
| 13.RUN | 灯亮：道岔正在转换 | — |
| 14.MODE SELECT | 模式选用插座 | 含有标准<br>模式的接头 |
| 15.ON/OFF 开关 | L1、L2、L3 断路器：<br>处于 ON：操作中<br>处于 OFF：已触动自动断路器，或断路器已被关闭 | 打开 |

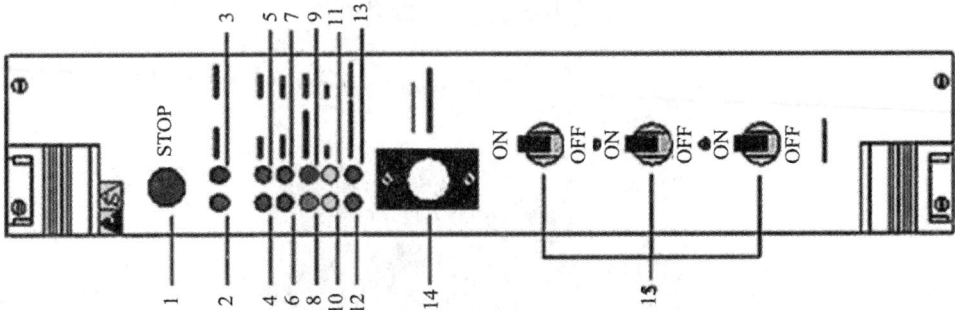

图 10-2　POM4 模块面板示意图

## 10.2　POM4 四线制表示电路及故障处理

首先我们学习 POM4 模块控制的四线制表示电路(转辙机类型以 S700K 型道岔为例)。

### 10.2.1　表示电路原理

#### 1. 道岔在右位时的表示电路

POM4 模块使道岔处于定位时称为右位，也称之为正位。此时的转辙机内部速动开关接点 A 组和 B 组为顶起状态，接通下层接点为 A3-A4 和 B3-B4；速动开关接点 C 组和 D 组为落下状态，接通上层接点为 C1-C2 和 D1-D2。其电路图如图 10-3 所示，模块的 1、2、3、4 端子所对应的连线称为 1 线、2 线、3 线、4 线，其中 1 线、2 线、3 线分别与三相电机的三相定子绕组相连接。

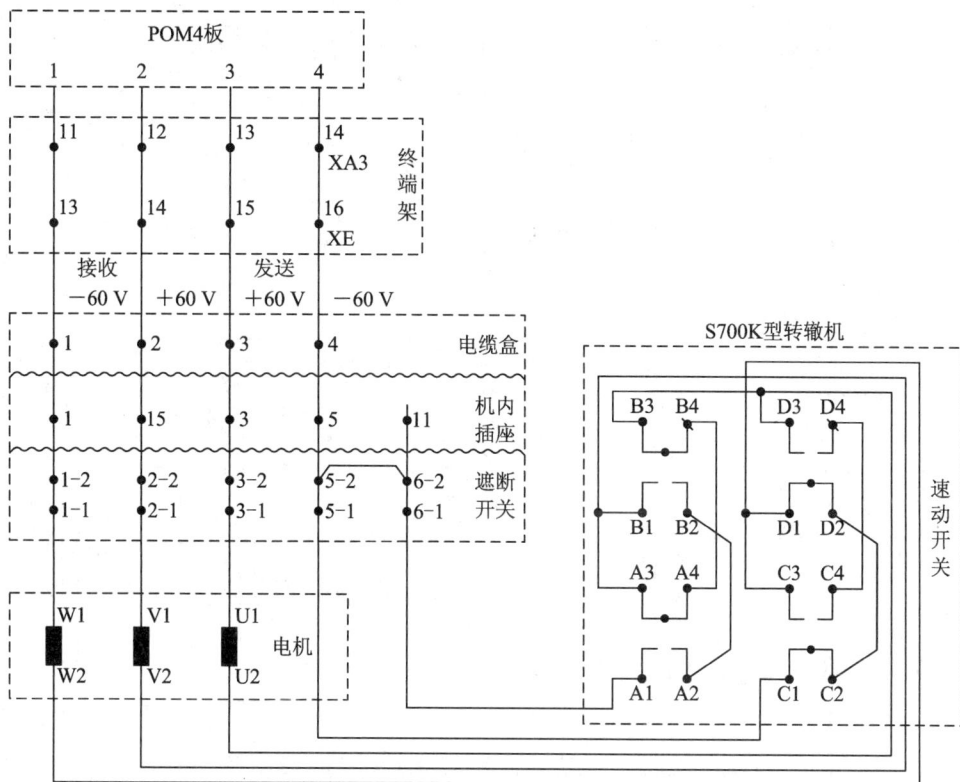

图 10-3　道岔在右位时的表示电路

在没有接收道岔转换命令时的常态下，模块处于采集位置信息的工作状态。POM4 板的 3、4 端子作为发送端向 3、4 线送出检测电压(直流 60 V)；1、2 端子作为接收端从 1、2 线接收检测电压。在道岔位置正确且电路导通的情况下，1 线与 4 线、2 线与 3 线是接通的。

(1) 3-2 线检测电源通路。

+60 V→POM4 板 3→终端架 XA3-13→终端架 XE-15→电缆盒 3→机内插座 3→遮断开

关 3-2→遮断开关 3-1→电机 U1-U2→速动开关 B3-B4→速动开关 A4-A3→电机 V2-V1→遮
断开关 2-1→遮断开关 2-2→机内插座 15→电缆盒 2→终端架 XE-14→终端架 XA3-12→
POM4 板 2

(2) 4-1 线检测电源通路。

−60 V→POM4 板 4→终端架 XA3-14→终端架 XE-16→电缆盒 4→机内插座 5→遮断开
关 5-2→遮断开关 5-1→速动开关 C1-C2→速动开关 D2-D1→电机 W2-W1→遮断开关 1-1→
遮断开关 1-2→机内插座 1→电缆盒 1→终端架 XE-13→终端架 XA3-11→POM4 板 1

就是说，当模块从 3(+)、4(−)送出电压，于 2(+)、1(−)能接收到电压时，表明道岔在
右位(定位)，且室外定位表示电路正常。

### 2. 道岔在左位时的表示电路

POM4 模块使道岔处于反位时称之为左位，也称之为负位。此时在转辙机内部的速动
开关接点 A 组和 B 组为落下状态，接通上层接点 A1-A2 和 B1-B2；速动开关接点 C 组和
D 组为顶起状态，接通下层接点 C3-C4 和 D3-D4。其电路图如图 10-4 所示。

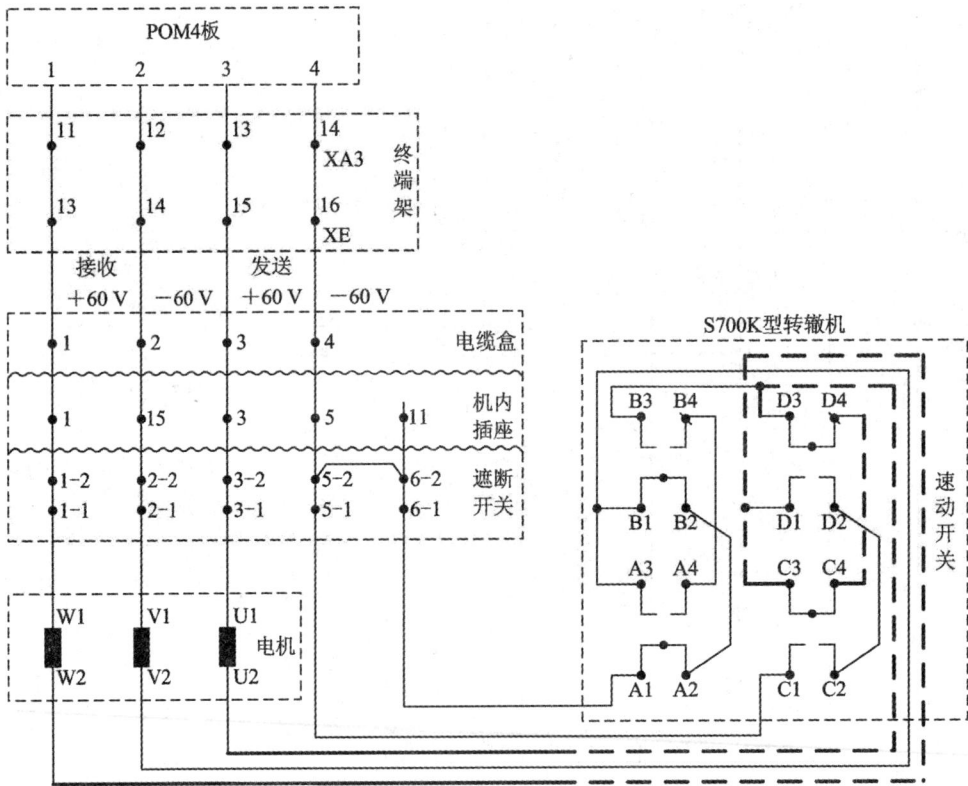

图 10-4   道岔在左位时的表示电路

道岔在左位时的位置监测通路与道岔在右位时不同，此时 2 线与 4 线、1 线与 3 线是
接通的。

(1) 3-1 线检测电源通路。

+60 V→POM4 板 3→终端架 XA3-13→终端架 XE-15→电缆盒 3→机内插座 3→遮断开

关 3-2→遮断器 3-1→电机 U1-U2→速动开关 D3-D4→速动开关 C4-C3→电机 W2-W1→遮断开关 1-1→遮断器 1-2→机内插座 1→电缆盒 1→终端架 XE-13→终端架 XA3-11→POM4板 1

(2) 4-2 线检测电源通路。

–60 V→POM4 板 4→终端架 XA3-14→终端架 XE-16→电缆盒 4→机内插座 5→遮断开关 5-2→遮断器 6-2→遮断器 6-1→速动开关 A1-A2-B2-B1→电机 V2-V1→遮断开关 2-1→遮断器 2-2→机内插座 15→电缆盒 2→终端架 XE-14→终端架 XA3-12→POM4 板 2

就是说，当模块从 3(+)、4(−)送出电压，于 1(+)、2(−)能接收到电压时，表明道岔在左位(反位)，且反位表示正常。

## 10.2.2　表示电路故障现象

### 1. LOW 机界面上的现象

采用 POM4 模块的道岔控制设备，当道岔出现异常时，在 LOW 机上通常有三种表示现象：

(1) 在联锁系统与道岔通信中断(即联锁系统得到不到道岔的任何信息)时，"道岔灰色"，即表明道岔无信息状态。

(2) 因故未及时接通表示电路，或道岔接收到转换命令后，因没有动作电源，"道岔短闪"，即表明道岔在失表状态(同时 POM4 模块面板上的 PD 绿灯熄灭)。

(3) 道岔在转换中挤岔，无法转换到位时，道岔光带的两条岔腿同时长闪，即表明道岔处于挤岔状态(同时 POM4 模块面板上的挤岔表示灯 PT1 亮红灯)。

### 2. POM4 面板指示灯现象

在 POM4 模块面板上，对应道岔的两个位置右位(正位)和左位(负位)各设有两个指示灯 R1、R2，L2、L1。正常情况下道岔在右位时 R1、R2 灯点亮，左位时 L2、L1 灯点亮。R1 和 L1 用于监测 1 线的表示电源；R2 和 L2 用于监测 2 线的表示电源，有电点亮，无电熄灭。

(1) 道岔在右位时(道岔未转换期间)，如果 1 线(或 4 线)断，则 R1 因不能监测到表示负电源(−60 V)而灭灯；如果 2 线(或 3 线)断，则 R2 因不能监测到表示正电源(+60 V)而灭灯。

(2) 道岔在左位时(道岔未转换期间)，如果 1 线(或 3 线)断，则 L1 因不能监测到表示正电源(+60 V)而灭灯；如果 2 线(或 4 线)断，则 L2 因不能监测到表示负电源(−60 V)而灭灯。

## 10.2.3　表示电路故障处理

采用电子模块的道岔控制电路故障的处理相对来说比较简单，因为电路比较直观、简单，而且可以借助模块面板上的指示灯很容易地判断出哪根线有问题。此外，表示电路的电压是直流电，且没有整流管存在，不用考虑测量电压的变化情况。

下面我们以表示电路开路造成道岔无位置表示的故障为例，讲述其故障的处理思路与方法。

### 1. 右位(定位)表示故障

现假设道岔在右位时表示线 1 于电缆盒至转辙机插座端子之间的电缆断线，造成无表示现象。图 10-5 所示为道岔右位时的表示电路简略图。

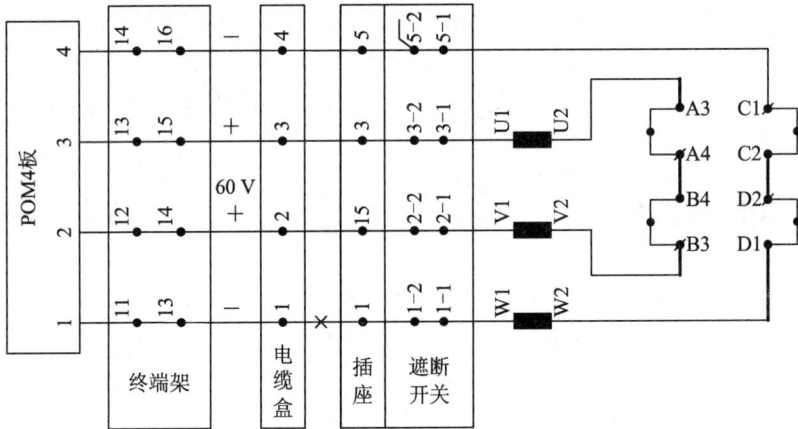

图 10-5　道岔在右位时表示电路简略图

故障处理方法或过程如下：

(1) 在 LOW 机上确认故障对象。

在 LOW 机(人机对话显示屏)上观察故障现象，以确定道岔是右位无表示还是左位无表示。必要时可通过操纵道岔试验进行故障范围压缩分析。

(2) 观察 POM4 面板指示灯。

在 LOW 机上确定道岔右位无表示后，观察 POM4 模块面板上的指示灯显示情况。本例的故障现象是其位置表示灯 R1 灯灭，R2 灯亮。由此可知 POM4 模块工作正常，而且能向 3、4 线提供位置检测电压。

R2 灯亮表明 2、3 线导通(即说明 POM4 模块从 2 线上已经能正常接收到 3 线送来的检测电压)；R1 灯灭表明 1 线不能将 4 线的检测电压送入模块中。因此可判定开路点在 1、4 线的通路中。

(3) 区分故障在室内还是室外。

首先在终端架 3、4 线的对应输出端子 15、16 上测量检测电压(要注意电源的极性：15 为正，16 为负)，观察有无直流 120 V 电压。若有表明故障在室外；反之，故障在室内。本例的测量结果是终端架端子 15、16 上有 120 V 电压，由此可判定故障在室外。

(4) 查找故障点。

首先打开道岔电缆盒(在室外)，分别测量 3、4，1、2 端子间电压。结果为 3、4 有电压，而 1、2 无电压。

然后沿 3、4 线平行地步进测量各端子电压。即先后测量插座 3、5→遮断开关 3-2、5-2 →遮断开关 3-1、5-1→速动开关接点 A3、C1，A4、C2······遮断开关 2-2、1-2→插座 15、1 端子电压(对照图 10-5 观察分析)。若测量的所有端子间皆有 120 V 电压，则表明这些端子所在的电路无故障。

接着测量电缆盒 1、2 端子时电压变为 0，由此可知开路点在遮断开关 1 与 15 至电缆盒 1 与 2 之间的两根电缆中一根开路。

由于其中有两根电缆，为进一步找到故障点，可将万用表红表笔放在电缆盒 2 端子上不动，用黑表笔分别测量插座 1(有电)、电缆盒 1(无电)端子电压，于是开路点就被找到。

最后，可用备用电缆芯线替换故障的电缆线，并进行试验，以确认故障恢复。

**注：** 在室外的测量过程中，为快速找到故障点，可以采取"中点法"进行测量。如本例中，在测量完插座 3、5 端子有电压后，接着就可以测量插座 15、1 端子，发现也有电压后，就已经表明转辙机内部电路完好了，后面的测量过程就可省略。

### 2. 左位(反位)表示故障

左位(反位)表示电路故障的处理方法与上例过程是一样的，只是要注意检测电源的极性变化，同时在单元面板上注意观察位置表示灯(L1、L2)亮灯情况。L1 检测 1 线，对应正电位，若灯不亮，表明 1 线与 3 线不通；L2 检测 2 线，对应负电位，若灯不亮，表明 2 线与 4 线不通。即通过观察 POM4 模块面板指示灯情况就可以知道是 1 线与 3 线不通，还是 2 线与 4 线不通，其他的故障点查找方法同右位表示电路故障时的处理方法一样。这里不介绍。

道岔在左位时表示电路简略图如图 10-6 所示。

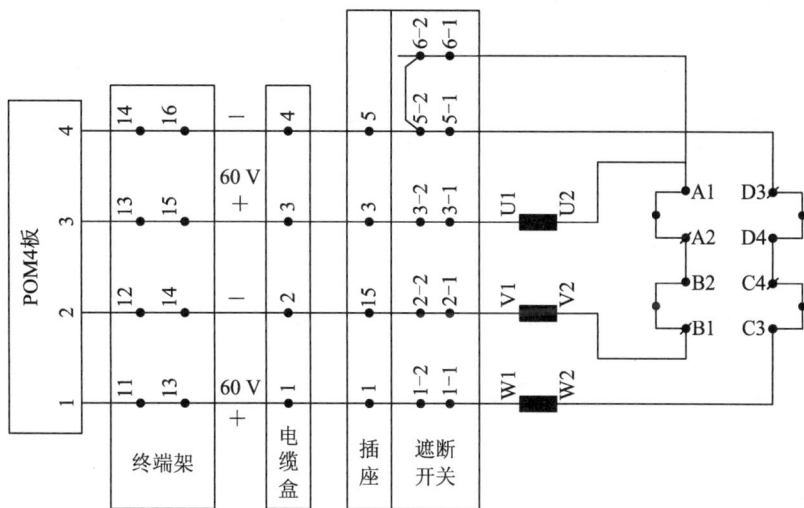

图 10-6　道岔在左位时表示电路简略图

### 3. 表示电路故障处理注意事项

(1) 在出现故障的情况下，通常可以先对道岔进行操纵试验，根据故障现象综合分析可以对故障的范围做出快速的判断。

(2) 在电子模块控制电路中，用于检查道岔位置的表示电源是稳定的直流±60 V，不同于继电器控制电路中的交流 110 V。所以在测量过程中，要时刻分清所测试端子上的电源极性，以免损坏万用表。当然，也要注意万用表挡位的合理选择。

(3) 在开始查找故障前，必须观察道岔电子控制模块的工作情况及面板上的表示灯状态，这样可以快速做出判断。如果怀疑模块板损坏，可更换模块进行检查。

(4) 对电子模块控制电路进行开路或短路故障处理时，可以采用测量回路电阻的方法来处理，这样可以提高故障处理效率。但在用这种方法测量之前，务必要将室内电源断开。

# 10.3　POM4 电机动作电路及故障处理

POM4 道岔模块平时工作在检查道岔位置状态，即 3、4 线向室外送出检测电源，在 1、2 线接收电压信息。当需要转换道岔时，由联锁系统向道岔单元机柜发出命令，在对应的道岔 POM4 板接收到道岔转换命令后，POM4 模块将从表示电路切换到动作电路。于是从 POM4 板 1、2、3、4 端子分别向 1、2、3、4 线输出交流 380 V 电源，其中 1、2、3 线是交流电源线，4 线是公共线并与三相交流电的中心线 N 相连。当转辙机中的电机得到电源后则开始转动，带动道岔转换。

检测电源与电机动作电源相互独立，互不影响。在四线制电路中，动作电源通过监视单元来连接，这样在操纵道岔时就会检测到电流变化。它通过检测电机的动作时间及电流的变化情况以监督道岔工作及其电路是否正常。在道岔转换过程中，一旦发现故障时，系统可及时中断电源输出，而且当转换超时时，还可以自动控制道岔回转。

## 10.3.1　电机定子绕组两种连接工作状态

电子模块控制电路不同于继电器控制电路。在继电器控制电路中，于整个道岔转换过程当中，三相电机 U、V、W 三个定子绕组的连接方式始终是 Y 型连接形式，而电子模块控制电路，在道岔转换过程中的解锁阶段与转换阶段，电机 U、V、W 三个定子绕组的连接方式是不一样的。

电子模块控制电路只是在道岔转换阶段电机 U、V、W 三个定子绕组的连接方式才转为 Y 型连接，而在开始的解锁阶段三个绕组中的两个是串联，接入的是线电压 380 V，另一个绕组与中线 N 连接，所接入的是三相交流电的相电压 220 V。至于哪两个绕组串联与道岔欲要转换的位置相关。

另外，在采用电子模块控制道岔时，在道岔的转换过程中联锁系统一直在跟踪监测，一旦发现道岔在设定的时间内不能解锁或解锁后不能转换到底时，会立即停止动作电源的输出，有的电子模块还可以自动控制道岔回转。清楚这一点，对启动电路的故障处理也有帮助。

## 10.3.2　从右位转向左位的转换电路

道岔从右位(定位)转向左位(反位)时，在电机电路的初始状态(即道岔解锁阶段)，接点组的接通状态为：A3-A4、B3-B4 及 C1-C2 和 D1-D2。因此，电机的 U、V 两绕组线圈相串联(即 2、3 线相通)，W 绕组与中心线 N 相连(即 1、4 线相通)。电路接通情况如图 10-7 中粗实线和粗虚线所示，实粗线是 2、3 线的连通线，粗虚线代表 1、4 线的连通线。

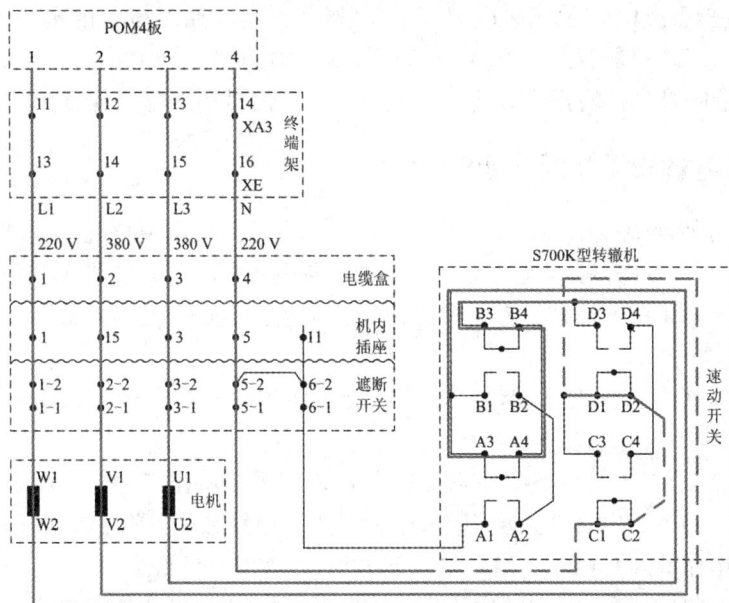

图 10-7 道岔由右位转向左位时解锁阶段的电机电路

电机电路接通后，电机转动带动传动装置实现道岔解锁，这个过程使速动开关 C 组和 D 组接点被顶起，将速动开关状态转为：A 组和 B 组乃为顶起状态(A3-A4 和 B3-B4 保持接通)，而速动开关接点 C 组和 D 组接通下层接点 C3-C4 和 D3-D4，并使 N 线断开，于是将电机的三个绕组改为 Y 型连接，此时的电路接通情况如图 10-8 中粗线所示。电机继续转动，直到道岔转换到反位，之后速动开关接点 A 组和 B 组打落，从而切断绕组电路使电机停止转动，完成道岔转换。最后，室内 POM4 板中的切换电路动作，切断交流 380 V 动作电源，接通直流 60 V 表示检测电源，给出道岔左位表示，道岔转换完成。

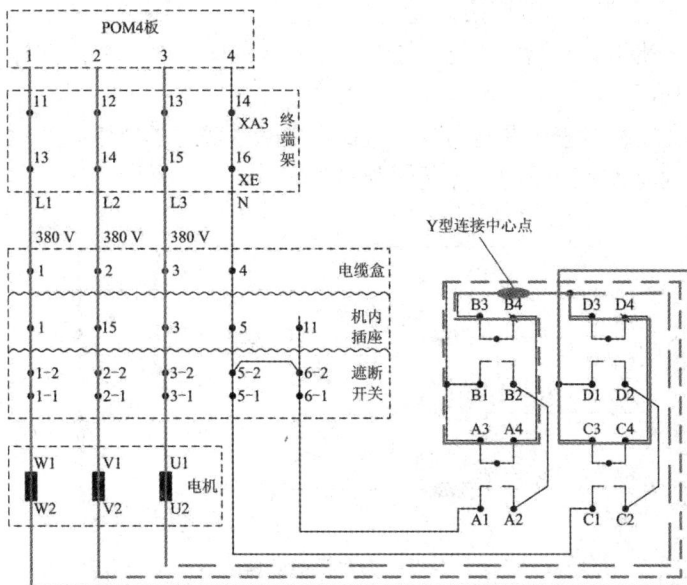

图 10-8 道岔由右位转向左位时转换阶段的电机电路

当道岔从左位(反位)转到右位(定位)时，其动作过程和原理与之相同，所不同的是：在开始的解锁阶段，电机的绕组 U 与 W 相串通，V 绕组与 4 线(N)相连，即 1、3 线相连，2、4 线相连。由于电机绕组的相序改变，电机反转，从而带动道岔转换到定位。

### 10.3.3 电机电路故障分析及处理

道岔在正常使用中难免会出现一些电路故障。由于在电子模块的四线制道岔控制电路中，表示线与电机动作电路全是共用的，所以，若电路故障引起电机无法正常转换时，基本上都会影响表示电路。因此，在道岔还没有启动前，电路一旦出现故障就会通过表示故障呈现出来。

下面我们从道岔转换的不同过程以及可能出现的情况着手分析其故障的可能性及其处理方法。

(1) 若发现刚开始即道岔转换的解锁阶段电机就不能动作，那么，由于电机的工作通路与开始状态下的表示电路是完全相同的，如果出现电路故障，必然影响开始位置的表示。也就是说这种电路故障是以表示电路故障的处理方式加以处理的。

如果此时的故障情况没有影响到目前位置的表示，那么可能是室内的电气元件或电源故障，或联锁系统本身错误造成。比如，不能提供动作电源或电子模块本身故障等的故障的处理就属于电气单元的故障修复问题，不属于我们这里讨论的范围。

(2) 如果是电机在解锁后出现断电而使电机停转。通常是因为中线 N 被切断后电机绕组不能将三相电源构成 Y 型连接所致，那么其故障的范围在速动开关组的接点部分。

假设道岔由右位向左位转换时，电机刚转动后就停止了。正常的情况下道岔解锁后，电机绕组将由原来的 U、V 串联，W、N 串联状态转为 Y 型连接，电机会接着转。转型后的绕组接通电路如图 10-9 所示。现在电机刚转动后就停止了，表明道岔解锁后，速动开关组刚断开 C1-C2 和 D1-D2，接通 C3-C4 和 D3-D4 后，电机因缺相而停止了转动，即电机在道岔解锁后不能接通 Y 型连接。

依据电路图分析可知，这时电路在 D1—C3—C4—D4—D3—B3 之间存在开路点，如图 10-9 中粗线部分所示。

由于道岔原在右位时表示是正常的，且此电路的故障虽然会影响左位的表示，但道岔无法转到左位，故此种故障情况开始是不能被发现的。

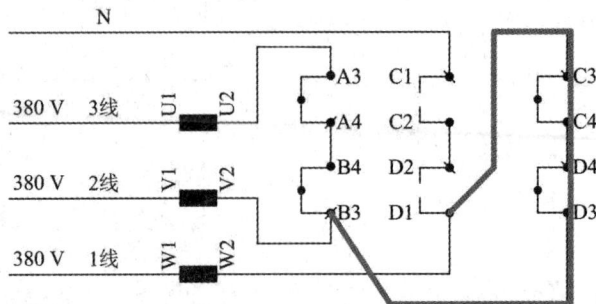

图 10-9 道岔由右位转为左位解锁后的电机接通电路

对这一故障的处理方法及步骤是：当出现不能左转时，将道岔向右位回操，并保留在右位，然后对上面这一段的电路采用电阻法进行测量，再结合现场情况观察，就很容易找到故障点。

(3) 如果因故电机不能转换到底(即挤岔)时，经过一定时间后，LOW 机上道岔光带会出现长闪，并且 POM4 面板上的 PT1 灯为红色。

现假设道岔是由右位向左位转换的，转换过程中道岔被挤。此时道岔已经解锁，速动开关接点 C、D 组接通下层接点 C3-C4 和 D3-D4；而 A、B 组仍然保持接通上层接点 A3-A4 和 B3-B4，此时的电路接通状态如图 10-10 所示(其电路的接通状态与图 10-9 完全一样)。道岔在转换过程若中途因故发生挤岔，其时道岔早已解锁，电机的三个绕组转为 Y 型连接，即 1 线、2 线及 3 线的三条外线是被连通在一起的。

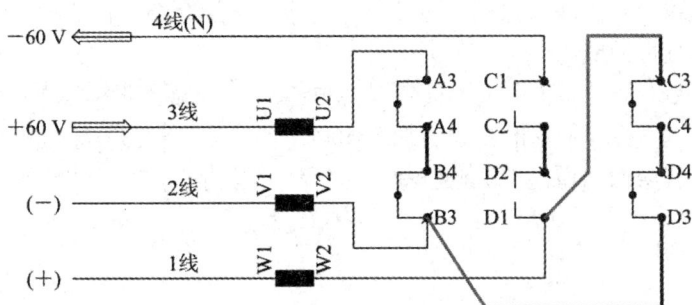

图 10-10　道岔由右位转左位中途挤岔时电机接通电路

由于 POM4 模块在道岔转换时，一旦检测到没有在规定的时间内接通表示电路，就会断开电机动作电源，然后 POM4 向 3(+)、4(−)线送出表示检测电源。也就是说，当道岔转换中出现挤岔时，经过一定时间后 POM4 模块便自动向 3、4 线输出表示检测电源，所以对这个故障的查找其实质就是利用表示电源来判断故障的情况。

此时测量 3、4 线和 1、2 线间电压，如果 3、4 线间电压为直流 120 V，而 1、2 线间电压是 0 V，证明道岔在挤岔状态。然后到室外查找挤岔的具体原因。道岔不能转换到位，不能给出表示，很多情况下可能由于表示杆卡缺口，使速动开关接点没有接通表示电路所致。最后可通过在 LOW 机上使用道岔的挤岔命令来恢复道岔(执行挤岔恢复命令时，室外道岔可能会转换，要提醒室外人员注意安全)。

# 第四篇　　道岔故障处理辅助知识

　　前三篇内容，我们对道岔控制电路的原理，控制设备组成，相关电气设备的端子编号、命名等知识做了详细全面的讲述，尤其是对交流道岔的故障处理方法、流程，以及控制电路故障压缩的思路等做了深入探究。通过所有这些知识的介绍，相信一定能提高读者对道岔控制电路故障处理的能力。

　　在本书的最后，一是想更多地为读者提供与道岔相关的学习内容及处理故障时的重点事项；二是想让本书关于道岔的知识更加全面和完善，故将对信号微机监测系统所涉及的对道岔故障处理有帮助的道岔电流监测曲线进行详尽解析。

# 第十一章　道岔电流监测曲线图

　　信号微机监测系统除了对道岔的位置进行监测外，主要是对道岔转换时间、电机动作电流的大小进行监测，以分析道岔的工作状况。当道岔的动作电路故障时，道岔动作时必然会造成电机电流的改变。信号维护人员在实际工作中，当发现道岔有故障时，通常可以在信号微机监测系统中查看该道岔的监测信息或相关数据，尤其是道岔动作电路故障时的检测信息或相关数据，其中通过查看其道岔电流曲线更有利于对故障的分析。

　　为帮助信号维护人员能准确、快速分析处理道岔控制电路故障，这里对道岔电流曲线图做一补充介绍。重点对用于监测道岔的相关传感器、采集单元等相关设备的原理进行讲解，并对道岔电流曲线进行详细分析，最后通过举例说明如何利用道岔电流曲线分析道岔故障。

## 11.1　感应式电流互感器工作原理

　　信号微机监测系统对道岔的监测，主要是对其转换时电机电流大小或有功功率的监测，然后用曲线图的方式显示出来。信号微机监测系统对动作电流的监测大多都采用各类电流互感器进行采样，而互感器的类型比较多，主要有感应式电流互感器、霍尔电流传感器等。

　　本节我们首先简单介绍感应式电流互感器(简称电流互感器)的原理及其用法。在监测系统中使用感应式电流互感器的目的主要是为了测量主回路中的大电流，即测量时把主回路的大电流按照比例的关系变成小电流，然后送给计量表进行数据判断。

### 11.1.1　电流互感器工作原理

　　电流互感器的工作原理与变压器的工作原理有异曲同工之处，其基本的工作原理就是按"电-磁-电"的转换过程来进行的，在一定程度上可以认为电流互感器是一种特殊的升压变压器。所不同的是，电流互感器是与被测对象的电流电路相串联，不同于电压互感器的并联，即电流互感器接入原线圈中的是电流，且初级(一次侧)线圈数少于次级(二次侧)线圈数。另外，电流互感器二次侧几乎工作在短路状态。

　　电流互感器的原理图如图 11-1 所示。其同变压器的工作原理一样，即初级线圈的电流 $I_1$ 在铁芯中产生交变的磁通 $\phi$，然后交变的磁通通过电磁感应在次级线圈中产生感应电流 $I_2$。

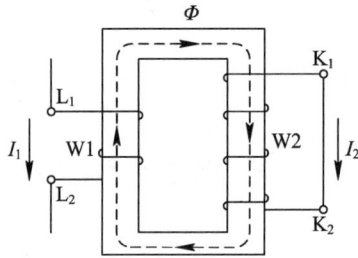

图 11-1　电流互感器原理图

由电磁理论 $I_1 \cdot N_1 = I_2 \cdot N_2$ 可得

$$I_1 = \frac{I_2 \times N_2}{N_1} = K_i \times I_2 \tag{11-1}$$

式中 $I_1$、$I_2$ 为电流互感器一、二次侧电流；$N_1$、$N_2$ 为电流互感器一、二次侧绕组匝数；$K_i$ 是电流互感器电流比。

从上式可看出，只要二次侧线圈的匝数比一次侧线圈的匝数多，即可将一次侧的大电流变为二次侧的小电流。在测出二次侧电流的大小后，乘上变流比即可得到一次侧电流的数值。例如，当 $K_i$ 为 30/5 时，就表示初级线圈流过的电流是 30 A 的时候，次级线圈所感应的电流就是 5 A，也就是说通过电流互感器把主电路的电流缩小为原来的 $\frac{1}{6}$，这样既可以扩大仪表的测量量程，又可以使人身和设备安全得到保证。

## 11.1.2　穿心式电流互感器

穿心式电流互感器本身结构不设一次绕组，载流(负荷电流)导线 $L_1$ 与 $L_2$ 穿过由硅钢片压卷制成的圆形铁芯(或其他形状)，起一次绕组作用。二次绕组直接均匀地缠绕在圆形铁芯上，与仪表、继电器、变送器等电流线圈的二次负荷串联形成闭合回路。其原理如图 11-2 所示。

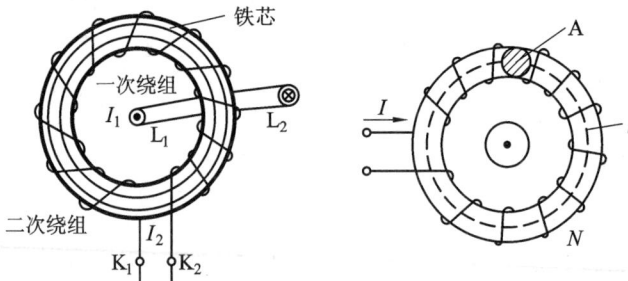

图 11-2　穿心式电流互感器原理图

穿心式电流互感器电流的变比根据一次绕组穿过互感器铁芯中的匝数确定，穿心匝数越多，变比就越小；反之，穿心匝数越少，变比就越大。

$I_1$ 与 $I_2$ 的关系为

$$I_1 = NI_2 \tag{11-2}$$

式中：$I_1$ 为穿心一匝时一次侧的额定电流；$I_2$ 为二次侧感生电流；$N$ 为穿心匝数。

穿心式电流互感器的接线与普通电流互感器类似，只是一次侧接线需从互感器的 $P_1$ 面穿过，$P_2$ 面出来，二次侧接线则与普通互感器完全相同。接线方式如图 11-3 所示。

在测量时，穿心式电流互感器二次侧回路线圈阻抗非常小，因而穿心式电流互感器二次侧回路接近于短路。在实际应用中，为了安全考虑，穿心式电流互感器二次侧 $S_2$ 一般需要接地。

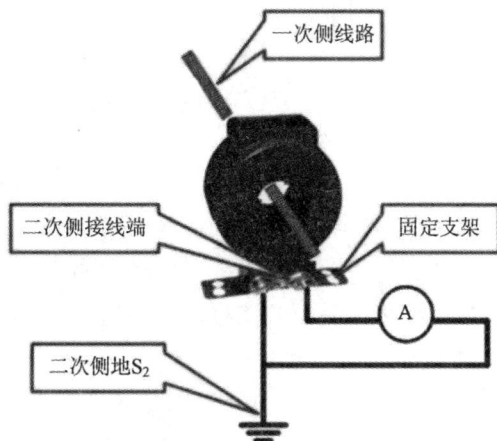

图 11-3　穿心式电流互感器的接线方式图

## 11.2　霍尔传感器工作原理

霍尔传感器是根据霍尔效应制作的一种磁场传感器。霍尔效应是磁电效应的一种，这一现象是霍尔(A.H.Hall，1855—1938)于 1879 年在研究金属的导电机理时发现的。后来人们发现半导体、导电流体等也有这种效应，而且半导体的霍尔效应比金属强得多，于是利用半导体这一现象制成的各种霍尔元件广泛地应用于工业自动化技术、检测技术及信息处理等方面。

### 11.2.1　霍尔效应

大量的研究揭示，参与导体材料导电过程的不仅有带负电的电子，还有带正电的空穴。固体材料中定向移动的载流子(带负电的电子和带正电的空穴)在外加磁场的作用下，因为受到洛仑兹力的作用而使轨迹发生偏移，分别向导体材料的两侧积累，积累的电荷又会形成垂直于电流方向的电场，最终使载流子受到的洛仑兹力与电场斥力相平衡，从而在导体材料的两侧建立起一个稳定的电势差，即为霍尔电压。这种现象就称霍尔效应。

#### 1. 霍尔原理

在磁场 $B$ 中有一个霍尔半导体片(假设霍尔半导体片中的电粒子带负电)，让一恒定电流 $I$ 从左向右通过该半导体片(电子移动方向由右至左)，并使电流方向与磁场方向垂直，如图 11-4(a)所示。此时电子在洛仑兹力的作用下，就会向半导体的下侧偏移；同理，若霍尔半导体片中的电粒子为空穴(正电)，那么在洛仑兹力的作用下，就向半导体的上侧偏移，如图 11-4(b)所示。

由于电粒子被约束在了固体材料中，又分别向两侧聚积，结果使半导体片在上下方向上产生电位差，这就是所谓的霍尔电压。

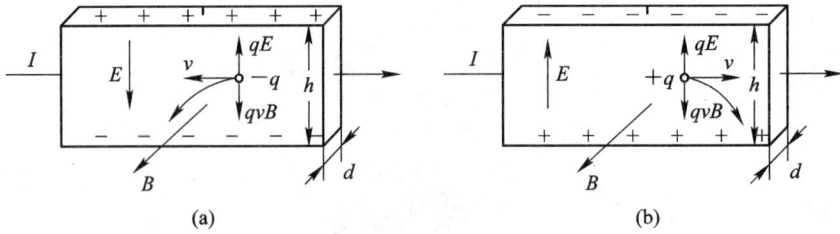

图 11-4　霍尔效应示意图

半导体片上下两侧聚积的异号电荷同时又会形成相应的附加电场，当该电场达到一定的强度后，重又阻止了载流子继续向侧面的偏移，从而达到平衡(即霍尔电压会依据电流 $I$ 的大小稳定在一定的电压值上)。

### 2. 霍尔电压的大小

图 10-5 为霍尔元原理结构示意图。设霍尔电压形成的电场为 $E_H$，则电流粒子所受的电场力为 $eE_H$；粒子所受的洛仑兹力为 $evB$。由上面的讨论可知，当粒子受的电场力与洛仑兹力相等时，霍尔半导体片上下两侧电荷的积累就达到平衡，故有

$$eE_H = evB \tag{11-3}$$

式中，$v$ 是载流子在电流方向上的平均漂移速度。设霍尔半导体片的宽为 $h$，厚度为 $d$，载流子浓度为 $n$，霍尔电压为 $U_H$，则

$$E_H = \frac{U_H}{h} \tag{11-4}$$

由式(11-3)和式(11-4)可得

$$U_H = Bhv \tag{11-5}$$

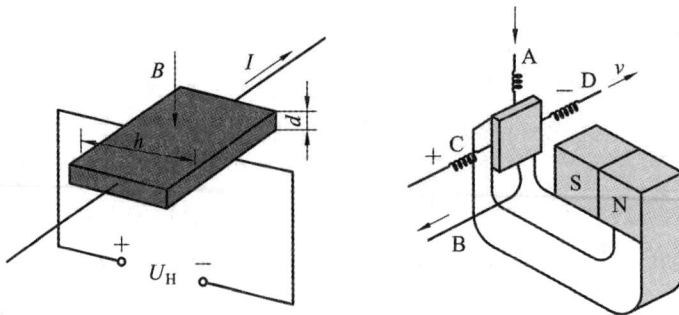

图 11-5　霍尔元原理结构示意图

又由于 $I = neSv$，其中 $S = hd$($S$ 为半导电体片的横截面积)，可得

$$v = \frac{I}{nehd} \tag{11-6}$$

代入式(11-5)，得

$$U_H = \frac{BI}{ned} = \frac{k \cdot BI}{d} \tag{11-7}$$

式中 $k = \frac{1}{ne}$，e 为导体的霍尔常数，参看图 11-6。

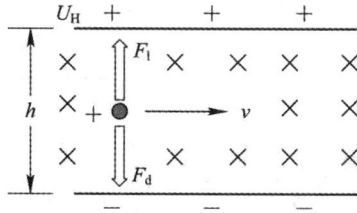

图 11-6　霍尔元电压形成示意图

由霍尔效应的原理可知，霍尔电压的大小取决于霍尔常数，它与半导体材质有关，与所通过的电流及磁场强度成正比(d 为半导体材料的厚度，通常是不变的)。

对于一个给定的霍尔元件，当偏置电流 I 固定时，$U_H$ 将完全取决于磁场强度 B，于是通过霍尔电压值便可知磁场强度；同样，当磁场强度固定时，则由霍尔电压便可得出电流的大小。这就是我们可利用霍尔元件来测量电流大小的原因。

## 11.2.2　开环式霍尔电流传感器

开环式霍尔电流传感器(也称直接式电流传感器)，由磁芯、霍尔元件(也有双霍尔元件)和放大电路构成。磁芯上有一开口气隙，将霍尔元件放置其中，如图 11-7 所示。当霍尔导体流过电流时，在气隙处产生磁场，由此，霍尔元件就会输出与磁场强度成正比的电压信号，放大电路将该电压信号放大输出(有时也可变换成电流信号输出)。

这类直接将霍尔电压由运放电路进行放大处理后提供给检测仪器或控制设备的传感器，就是所谓的直接检测式霍尔电流传感器。这类传感器耐压等级高，设备简单，成本低，性能稳定，但是其精度受环境变化的影响较大，动态响应很不理想，所以在要求精度高的测量系统中很少使用，而通常采用电流补偿式或平衡式原理构成的霍尔传感器。

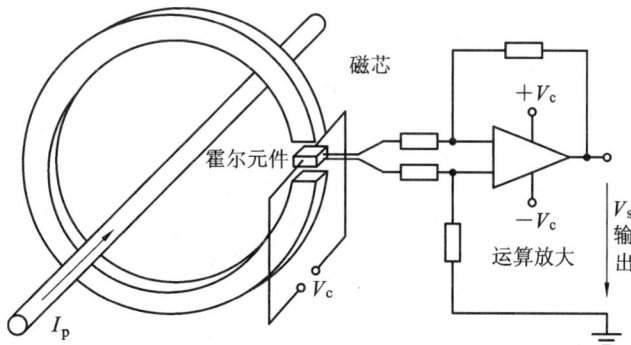

图 11-7　开环式霍尔电流传感器结构示意图

### 11.2.3　闭环式霍尔电流传感器

闭环式霍尔电流传感器又称零磁通霍尔电流互感器、零磁通互感器、磁平衡式霍尔电流传感器等。其结构如图 11-8 所示，由磁芯、霍尔元件、放大电路和次级补偿绕组等组成。与开环式相比，闭环式霍尔电流传感器多了次级补偿绕组，这使得其性能得到了大幅度提升。

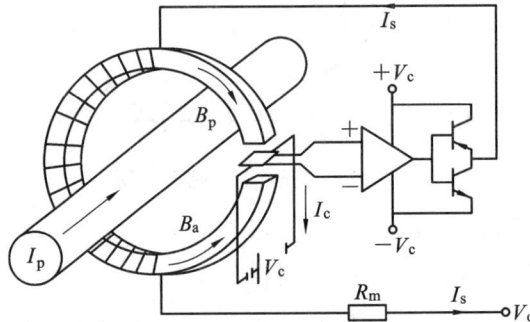

图 11-8　开环式霍尔电流传感器结构示意图

电流补偿式霍尔电流传感器的原理是基于磁平衡式霍尔原理的，即闭环原理。初级电流 $I_p$ 产生的磁通 $B_p$ 被高品质磁芯集中在磁路中，再由固定在气隙中的霍尔元件的电压感知，然后反馈至控制电路中，控制电路通过绕在磁芯上的多匝线圈输出反向的补偿电流 $I_s$，形成相反的磁通 $B_a$ 用于抵消磁通 $B_p$，使得磁路中的磁通在气隙处始终保持为零。因为 $I_s$ 的大小是跟随 $I_p$ 的变化而改变的，经过特殊电路的处理后，传感器的输出端能够输出精确反映初级电流的电流变化，从而达到测量电流的目的。

这里的放大电路接收霍尔元件的输出电压，将其放大为电流信号后，再由电路将其电流提供给次级补偿绕组，使其在气隙处所形成的磁场与初级电流所产生的磁场大小相等，且方向相反，故而形成了负反馈闭环控制电路。

当次级电流过小，其产生的磁场不足以抵消初级磁场时，放大电路将输出更大的电流；反之，放大电路就减小输出电流，从而维持气隙处的磁场平衡。若初级电流(被测电流)发生变化，气隙处磁场平衡被破坏，负反馈闭环控制电路同样会调节次级输出的电流，使磁场重新达到平衡。

理论上来说，气隙处将一直维持在零磁通状态，保持平衡，这也是零磁通互感器及磁平衡式霍尔电流传感器名称的由来。又由于补偿电流 $I_s$ 的大小总是跟随初级电流 $I_p$ 的变化而变化，故可以由 $I_s$ 的大小知道 $I_p$ 的大小，这样利用霍尔电流互感器就可测量电流的大小，特别是直流电流(因为它无法利用普通的电流互感器来完成取样测量)。

总之，闭环式霍尔电流传感器采用了单或双霍尔元件，并工作在零磁通状态，它利用平衡的手段实现对未知电流的测量，所以精度高，应用广泛。其思路就如利用天平测量物质的质量一样。它具有如下特点：

(1) 测量范围宽，可测量各种电流，如直流、交流、脉冲电流等。

(2) 电气隔离性能好。

(3) 测量精度高，线性度好。

(4) 抗外界电磁和温度等因素的干扰能力强。

(5) 电流上升率大，响应速度快。

(6) 过载能力强。

(7) 体积小，重量轻，安装简单、方便。

### 11.2.4　霍尔电流传感器在信号监测中的应用

霍尔电流传感器，在许多方面都有应用，这里主要介绍其在信号测量方面的应用。

#### 1. 直流道岔电流监测

在信号设备的微机监测系统中对直流电流的监测通常都采用了闭环式霍尔电流传感器。如对 ZD6 道岔在启动时的电机线圈中的电流监测，就是采用的这种传感器。如图 11-9 所示为利用霍尔电流传感器采集 ZD6 电机电流原理图。图 11-10 是用于 ZD6 道岔电机的电流传感器实物图。

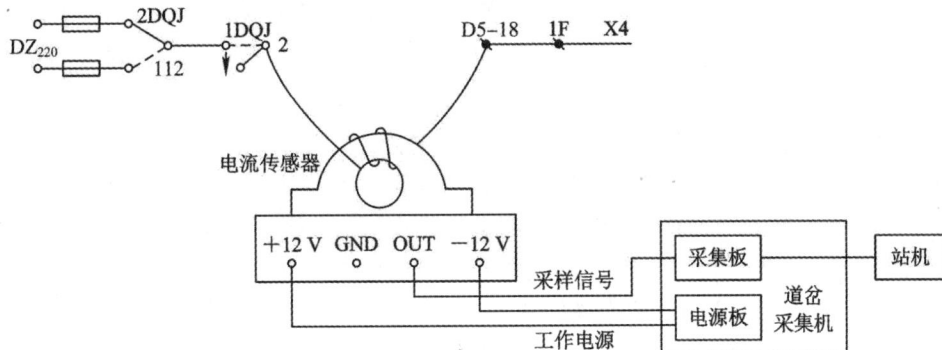

图 11-9　利用霍尔电流传感器采集 ZD6 电机电流原理图

图 11-10　用于 ZD6 道岔电机的电流传感器实物图

### 2. 交流道岔电流采样模块

霍尔电流传感器不仅用于对直流电的采集，也可用于对交流电的采集。目前用于信号微机监测系统中的电流、有功功率传感器也是利用霍尔原理来实现的，用它可对交流道岔电源三相线中的电流进行采集，并能结合电压的大小计算出电机有功功率。图11-11为交流道岔电流/有功功率传感器实物图(其中右边的白色模块为开关量采集模块)。

图11-11　交流道岔电流/有功功率传感器实物图

### 3. 电流/功率传感器的连接

提速道岔采用的是三相交流电动转辙机，微机监测系统对其电流的监测是分别对电机中A、B、C三相交流电流进行采样，然后用曲线图的方式显示出来。

从道岔控制电路图可知，三相电流是经过断相保护器输出的，其前端直接连接的是交流380 V电源，后端由1DQJ(1DQJF)前接点分送到电机的线圈上，电机三相绕组采用星形连接。微机监测系统选择在断相保护器的输出端来取样电机电流。

交流道岔电流/功率传感器的连接如图11-12所示。三相电流分别穿过三个孔，在传感器次级，每相电流都经过放大、整流、再放大，转换成A、B、C三路0～5 V直流电压，送到道岔采集板进行采样、处理，最后将结果送往站机，最终可通过曲线图的形式显示出来。

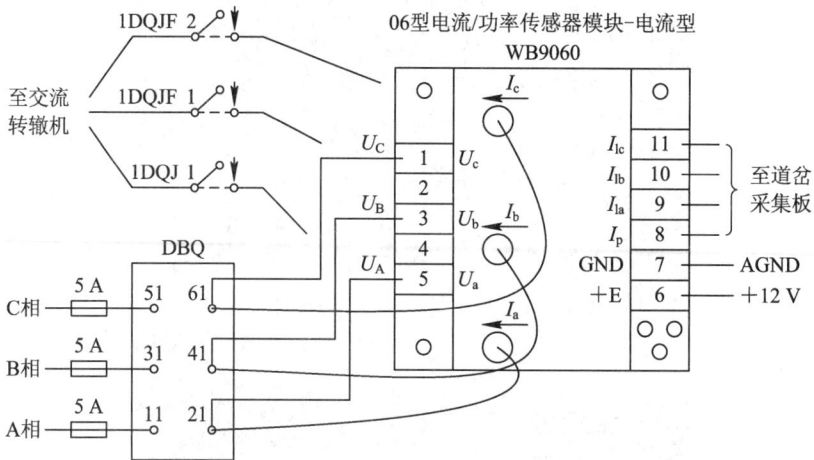

图11-12　交流道岔电流/功率传感器连接图

其中+E、GND分别接至该道岔的采集机输出电源+12 V、AGND上；1、3、5分别接该组道岔动作电源的 C 相、B 相、A 相；三个电流穿孔分别对应相应电源的 C 相、B 相、A 相；8、9、10、11 为模块输出，分别接至采集板相应位置。

### 11.2.5 道岔动作时间监测原理

同对直流道岔电机电流的监测一样，只有在道岔转换时才能检测到电流，而且也只有在道岔转换时开始监测才有意义。监测系统为能在道岔整个转换过程中用曲线图表达出电流的变化情况，必须知道道岔转换的起止时间。我们知道，道岔的转换时间是由 1DQJ 来决定的，即从 1DQJ 吸起到其落下的期间是道岔的转换时间，所以，监测系统要对 1DQJ 状态进行实时监测。可以采用开关量采集器对一组 1DQJ 进行监测。

下面介绍一种利用光电模块对 1DQJ 状态进行监测的原理，如图 11-13 所示。

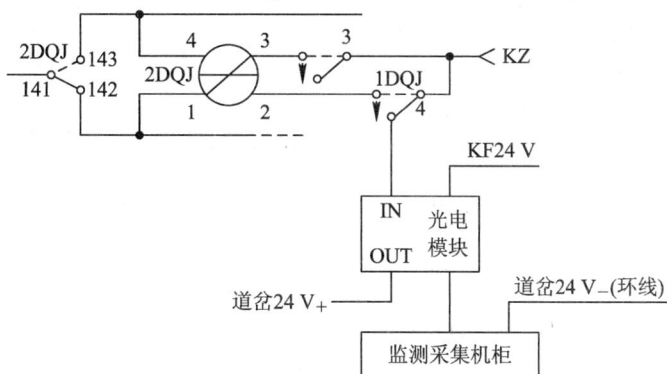

图 11-13　1DQJ 状态监测原理图

光电模块的采集原理比较简单，就是利用光电耦合作用实现的。这里用 1DQJ 第 4 组后接点将 KZ 接入光电模块，并与其接入的 KF 电源接通，使光耦器件发光，于是在光耦器件的输出端就有一电压产生(监测系统就认为道岔未被启动)。当道岔启动，在 1DQJ 吸起后，其后接点断开，因光电模块无输入故无输出，此时监测系统就认为道岔开始转换，于是便开始计时，直到 1DQJ 还原落下后停止计时。

## 11.3　直流道岔电流监测曲线图

对道岔电机电流的监测，监测系统最终是用曲线图表达出来的。监测系统通过采集 1DQJ 的吸起时间(通过开关量监测器监测其接点状态的改变得到)确定出曲线图横坐标的时间参数；通过用电流互感器(霍尔传感器)在 1DQJ 的线圈上采集出各时段的电机电流值(系统得到的是其数字量，后经过 D/A 转换)，最终以连续的曲线图形式给出(维护人员可随时从系统中调阅)。

可以设想一下，当道岔在转换过程中受阻或电路接触不良等因素出现时，就必然在电流曲线上有所反映。因为道岔转换受阻会使电机转速下降，电流曲线就会上升；或者电路接触不良必然也会影响电流的变化，从而在曲线上就会表现出来。总之，我们通过曲线图可以分析出道岔状态是否良好，并可对道岔的电气特性、机械特性和时间特性进行判断，从中发现存在的问题，从而即时采取应对措施，可起到早期预防和消除隐患的作用。这也是监测的目的与意义所在。

### 11.3.1　单机牵引电流曲线图

如图 11-14 所示是微机监测系统绘出的某单动道岔的电流曲线图(正常下的标准曲线)。转辙机转换道岔的过程可以分为三个过程：解锁、转换及锁闭。如果从 1DQJ 动作时间来划分其过程可分为 5 个阶段：1DQJ 及 2DQJ 转极、解锁、转换、锁闭、1DQJ 释放。

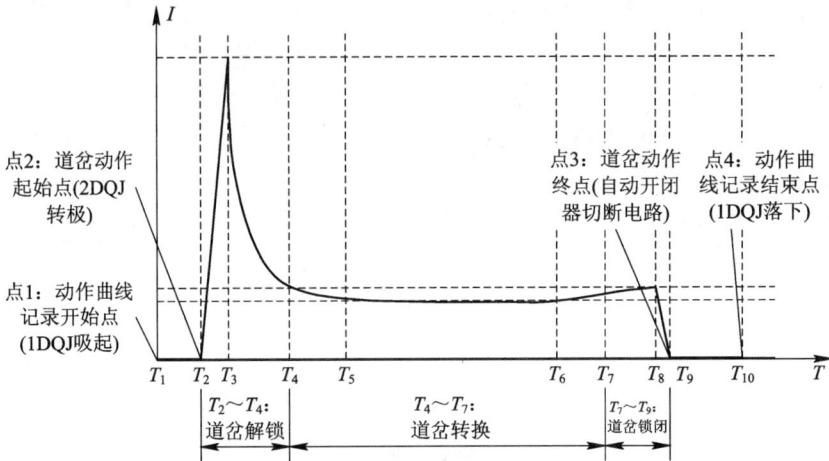

图 11-14　ZD6 道岔标准电流曲线图

将相关继电器动作时间也考虑进来分析，可将道岔整个转换过程细分为 9 个时段，如图 11-14 中的 $T_1 \sim T_{10}$，每个时段的意义如下：

(1) $T_1 \sim T_2$ 为 1DQJ 后接点离开至 2DQJ 转极完成的时段($\leqslant 0.3$ s)。在曲线图上表现为一个很短时间内电流为 0 的线段。

(2) $T_2 \sim T_3$ 为电机线圈激磁时段，也称电机上电时间($\leqslant 0.05$ s)。在这个时段，曲线上出现了一个电流突然增大的尖峰，这是因为电机刚接通的瞬间，电机中的转子还没有转动，其中无感生电流，电路中的电阻主要是线圈的电阻，故电流很大。峰顶值通常为 6～10 A，若峰值过高，说明电机线圈有匝间短路的情况。

(3) $T_3 \sim T_4$ 为道岔解锁、尖轨释密贴力，同时也使自动开闭器打开(两组速动接点分别接通 1、4 排静接点)时段。此时电机已经启动完成，转速在升高，所以电流平顺下落。这个过程中动作齿轮锁闭圆弧在动作齿条削尖齿内滑动(动作齿轮转过 32.9°)。若在这个过程中曲线有台阶或鼓包，则是因为道岔密贴调整过紧造成解脱困难。

(4) $T_4 \sim T_5$ 为解锁与带动动作杆的过渡时段。在动作齿轮带动齿条块动作时，与动作齿条相连的动作杆在杆件内有 5 mm 以上空动距离，这时电机的负载很小，故电流继续回落，并过渡到道岔转换过程。

(5) $T_5 \sim T_6$ 为电机拖动尖轨移动的时段。此段时间内电流比较平稳，其谷底值与 $T_4 \sim T_5$ 或 $T_6 \sim T_7$ 段的平值之差不应大于 0.4 A(图中两条横虚线之间的值)。其平均值一般在 0.75 A 左右。电流大小决定了转换阻力的大小，如果动作电流过大，则表明转换阻力大，说明工务尖轨有转换障碍(如根部阻力大、滑床板缺油、尖轨吊板等)。如果动作曲线波动大，则表明道岔存在电气或机械方面的问题。

(6) $T_6 \sim T_7$ 为尖轨爬轨时段。因其阻力微弱增大，故曲线略有上扬。如果上升值比较高，说明尖轨有落轨的情况。

(7) $T_7 \sim T_8$ 为尖轨密贴至道岔锁闭时段($\leqslant 0.25$ s)。它是尖轨与基本轨增加密贴力的时段，也是道岔锁闭时段。这时由于尖轨的阻力增加，使得电机的转速稍有下降，所以有曲线尾部略有上翘的现象，但电流不应高于 $T_6 \sim T_7$ 时段平均值 0.25 A 以上。若大于此值表明道岔密贴调整过紧。在道岔进行 4 mm 试验时，在 $T_8$ 后会出现一串逐渐下滑的波动段，波峰与波谷间的电流之差不应大于 0.35 A，若大于此值则为摩擦带不良。

(8) $T_8 \sim T_9$ 为电机断电后释放磁能的时段($\leqslant 0.05$ s)。也为道岔完成锁闭后，自动开闭器速动接点断开电路的转换时间。

(9) $T_9 \sim T_{10}$ 为 1DQJ 缓放时段($\geqslant 0.4$ s)。此时自动开闭器已经切断了电机电路，电流为 0，直到 1DQJ 经缓放(缓放时间不小于 0.4 s)后落下。所以曲线最后有一段电流为 0 的线段。通过此归 0 时段的长度，可以观察 1DQJ 缓放时间是否符合要求。

电流曲线也可看作三个过程(与道岔的转换三个过程对应：解锁、转换及锁闭)，这三个过程是：

(1) 解锁阶段：$T_1 \sim T_4$，正常时间小于 0.6 s。

(2) 转换阶段：$T_4 \sim T_7$，其时间的长短视转换阻力而变。一般取此时段的平均电流作为道岔的动作电流。

(3) 锁闭阶段：$T_7 \sim T_9$，正常时间不大于 0.3 s。

ZD6 一个单动道岔的转换时间大约在 3 s 左右。

## 11.3.2　多动道岔电流曲线图

双动、三动及四动道岔其动作过程是串接的，当第一动转换完毕后，自动开闭器接点自动切断动作电流，同时接通第二动的电流，以此类推。因此可知多动电流曲线是单动的组合。

如图 11-15 所示的曲线图是某双动道岔电流曲线图，其中一动为单机牵引的道岔电流曲线图，二动为双机牵引的道岔电流曲线图。

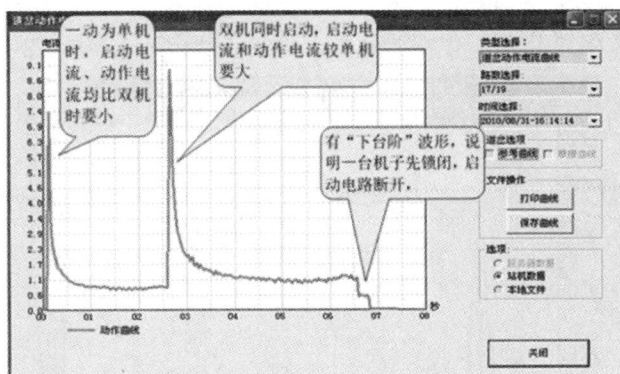

图 11-15　双动道岔电流曲线图

## 11.3.3　利用曲线图分析故障举例

通过电流曲线对道岔工作情况进行分析时，可将其与正常情况下的曲线图进行对比，对非正常时段的道岔电流曲线，依据造成非正常变化的原因进行分析，从而有针对性地处理，是监测的最终目的。同样，在对道岔故障进行处理时，如果能借助电流曲线图，更有利于我们对道岔工作情况进行有效分析，可大大提高故障处理的效率。这里举两个简单的例子介绍如何借助电流曲线图进行故障分析。

### 1. 因摩擦连接器故障造成的电流曲线变化

如图 11-16 所示为某双机牵引道岔的第一动道岔电机电流曲线图。

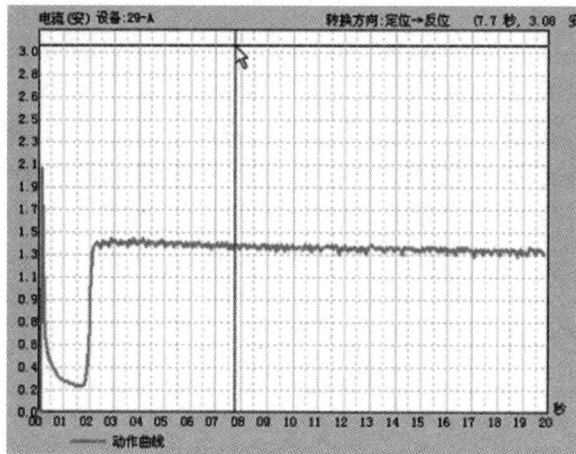

图 11-16　某双机牵引道岔的第一动道岔电机异常电流曲线图

从图中可以看出道岔并未转换到位，且一直处在空转状态。再看电机空转时的电流大小，其值并未达到正常的摩擦电流的大小(通常在 2.7 A 左右)，可见造成电机空转的情况并非是电机受阻的原因。由此可分析得出摩擦带连接器过松的结论。造成过松的原因可能是摩擦带进油、弹簧力量不合标准、摩擦带弹簧杆折断等因素，具体原因可到现场察看、检查。

### 2. 因 X1 与 X2 短路故障造成的电流曲线变化

如图 11-17 所示为某双机牵引道岔在由定位向反位转换时的第一动道岔电机电流曲线图。从图中可以看出道岔刚启动后，电流就突然断电归零了。结合观察熔断情况，发现反位 DF220 的熔断器 RD2 烧断。依据此现象，可初步断定为 X1 与 X2 短路故障。

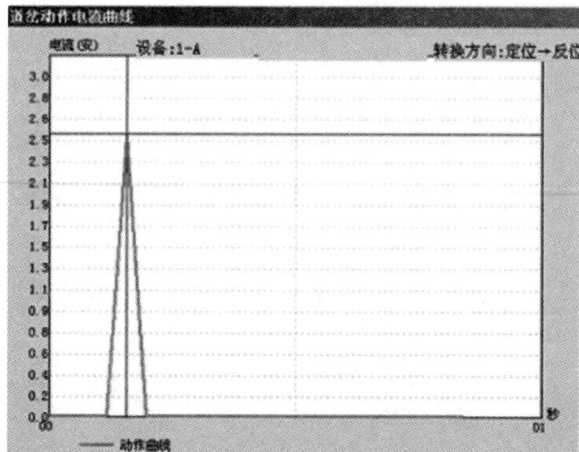

图 11-17　由定位向反位转换时第一动道岔电机异常电流曲线图

总之，通过这两个例子的学习，读者在遇到道岔出现异常情况时可以借助电流曲线图初步分析出故障的可能原因。具体的相关知识可参看微机监测的相关内容。

## 11.4 交流道岔电流曲线解析与应用

在信号微机监测系统中，对三相交流道岔的电流监测结果也是以电流曲线来呈现的。只是它与直流转辙机相比，能同时将 A、B、C 三相中的电流值在一个坐标图中显示，这样当其中一相电路有问题时就能直观地看到。信号维护人员通过对此曲线的分析能很方便地分析出故障的原因。

分析时通常是将异常电流曲线与标准的电流曲线对比。标准曲线可以是将此道岔工作状况最佳时的曲线图保存在系统中得到。

### 11.4.1 交流道岔标准电流曲线图

如图 11-18 所示是三相交流电机道岔正常动作时的理想电流曲线图(由定位转向反位时)。为表达方便，A 相电流用粗实线、B 相电流用细实线、C 相电流用虚线表示(电流重叠部分用粗实线表示)。

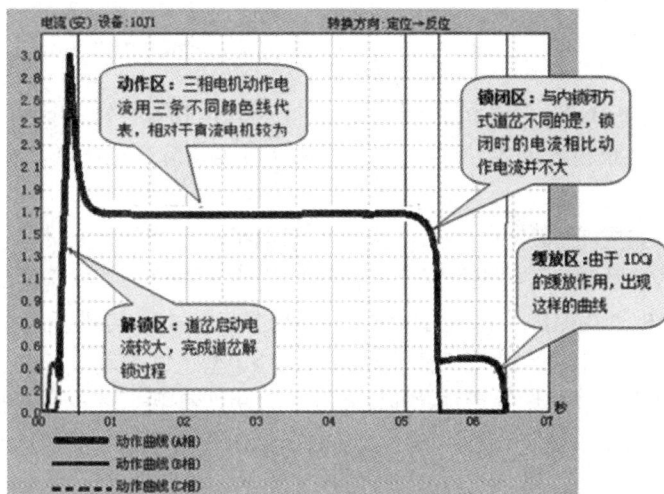

图 11-18 交流道岔电流曲线(定→反)标准图

下面主要以道岔由定位向反位转换时所形成的曲线为例，分别对各部分曲线的意义做一说明。

#### 1. 解锁区曲线分析

道岔刚开始向定位启动时，从 1DQJ 励磁至 2DQJ 转极完成期间，原表示电路的室外部分是接通的(道岔未动，自动开闭器还处在原位)。因 1DQJ 与 1DQJF 先后吸起后，它们的前接点就将动作电源接入了现位置下的电路中，通过整流支路使得 A、B 相串联起来(当由反位向定位转换时 A、C 相串联)，所以两者有相同的提前电流曲线，如图 11-18 中所示开始时的两个重叠曲线。

这时的电流通路如图 11-19 所示。

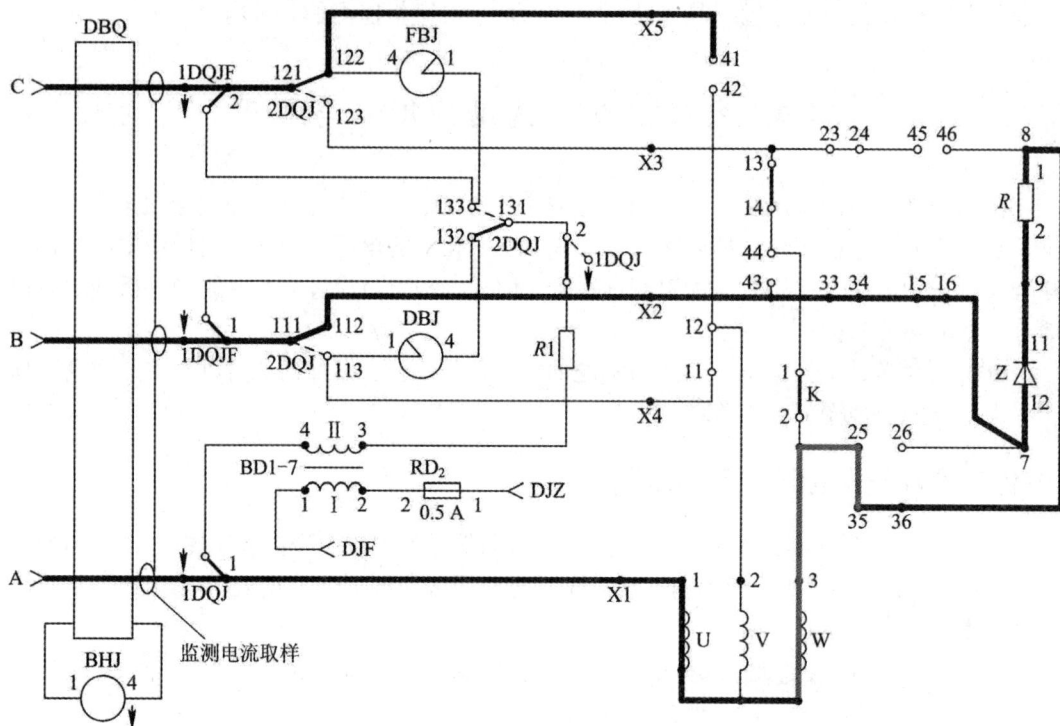

图 11-19　交流道岔解锁时(定→反)A、B 相电流通路示意图

同理，道岔原在反位转向定位时，开始的电流曲线分析方法相同，会出现 A、C 相电流曲线重叠的现象。

当 2DQJ 转极完成(前接点闭合)后，接通三相电机，三相电流基本重叠(重叠程度要视各相支路中的电气参数决定。如果发现某条曲线与其他曲线相比明显偏离，说明这相回路有问题，就要及时分析查找原因了)。由于电机刚启动时转速为 0，电机绕组中无反向感生电动势，所以电流最大(S700K 型道岔启动电流≤3 A，ZYJ 型道岔启动电流≤1.8 A)。随着电机转速升高，因反向感生电动势的增加，线圈中的电流开始下降，直到平稳时的动作电流(不同类型的转辙机其动作电流大小值有所不同，但通常不会大于 2 A)，然后曲线进入动作区。

### 2. 动作区曲线分析

动作区即为转辙机带动尖轨转换的过程。如果道岔在转换过程中所受阻力不变，则动作区曲线平滑，否则就会出现毛尖现象。当阻力达到不能使道岔尖轨移动的程度时，即会出现挤岔，电机空转，电流上升，此时所呈现出的电流值称挤岔电流(但通常不会大于 2.7 A)。

信号维护人员通过此曲线的变化情况可分析出道岔在转换过程中是否正常，或设备是否完好等，以便能及时发现道岔存在的问题，达到实现状态维修的目的。

### 3. 解锁区曲线分析

解锁区曲线是指尖轨已转换到位之后，到自动开闭器(或速动开关组)切断启动电路为止这一时间段的电流曲线。从图中可看到三条曲线是基本吻合的，但只有 B 相电流是直接回零了，而 A 与 C 相却没有直接回零，只是延时了一段时间，于是形成了一个台阶曲线，进入到缓放区。

### 4. 缓放区曲线图

所谓缓放区，就是道岔已转换到位，自动开闭器断开电机电源开始，至 1DQJ 断开前接点为止(电路复原)，即为 1DQJ 的缓放期间。

在道岔锁闭阶段完成后，切断了电机电路，但同时控制电路的室外部分通过自动开闭器接点已经接通了目标位置下的表示电路。从 BHJ 用后接点切断 1DQJ 自闭电路到 1DQJ 缓放后用第一组前接点断开 1 线的期间，A、C 相通过反位表示电路相串联(由反位向定位转换时 A、B 相通过定位表示电路相串联)，从而形成"台阶"曲线。台阶曲线的时间长度决定于 1DQJ 的缓放时间，因此从这个长度也可以看出 1DQJ 的缓放时长。

1DQJ 缓放期间 A、C 相的电流通路如图 11-20 所示。

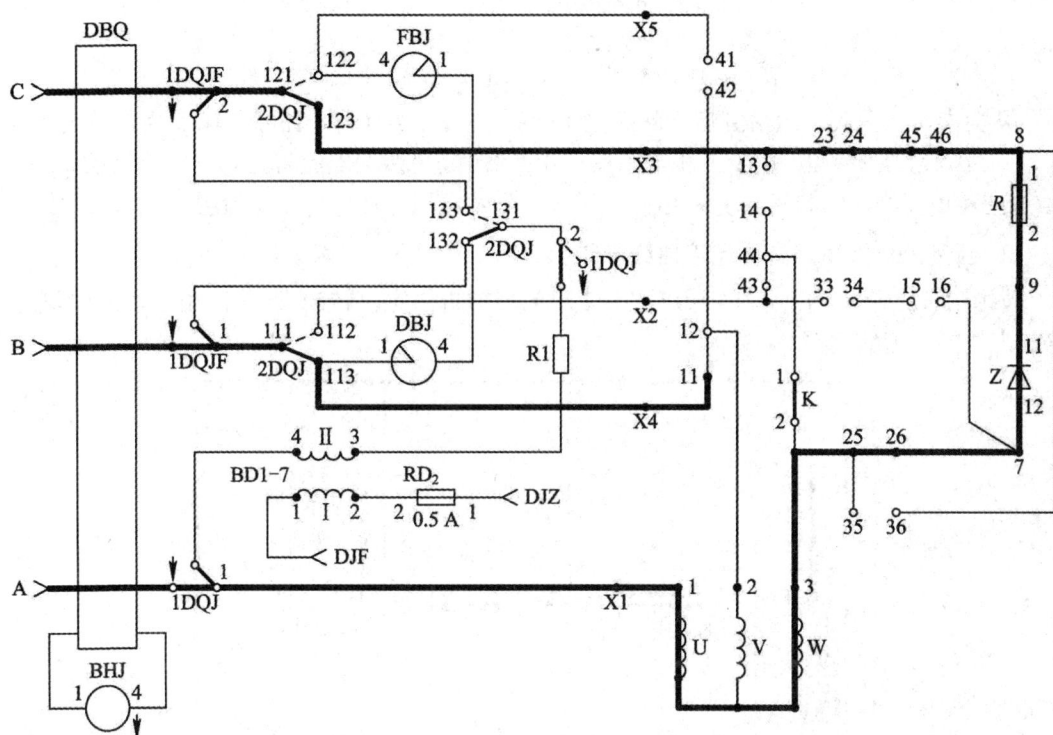

图 11-20　交流道岔缓放时(定→反)A、C 相电流通路示意图

## 11.4.2　电流曲线图在故障分析中的应用

我们通过道岔故障时的电流曲线与正常情况下的曲线图进行对比分析，可以很直观地了解造成非正常情况的可能因素，从而快速地发现故障。所以，在故障处理时，通常会借助电流曲线进行有效分析，以提高故障处理的效率。

这里以 S700K 三相交流电机道岔为例介绍如何借助电流曲线图进行故障分析。

### 1. 因室外断线道岔不能启动故障

如图 11-21 所示为某站 10 号道岔尖 1 点转辙机(定→反)电流曲线图。

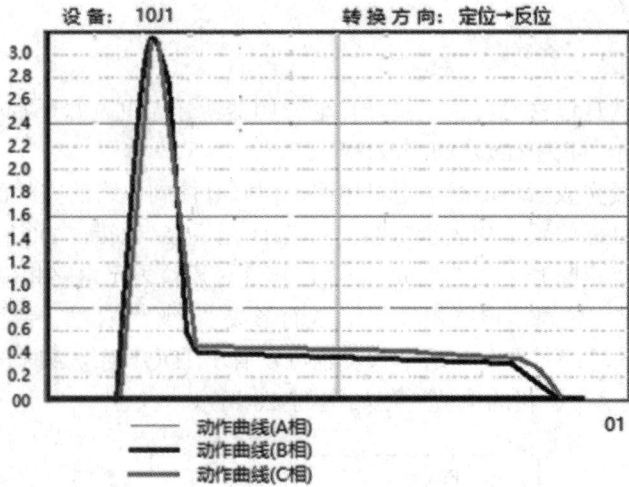

图 11-21　某牵引点转辙机(定→反)电流曲线图

从图中可以看到，道岔刚启动就断电了(整个过程不到 1 s)，且可看到 B 相电流为 0，即可知故障为 B 相断电。由于三相电源有一相断线时，另两相电流将达到额定电流的 1.732 倍(因三相电源断了一相后，另两相使电压升高到线电压，故电路中电流会升高)。

**2. 因室外电阻短路造成电流曲线异常**

如图 11-22 所示为某站 14 号道岔尖 2 点的转辙机由定位转向反位时，由于室外电阻短路而形成的电流曲线图。

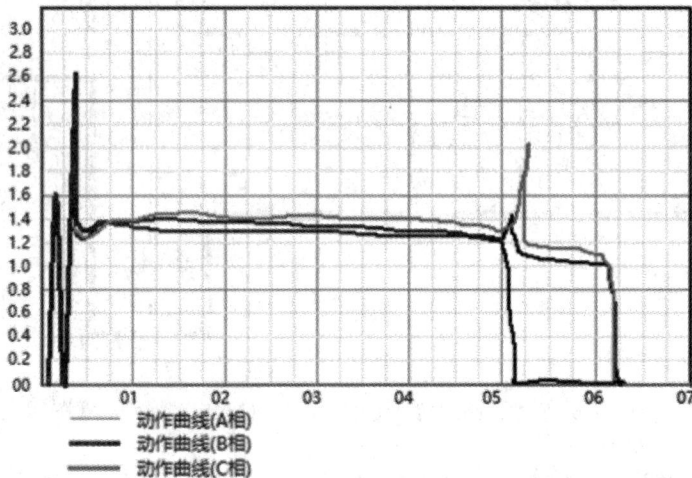

图 11-22　某牵引点室外电阻短路时转辙机(定→反)电流曲线图

我们知道，三相交流道岔在道岔转换到位后，在 1DQJ 缓放期间内电流曲线会形成小台阶。这是因为自动开闭器刚切断电机电路时，会瞬间通过整流支路接通 A、C 相(定到反)或 A、B 相(反到定)，从而形成"台阶"曲线(参看前面的内容)。通常小台阶的电流很小(约 0.4 A 左右，因室外电阻的限流)，但从此曲线图中可以明显地看到其电流的大小比正常时明显增大(已达到 2.2 A)。

若读者想了解更多相关知识，可参看道岔信号微机监测的相关内容。

# 第十二章　道岔故障处理相关知识补遗

有关道岔控制电路原理及其故障处理的知识介绍已经全部完成，但考虑到知识的系统性和完整性，本章将那些体系杂散、难以纳入前述内容且又与故障处理具有一定相关性的知识进行表述。

## 12.1　道岔故障判别的技术参数

在前述的故障处理方法中，主要介绍的是正规的电压法。实际工作中处理信号故障最担心两件事：一是处理时间过长，影响正常行车；二是处理过程失误或因违规操作造成故障升级。因此轨道交通各部门对信号故障处理的流程、手段等都有严格规定，特别是后者更是明确禁止的。

处理信号电气故障优先采用电压法也是电务维修规范中所要求的，这主要是因为采用电压法进行故障查找能较好地防止造成故障升级事件的发生。我们知道，万用表电压挡电阻很大，对外相当于开路，不会给电源造成短路情况。而电阻挡内阻小，如果设备处于在线状态下使用电阻表测量电阻时，很容易造成电路短路，从而使故障扩大升级，造成更严重的后果。

当然，采用电压法查找道岔电路故障时也存在一些不便的问题，比如，需要室内外人员的配合。另外，道岔是信号设备中的重要设备，在站场比较繁忙的情况下，没有时间或行车值班人员不允许对道岔进行操纵试验等。所以，在某些电路故障的情况下，使用电阻法可能更便捷(如处理短路故障)，但一定要确认设备所处的状态，确保不会造成短路使故障升级。

利用电阻法进行故障处理时，通常有两个目的：一是通过测量电阻大小判断电路的通断；二是通过设备电阻参数值的变化情况判断元件的好坏。

下面我们先给出相关道岔、转辙机的相关技术参数，然后再列举电阻法处理故障的案例。

### 12.1.1　直流转辙机道岔(ZD6型)相关参数

ZD6 型电动转辙机也有不同型号，其不同型号的牵引力、动作行程、功率等技术参数会有所不同。这里以 ZD6-A 型为例。

**1. 相关电阻参数(皆为常温状态下)**

(1) 信号传输电缆电阻为 23.5 $\Omega$/km，环阻为 47 $\Omega$/km。

(2) BD1-7 变压器二次侧线圈直流电阻 $R1$ 为 $60\ \Omega$。

(3) 表示回路中电阻 $R$ 为 $750\ \Omega$；电容器 $C$ 为 $4\ \mu F$。

(4) 表示继电器(JPXC-1000)其 1/4 线圈直流电阻为 $1000\ \Omega$；1DQJ(JWJXC-H125/0.44)1/2 线圈电阻为 $125\ \Omega$，3/4 线圈电阻为 $0.44\ \Omega$(1DQJ 有两种类型，还有一种为 JWJXC-H125/80，多用于交流道岔中)；2DQJ(JYJXC-160/260)1/2 线圈电阻为 $160\ \Omega$，3/4 线圈电阻为 $260\ \Omega$(其他继电器直流阻抗按型号可以查到，这里不再一一列举)。

(5) 电机单定子绕组直流电阻为 $(2.85\pm0.14)\ \Omega$(在电机端子 1、3 或 2、3 上测量)。

(6) 在电机 3、4 端子上测量转子线圈电阻(加碳刷接触电阻)为 $(4.9\pm0.245)\ \Omega$。注意，在测量过程中，应用手摇把慢摇电机转动一周(期间观察万用表指针有无过大变化，如此可以发现转子是否断线)。

(7) 换向片间(转子绕组单匝)电阻为 $(0.7\pm0.1)\ \Omega$。通过测量相邻两片电阻，若发现电阻接近 0，可判定其是否有短路情况(实际时若有短路情况，通常会因高温而变色，通过观察也易发现)。

### 2. 相关电流、电压参数

(1) 直流电机：额定电压为 $160\ V$；额定电流为 $2.0\ A$。

(2) 摩擦电流：(ZD6-A、ZD6-D、ZD6-F)型单机使用时为 $2.3\sim2.9\ A$；(ZD6-E、ZD-J)型双机使用、单机使用时为 $2.0\sim2.5\ A$。

控制电路中的相关电压参数，这里就不再列出，在前面的故障处理中已有表述。

## 12.1.2　交流转辙机道岔(S700K 型)相关参数

交流道岔转辙机的类型也比较多，其技术参数有相同之处，也有不同之处。这里仅 S700K 型以为例，其他类型的转辙机可查看相关资料。

### 1. 相关电阻特性参数

(1) 信号传输电缆电阻为 $23.5\ \Omega/km$，环阻为 $47\ \Omega/km$。

(2) $R1$ 电阻为 $1000\ \Omega$，$R2$ 电阻(与二极管串联的电阻)为 $300\ \Omega$。

(3) 表示继电器(JPXC-1000)其 1/4 线圈电阻直流阻为 $1000\ \Omega$；1DQJ(JWJXC-H125/80)1/2 线圈电阻为 $125\ \Omega$，3/4 线圈电阻为 $80\ \Omega$；2DQJ(JYJXC-160/260)1/2 线圈电阻为 $160\ \Omega$，3/4 线圈电阻为 $260\ \Omega$；1DQJF(JWJXC-480)其 1/4 线圈电阻直流阻为 $480\ \Omega$。

(4) BD1-7 变压器二次侧的电阻为 $60\ \Omega$ 左右。

(5) 交流三相电机每相绕组直流电阻为 $8.5\ \Omega$ 左右，每两相绕组之间的直流电阻为 $17\sim18\ \Omega$。

(6) 启动回路电阻：在断开表示电源后，一个回路电阻为两相线圈绕组电阻再加上电缆回路电阻，一般为 $50\ \Omega$ 左右(参考值)。

### 2. 正常情况下各线电流特性(参考值)

这里所讨论的电流特性主要是道岔表示电路中的电流变化规律，不考虑道岔动作电路。掌握表示电路电流特性的变化规律对处理混线故障很有帮助。

(1) 道岔定位时：X1 和 X2 中电流为 45 mA 左右；X4 中电流为 4～5 mA 左右；X3 和 X5 中无电流。

(2) 道岔反位时：X1 和 X3 中电流为 45 mA 左右；X5 中电流为 4～5 mA 左右；X2 和 X4 中无电流。

### 3. 非正常情况下各线电流、电压特性的变化

下面所列出的仅是定位时 X1 和 X2 或反位时 X1 和 X3 控制线中电流的变化情况，其余情况下的其他线中的电流情况不做讨论。

(1) X1 开路时，其回路中无电流。

(2) X2(或 X3)开路时，X1 回路中有 4～5 mA 的电流。

(3) X4(或 X5)开路时，X1 回线中有 45 mA 左右的电流。

(4) 定位时 X2 和 X1、X3 和 X4 其中之一混线时，或者反位时 X3 和 X1、X2 和 X5 其中之一混线时，两混线者中的回路电流为 90 mA 左右。

(5) 定位时 X2 和 X5 混线时，或者反位时 X3 和 X4 混线时，不影响表示，回路电流无变化。

(6) 二极管击穿短路时，回线电流接近 90 mA(这时，在分线盘上定位 X1、X2，或反位 X1、X3 之间可测到交流电压为 27 V 左右)。

(7) 表示电路短路时，短路电流经过三相电机线圈时形成压降，在分线盘可以测到 5～10 V 左右的电压。

### 4. 正常情况下的电压特性参数(参考)

(1) 道岔动作电路。控制电源相与相之间的电压为交流 380 V(假设电源电压符合标准且稳定)。其中一相缺少时，该相与其他两相间交流电压为 220 V。由于线与线、线与地都存在电容，所以交流 380 V 的控制电压与道岔表示电路之间，用万用表交流 500 V 挡测量时，存在 10～20 V 左右的电压，这对判断 1DQJ 和 1DQJF 的前接点是否良好很有帮助。

(2) 道岔表示电路。BB1-7 变压器一次侧(1-2 线圈)交流电压为 220 V。其为防止变压器过载，使用了 0.5 A 熔断器进行防护；变压器二次(3-4 线圈)侧交流电压为 110 V 左右。

室外道岔电缆盒内，定位时 X1(或 X4)为正(+)、X2 为负(−)，直流电压为 22 V 左右，交流电压为 60 V 左右；反位时 X3 为正(+)、X1(或 X5)为负(−)，交、直流电压同上。

(3) 分线盘或表示继电器线圈 1-4 侧的直流电压极性，定位时 X1(或 X4)为正(+)、X2 为负(−)；反位时 X3 为正(+)、X1(或 X5)为负(−)。它们之间电压的大小：直流电压为 21 V 左右(与在电缆盒测量相比变低)，交流电压为 65 V 左右(与在电缆盒测量相比变高)。

(4) 正常情况下室内 R1 电阻两端的直流电压为 20 V 左右，交流电压为 50 V 左右。

(5) 正常情况下室外 R2 电阻两端的直流电压为 7 V 左右，交流电压为 20 V 左右。若 R2 短路，则二极管两端直流电压为 28 V 左右，交流电压为 45 V 左右。

表 12-1 为交流道岔表示电路各种故障情况下在分线盘上所测电压大小的统计表，仅供参考。

**表 12-1　交流道岔表示电路各种故障情况下在分线盘上所测电压大小的统计表(参考表)**

| 测试项目 | X1-X2(X1-X3) | | X1-X4(X1-X5) | | X2-X4(X3-X5) | | *R*1 | | *R*2(室外) | |
|---|---|---|---|---|---|---|---|---|---|---|
| | 交流/V | 直流/V | 交流/V | 直流/V | 交流/V | 直流/V | 交流/V | 直流/V | 交流/V | 直流/V |
| 正常情况 | 56 | 21 | 2 | 0 | 57 | 21 | 50 V 左右 | 20 V 左右 | 20 V 左右 | 7 V 左右 |
| | 二极管支路电压/V | | 电机线圈压降/V | | 继电器端电压/V | | | | | |
| | 54 | 35 | 1.3 | 0 | 56 | 21 | — | — | — | — |
| 二极管短路(击穿) | 28 | 0 | 2～3 | 0 | 30～35 | 0 | 75～80 | 0 | 21～23 | 0 |
| 二极管开路(烧毁) | 110 | 0 | 0 | 0 | 110 | 0 | 5 | 0 | 0 | 0 |
| BJ 支路开路 | 70 | 40 | 2.4 | 0 | 73 | 35 | 40 | 34 | 15 | 8 |
| BJ 支路短路 | 6 | 0 | 6 | 0 | 73 | 0 | 85 | 0 | 1.5 | 1 |

　　注：上面所列的线圈电阻参数是以 S700K 型转辙机为例给出的，不过不同类型转辙机的参数都差不多，在进行相关故障判断时所测电压值(电流值)都相差不大，多在同一个数量级上。

## 12.2　电阻法处理道岔电路故障举例

　　这里我们以两个例子来介绍用电阻法处理道岔控制电路故障的方法和思路。使用电阻法的前提是首先要确保不影响设备，不至于造成故障扩大与升级，同时要确保被测对象处于没加电状态，且电路不能构成回路，若非如此，很有可能烧坏保险或损坏电源设备。若被测试点的后方(或内部)能通过其他元件或部件形成回路，那么实际测量到的电阻是它们的输出电阻，这样就会影响判断结果。

### 12.2.1　ZD6道岔电机电路开路故障

　　假设某双动道岔原在定位，表示也正常，但向反位转换时第一动道岔的电机不动，且假设造成不动的原因是因为 4 线在室外断路所致。

　　对于这种道岔启动电路故障，如果采用电压法查找，就必须要借表示电源，就是说在处理反位启动电路故障时，在室内就得将道岔向反位先单操一下，让 2DQJ 转极落下，使道岔的实际位置与 2DQJ 的状态不一致，以便将表示电源能接入到向反位启动的电路中来。这样，若此道岔在定位状态下被进路选用了，就无法进行故障查找。如果用电阻法，在做好充分保证的前提下，即便道岔在定位被使用，理论上讲完全可以同时进行故障查找，因为此时动作电源不能输出，且定位表示电路(使用 X1 和 X3)与反位启动电路(使用 X2 和 X4)在室外没有共用电路部分，因而是安全的。

　　在故障处理前，需先将故障道岔单独锁闭(如果是 6502 继电器联锁，在控制台上拉出该道岔按钮)。具体查找过程如下：

　　(1) 在分线盘上测量 X2 和 X4 之间的电阻(由于此时道岔的 1DQJ 是落下状态，动作电源不会被接入，所以测量电阻是安全的)。

如果测量值在 50 Ω 左右(其值的实际大小要根据道岔距离信号楼的远近估算)，说明室外正常。(读者参看上面给出的定子、转子及电缆的阻值计算一下：转子电阻加定子电阻约 7 Ω，设道岔距离室内所用电缆长度 1 km，则其环线电阻约为 47 Ω)。

若 X2 和 X4 之间的电阻很大(比正常值高出很多)，表明室外开路，则需去室外测量。

(2) 打开电缆盒，在 HZ1、HZ5 两端子上测量电阻。测量值为 8 Ω 左右为正常。如果其值接近无穷大，表明开路在电缆盒去机箱的 2、4 线通路断。参看图 12-1 所示。

接着测量 CQJ 的 2、5 端子(如果实际测量不便，可拔掉插接器插头测量)。若发现电阻为无穷大，则继续向后逐段测量，直到找出断点。

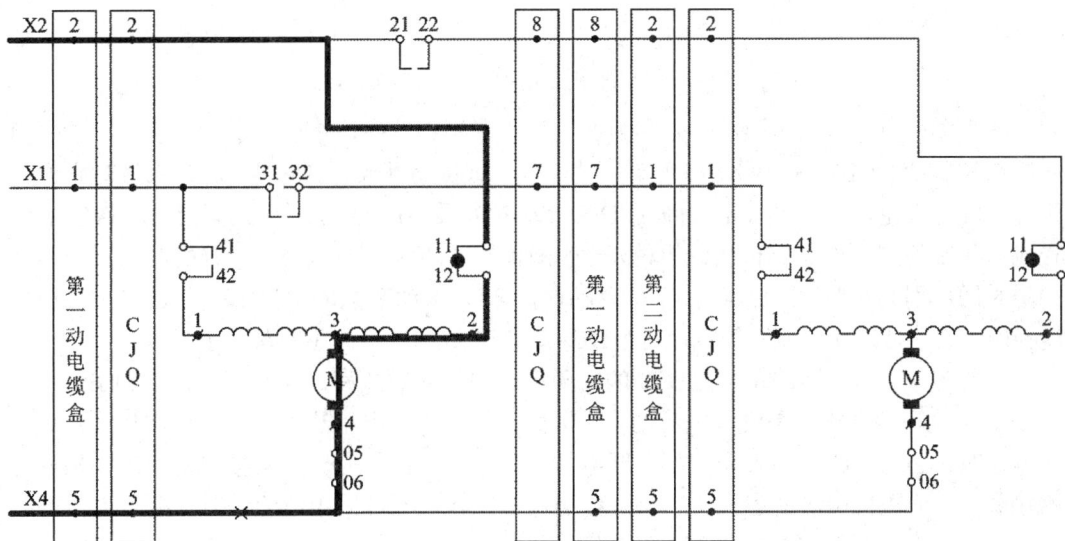

图 12-1　双动道岔定位转换电路

(3) 当发现故障点在电缆盒内时，也可以用步进测量的办法进行。例如，将万用表一表笔放在电缆盒的 HZ5 端子不动，另一表笔沿电路方向逐点测量。过程是：开闭器 21→开闭器 11→开闭器 12→电机端子 2→电机端子 3→电机端子 4→遮断器 05-06→CQJ5(开路点在电阻无穷大至 0 之间)。

例如：本例中，若在测量 CQJ5 端子之前，电阻测量值皆为无穷大，当测量 CQJ5 端子时，电阻变为 0，则开路点在 CQJ5 端子到遮断器 06 之间。

## 12.2.2　交流道岔1DQJ不励磁故障

假设某交流道岔在由定位向反位转换时，道岔不动作，且假设电路在 2DCJ142 到辅助组合侧面端子 01-2 间断线。如图 12-2 所示。

严格来说，这一故障的处理一般情况下是不允许使用电阻法来查找的，因为，如果在测量时无意间插错了接点，或测量过程中不小心，很可能造成控制电源(KZ/KF)短路，烧坏熔断器，从而使故障升级。为安全起见，假设此设备为实验实习用设备。

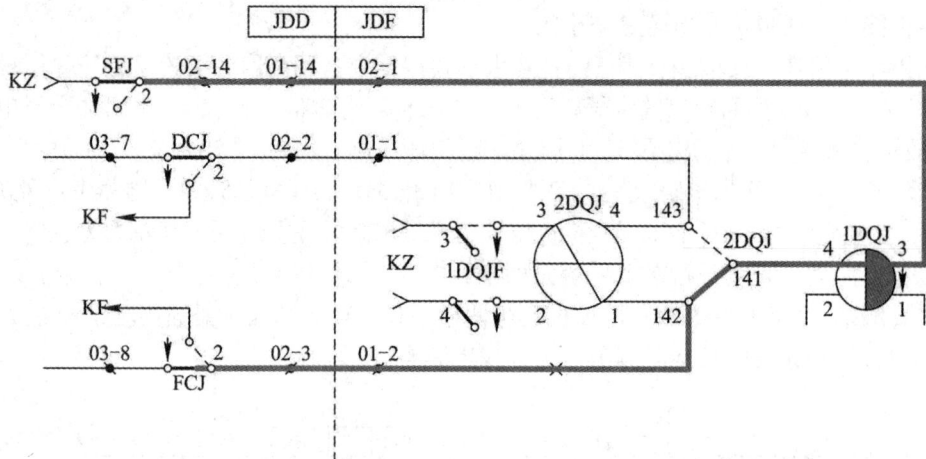

图 12-2　某组道岔启动继电器电路

这里之所以可以用电阻法，是因为在计算机联锁系统中，在控制道岔转换时，首先由联锁系统驱动 DCJ 或 FCJ 及 SFJ 吸起，才能使 1DQJ 励磁吸起。但是，联锁系统对它们的驱动时间是限定的，经过一定时间后 DCJ 或 FCJ 及 SFJ 会及时还原而落下(TYJL-II 和 TYJL-ADX 铁科研的计算机联锁系统，一般最长驱动 30 s 左右。K5B 计算机联锁系统中其励磁时间分别为：普通道岔 4 s，双机单动道岔 8 s，双动双机道岔为 16 s)。就是说，道岔转换时，发现 1DQJ 不能可靠吸起时，DCJ 或 FCJ 及 SFJ 已经还原落下了。

对照图 12-2 分析可知：在 1DQJ 的励磁电路中，当 FCJ 和 SFJ 落下后，自 SFJ21 一直到 FCJ21 之间的电路上是没有电源的。也因此，如果采用电压法来查找故障，那么在每一步测量时，必须先将万用表表笔放在要测量的端子上，再让另一人操纵道岔一次，相对是比较麻烦的，而用电阻法就省去了频繁操纵道岔的工作。不过采用电阻法时，处理人员必须格外小心，看准测量点并确认后再下表笔测量。

本例故障处理过程如下：

(1) 进行操纵道岔试验。试验时，发现 DCJ 或 FCJ 及 SFJ 能正常被驱动吸起；进一步观察发现 1DQJ 只是在反位转换时不能吸起，而道岔向定位操纵时可以正常吸起。对照电路分析可知，其故障范围在 2DCJ141 至 FCJ21 之间。

(2) 首先测量 SFJ21 与 FCJ21 之间的电阻，其值如果在 80 Ω 左右，表明电路正常(80 Ω 是 1DQJ3-4 线圈的电阻值)，如果为无穷大，表明它们之间开路。接着依据电路配线图逐段测量电阻。具体过程就不再细说，读者可自行思考(这里要注意 1DQJ3-4 线圈的电阻)。

(3) 如果对电路比较熟悉，应该要先进行操纵道岔试验，仔细观察继电器动作情况，最大程度地分析出故障可能的最小范围，以便快速找出故障点。以本例来说，若能分析出故障范围在 2DCJ141 至 FCJ21 之间的话，那接下来只要两步就能找到故障点。将万用表一支表笔放在 FCJ21 中接点不动，另一表笔先测 JDF 组合侧面端子 01-2，电阻为 0，再测量 2DCJ142 时发现电阻无穷大，则故障点就在 2DCJ142 与 FCJ21 之间。

再次强调一下，我们虽然讲述了电阻法处理故障的方法，不等于鼓励这种方法，要根据具体情况选择，并且要严格遵守管理部门制定的规章制度，不要违规操作。

## 12.3　故障处理的基本流程、原则及注意事项

尽管各轨道运输部门，对信号维护维修制定了不同制度和要求，但必然有共同点，这是由设备性质所决定的。因为信号设备是轨道运输必备的基础设备，也是最重要设备之一，不论是铁路还是地方城市轨道运输，信号设备都处于重要的地位。因此本节仅就相关道岔故障处理的基本流程、原则及注意事项做一共性的概括与总结。

### 12.3.1　道岔故障处理的基本流程与原则

故障处理的基本流程或原则的规定，既是从规范管理的角度为出发点，更是从安全的角度考虑。对道岔故障处理的原则、要求，不同单位或部门可能在具体细节上有所区别，但大方向是一样的。

如图 12-3 所示为道岔故障处理基本流程图。这里主要依据铁路部门的要求给出的。

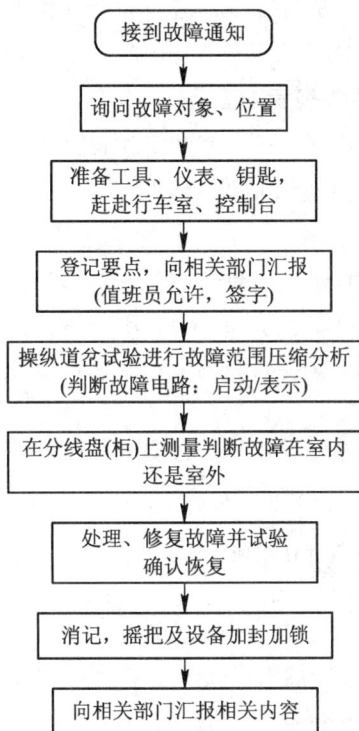

図 12-3　道岔故障处理流程图

**1. 确认故障现象，登记停用**

信号值班人员接到车站值班员设备故障的通知后，要沉着冷静，不要慌张，到控制台后要先确认故障现象确实存在(或者先在电务维修机观看现象)，再确认故障的影响范围，然后立即在《行车设备检查登记簿》内登记停用该设备，并向车间值班领导或上级调度部门汇报。

### 2. 在控制台分析判断

设备登记停用后，应向值班员详细了解设备故障前后的具体情况，然后来回操纵道岔，观察控制台的故障及表示现象，初步确认道岔设备的地点及故障性质。

### 3. 在继电器室观察、检查并测量区分故障性质

对于多机牵引的提速道岔，在室内要分清是哪一牵引点设备故障，要观察设备的电源保险、继电器等设备的安装和操纵时的动作情况，并通过检查、测量进一步判断故障是室内还是室外、是开路还是短路、是启动电路还是表示电路等故障，以进一步缩小故障的范围。

### 4. 室内外设备故障区分

在着手处理故障时，要首先在分线盘上测量，以确定故障是在室内还是室外。当确定设备故障在室外时，应立即带齐工具、仪表、图纸等奔赴现场。由室内人员操纵道岔，室外故障处理人员观察道岔机械部分动作是否正常，检查道岔外面是否有异常，测试道岔启动和表示电源是否正常等，进一步缩小故障范围，有针对性地处理。

如果在设备故障处理过程中确定电务设备良好，但工务设备明显有异状或环境及其他原因影响时，要慎重，不要盲目进行处理，应及时会同相关部门共同检查，以确认故障原因，防止故障处理不彻底而重复发生。

### 5. 故障处理过程中严格遵守规章制度

处理故障的过程中要避免违章作业，严禁用临时封线的方法甩开联锁条件处理道岔表示电路故障，严格遵守"三不动，三不离"的规章制度等。

### 6. 坚持正线优先的原则

设备故障点明确后，若一时难以恢复，可在不影响行车安全的前提下，力争先恢复正线行车，比如使用备用的器材设备、贯通电缆、用侧线设备先恢复正线设备、将道岔人工转换到规定位等应急处理手段。坚持"先修复正线后恢复侧线；先修复室内后恢复室外；先临时抢通后正式恢复"的原则。

故障修复后，要试验确认故障已修复，必要时要做联锁试验，确保联锁关系百分之百正确。

## 12.3.2　道岔故障处理需注意的问题

### 1. 共性问题

(1) 处理故障的过程就是故障范围不断缩小的过程，每一次测试都会有一个阶段性的结论，不要在一对端子上反复测试。

(2) 测试时要准确读出数值，不能简单地看有没有电来判断，有时细微的压降就能发现故障点。

(3) 用电压法处理故障时，尽量从有电往无电方向步进，防止万用表表笔没插好而无电，造成误判。用电阻法处理故障时，要注意确认所查电路无电，不因短路造成故障升级。

(4) 要注意是否有感应电压存在。通常可将表的量程调大或调小一挡，如果表针变化不大，即表明有虚电(感应电)，变化明显表明为实电。

(5) 用万用表直流挡测量交流电时没有读数，但表针会抖动；用交流挡测量直流电会

有读数，但交换表笔不会反偏。单根对地测量有电压读数的一般是交流电，直流对地测量时有时会有充电现象。

(6) 交流电经过二极管时有电压下降现象属正常，因为交流电经过二极管后是半波整流。过二极管如果无压降，表明二极管已击穿；若电压为 0 则表明二极管烧毁。

(7) 测试时要防止看错组合位置，数错层数、位数、端子数(尤其是万可端子)，特别是在低头看图纸后再抬头时。

(8) 处理过程中要注意不要让万用表表笔短路端子、接点，防止造成短路。

(9) 认准所选仪表的挡位。

### 2. 特殊问题

#### 1) 配线调整问题

道岔控制电路相关图纸在工程设计时是按照转辙机自动开闭器的两排单号接点组(1，3)闭合、两排双号接点组(2，4)断开为道岔定位进行设计的。若对于某一实际道岔，在定位时，转辙机自动开闭器是两排双号接点组(2，4)闭合，两排单号接点组(1，3)断开，那么室外电缆盒至转辙机之间的电缆和电缆盒中的二极管则需要做如下调整：

(1) X2 与 X3 交叉，X4 与 X5 交叉。

(2) 电缆盒中的二极管颠倒极性。

(3) 室内三相电源的 B 相和 C 相交换。

#### 2) 要换相的原因

以定位到反位的操作为例，当转辙机定位时单号接点组(1，3)闭合和转辙机定位时双号接点组(2，4)闭合时，动作杆的运动方向是相反的。因而当转辙机定位时双号接点组(2，4)闭合时，只有通过 380 V 三相交流电换相，动作杆才能带动道岔尖轨向反位移动。

### 3. 处理室外故障时应注意的问题

(1) 要注意确定道岔实际位置(道岔实际开通的位置)要与 2DQJ 的状态一致。

(2) 一定要首先确定故障是在室内还是在室外(避免室内、室外来回折腾)。

(3) 要使用电压法时，要清楚测试对象是在同电位状态还是不同电位状态(对有电压、无电压能做出清楚判断)。

(4) 在处理混线故障时，因需要甩线，因此在甩端子下部接线时，分清并注意并接的接点去向(以确保正确断开应该甩开的电路部分)。在有接点、端子座的地方甩线时要考虑底下是不是有短路点或接地点。

(5) 用电压法处理开路故障时，故障点在有电接点与无电接点之间；处理短路故障点时，故障点在电压能断开与断不开之间。

# 参 考 文 献

[1]　林瑜筠. 6502 电气集中图册. 北京：中国铁道出版社，2016.

[2]　林瑜筠，刘连峰，洪冠. 计算机联锁图册. 北京：中国铁道出版社，2016.

[3]　常仁杰，韦成杰. 信号微机监测. 北京：化学工业出版社，2017.